高等学校计算机专业规划教材

Data Structure in C Second Edition

数据结构（C语言版）

（第2版）

朱昌杰 肖建于 编著

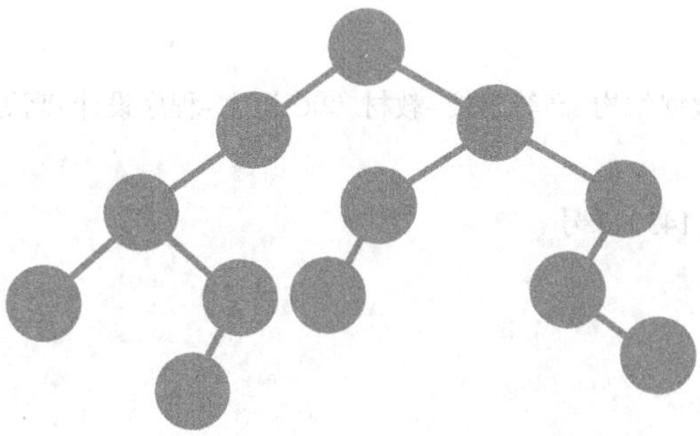

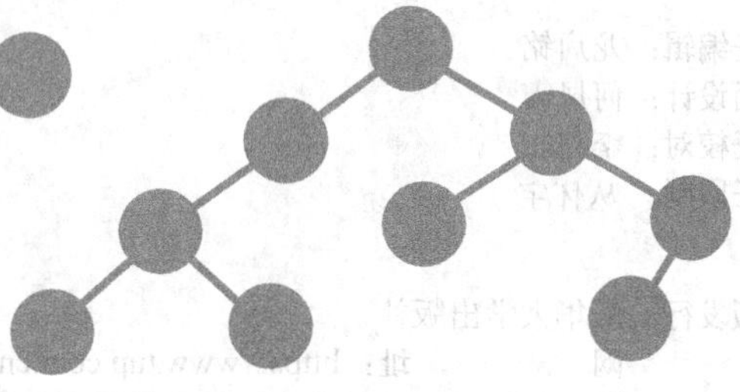

清华大学出版社
北京

内 容 简 介

本书系统地介绍了各种常用的数据结构与算法方面的基本知识，并使用C语言描述其算法。全书共8章，第1章介绍了数据结构与算法的一些基本概念；第2～6章分别讨论了线性表、栈与队列、串、多维数组与广义表、树和二叉树、图等常用的数据结构及其应用；第7章和第8章分别介绍查找和内部排序，它们都是数据处理时广泛使用的技术。本书的特色是深入浅出，既注重理论又重视实践；全书配有大量的例题和详尽的注释，各章都有不同类型的习题。

本书可以作为高等院校计算机专业本科生的教材，也可以作为报考高等学校计算机专业硕士研究生入学考试的复习用书，也可以作为专科和成人教育的教材，同时还可以作为从事计算机系统软件和应用软件设计与开发人员的参考资料。

图书在版编目（CIP）数据

数据结构：C语言版/朱昌杰，肖建于编著. —2版. —北京：清华大学出版社，2014(2023.12重印)
高等学校计算机专业规划教材
ISBN 978-7-302-37063-5

Ⅰ. ①数… Ⅱ. ①朱… ②肖… Ⅲ. ①数据结构–高等学校–教材 ②C语言–程序设计–高等学校–教材 Ⅳ. ①TP311.12 ②TP312

中国版本图书馆CIP数据核字（2014）第143023号

责任编辑：龙启铭
封面设计：何凤霞
责任校对：李建庄
责任印制：丛怀宇

出版发行：清华大学出版社
网　　址：https://www.tup.com.cn, https://www.wqxuetang.com
地　　址：北京清华大学学研大厦A座　　邮　　编：100084
社 总 机：010-83470000　　邮　　购：010-62786544
投稿与读者服务：010-62776969，c-service@tup.tsinghua.edu.cn
质量反馈：010-62772015，zhiliang@tup.tsinghua.edu.cn
课件下载：https://www.tup.com.cn,010-62795954
印 装 者：三河市龙大印装有限公司
经　　销：全国新华书店
开　　本：185mm×260mm　　**印　　张：**14.75　　**字　　数：**368千
版　　次：2011年5月第1版　　2014年9月第2版　　**印　　次：**2023年12月第8次印刷
定　　价：29.00元

产品编号：059492-01

前言

本书是安徽省省级“十二五”规划教材和省级精品资源共享课程教材。自本书第1版出版以来，得到了很多高校和广大读者的广泛认可，获得了很好的评价。在广泛听取读者和专家的意见基础上，结合课程组在教学中遇到的实际情况，对原书做了认真的修订。

这次修订保持了原书层次清晰、语言通俗、理论分析透彻、内容实用、例题经典的特点，力求做到深入浅出，将复杂的概念用简洁浅显的语言讲述。使读者尽快掌握数据结构与算法方面的基本知识。本次在以下几个方面对第1版进行了修订:

（1）对原书的内容做了十分慎重的斟酌，增加了一些新的更有用的内容，使本书更具有实用性。在第1章增加了算法效率度量相关概念，第4章增加了KMP算法，第6章增加了图的存储结构。

（2）为了使读者更容易接受和理解教材内容，对部分章节的内容和讲解方法进行了改进。如在第3章修订了表达式求值算法，第6章修订了求最短路径算法等。

（3）为了更准确地描述内容，对原书部分文字进行了修改。

本书由朱昌杰、肖建于编著，参加编写还有张震、李璟、刘怀愚、周影、赵娟、施汉琴等老师，朱坤同学参加了部分程序的调试和校对工作。在编写过程中，始终得到了清华大学出版社各级领导的大力支持和帮助，在此一并表示诚挚的感谢!

最后，借用本书再版的机会，向选择使用本书的老师和读者表示衷心的感谢。由于水平有限，本书中难免存在一些不妥之处，敬请读者批评指正。

编　者

2014年6月

目 录

第 8 章　内部排序　/194

参考文献　/226

第1章 绪　论

本章知识要点：

- 数据结构的基本概念。
- 逻辑结构、物理结构的分类及其特点。
- 数据类型和抽象数据类型的概念及其定义方式。
- C语言的常用数据类型。
- 用C语言描述算法的注意事项。
- 算法设计的目标和算法效率的度量。

1.1　数据结构的基本概念

随着计算机技术的飞速发展，计算机的应用已经遍布人类社会的各个领域。计算机处理的数据也越来越丰富，而数据的组织形式和表示方式直接关系到计算机对数据的处理效率，因此，为了更好地进行程序设计，需要对程序所加工处理的对象进行系统和深入的研究。而数据结构就是要研究各种数据的特性以及数据之间的关系，进而根据实际情况合理地组织、存储数据，最终设计出好的算法。

数据是对客观事物的符号表示，在计算机科学中是指所有能输入到计算机中并被计算机程序所处理的符号的总称，它是计算机程序加工的“原料”。例如，一个班级的所有学生的成绩、某学院所有教师信息记录、从公元100至3000年间的所有闰年以及某公司所有职员的薪资信息等都称为数据。

数据元素是数据的基本单位，在程序设计中通常作为一个整体进行考虑和处理。例如，学生学籍管理系统中关于某个学生的一条记录就是一个数据元素，每个记录中可能包含多个属性（如姓名、学号、专业、年级等），每个属性就称为一个数据项，数据项是具有独立含义的数据的最小单位。

数据结构是相互之间存在一种或多种特定关系的数据元素的集合。这些数据元素不是孤立存在的，而是有着某种关系的，这种关系称为结构。数据结构包括的内容有数据元素之间的逻辑结构、数据在计算机中的存储方式（即物理结构）和施加在该数据上的操作。

1.1.1　数据的逻辑结构

数据元素与数据元素之间的逻辑关系称为数据的逻辑结构。根据数据元素之间逻辑关系的不同特性，可将数据结构分为以下4类基本结构。

1. 集合

这种结构中的数据元素同属于一个集合，除此之外别无其他关系（集合在数据结构中很少讨论）。

2. 线性结构

这种结构中的数据元素之间存在一个对一个的关系。

3. 树形结构

这种结构中的数据元素之间存在一个对多个的关系。

4. 图形结构

这种结构中的数据元素之间存在多个对多个的关系。

从上述关系来看，线性结构是树形结构的特例，树形结构是图形结构的特例。一般情况下，数据结构的逻辑结构可以用二元组来表示：

$$Data\_Structure=(D,R)$$

其中，D 是数据元素的有限集，R 是 D 上的关系的有限集，其中每个关系都是从 R 到 D 的关系。

下面将给出关于线性结构、树形结构和图形结构的 3 个实际用例，以帮助读者深入理解逻辑结构。

例 1-1 某班级学生学籍管理问题。当我们要查阅张伟同学的家庭住址时，或者当我们要查询张伟同学是哪个民族时，因为一个班级里可能有两位同学都叫张伟，所以我们要按学号进行查询，而同名的两个张伟的学号是不同的。所有同学的学号存在一个对一个的关系，这是一种典型的线性关系，如图 1.1 所示。

20101204038	王平	男	汉族	天津市河西区幸福大街 36 号
20101204039	闻亮亮	女	满族	淮南市八公山区西四村 64 栋 23 号
20101204040	张伟	男	布依族	唐山市古冶区平庄村 128 号
20101204041	张伟	男	汉族	淮北市濉溪县王桥 100 号
20101204042	仲萍	女	汉族	邯郸市邯山区滏河北大街 56 号

图 1.1 学生学籍线性结构图

例 1-2 计算机中的文件和文件夹的组织问题。计算机中某个磁盘可能包含多个文件夹，每个文件夹又可以包含多个子文件夹，每个子文件夹又可以包含自己的文件和子文件夹，文件夹之间或文件夹与文件之间存在着一个对多个的关系，这是一种典型的树形结构，如图 1.2 所示。

例 1-3 连锁超市的分店问题。某家大型连锁超市在某城市开了 6 家分店，各个分店除了和总店有一定关系外，还和其他分店存在着某种联系，所以各个连锁店之间存在一种多个对多个的关系，这是一种典型的图形结构，如图 1.3 所示。

1.1.2 数据的物理结构

数据的物理结构即是数据在计算机中的存储方式，数据的存储方式将直接影响或决定数据的处理效率。常用的存储结构有以下 4 种。

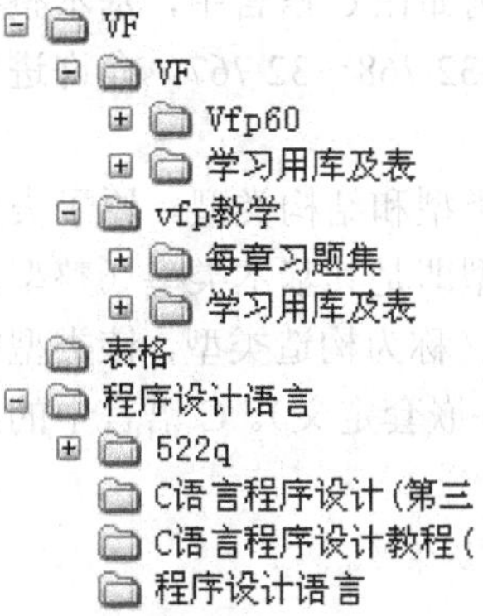

图 1.2 文件夹树形结构图

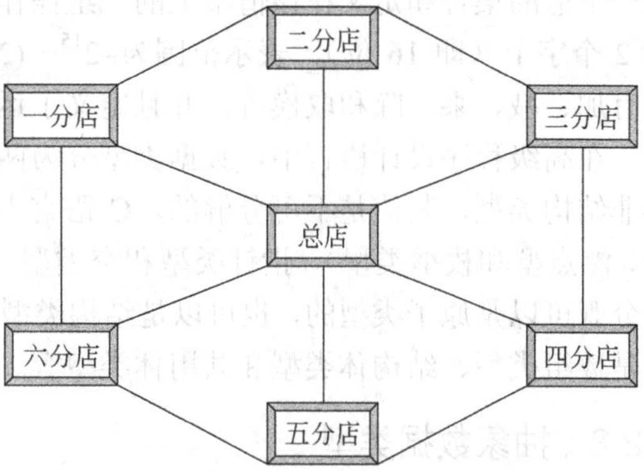

图 1.3 连锁超市图形结构图

1. 顺序存储结构

这种存储方式是将逻辑上连续的数据存储在地址连续的内存空间中，存储地址的相对关系即对应数据之间的逻辑关系。其优点是节省存储空间，因为不需要额外的存储空间来保存数据间的逻辑关系，可以进行随机访问。其缺点是进行数据的插入和删除时可能需要移动大量的数据。

2. 链式存储结构

这种存储方式中数据的存储结构不表示数据之间的逻辑结构，结点之间的逻辑结构是由附加的指针字段来表示的。其优点是在进行数据的插入和删除时，仅需修改指针，不需要移动数据。其缺点是需要额外的存储空间来存储数据之间的逻辑关系。

3. 索引存储结构

这种存储方式在存储数据信息的同时，还建立附加的索引表。索引表由索引项构成，其一般形式为：(关键字，地址)，关键字能够唯一地标识一个数据元素，地址表示指向数据元素的指针。其优点是在进行插入和删除操作时，只需修改存储在索引表中对应数据元素的存储地址，而不必移动存放在数据表中的数据，因此保持了较高的数据修改运算效率。其缺点是创建和维护索引表要增加时间和空间的开销。

4. 散列存储结构

这种存储方式是根据数据的关键字通过哈希函数计算出的值来确定数据的存储地址。其优点是查找速度快，只要给出待查找的关键字，即可计算出该数据的存储地址。与上述三种方法不同的是，散列存储方式只适合要求对数据进行快速查找和输出的场合，其关键是要选择一个好的散列函数和处理“冲突”的方法，详见第7章。

1.2 数据类型和抽象数据类型

1.2.1 数据类型

在用高级程序设计语言编程序时，要对程序中用到的每一个常量、变量和表达式定义数据类型，不同类型数据的取值范围不同，所允许进行的操作也不同。因此数据类型是一个值的集合和定义在该值集上的一组操作的总称。例如在C语言中，基本整型一般为2个字节（即16位），表示范围为$-2^{15}\sim(2^{15}-1)$，即$-32\,768\sim32\,767$，允许进行的操作有加、减、乘、除和取模等，并且定义了运算规则。

在高级程序设计语言中，数据类型分为两类：原子类型和结构类型。原子类型又称为非结构类型，其值是不可分解的，C语言中的原子类型即是其基本类型（整型、字符型、浮点型和枚举类型）、指针类型和空类型。结构类型又称为构造类型，该类型的各个成分既可以是原子类型的，也可以是结构类型的（即允许嵌套定义）。C语言中的结构类型是数组类型、结构体类型和共用体类型等。

1.2.2 抽象数据类型

抽象数据类型（Abstract Data Type，ADT）是指用于表示实际应用问题的数据模型以及定义在该模型上的一组操作。抽象数据类型与一般数据类型的概念是一致的，都只专注于其逻辑特性，相同的数据类型在不同的计算机系统中的表示和实现可能是不同的，但只要其数学特性不变，就不会影响外部的使用。

另一方面，从抽象的层次和定义的范畴来看，抽象数据类型较之一般数据类型抽象层次更高，定义范畴更广。抽象数据类型不再局限于计算机系统中已经实现的数据类型，可以是用户所定义的数据类型，它可以由计算机系统已经实现的数据类型来表示和实现。抽象数据类型必须先定义后使用，定义抽象数据类型只描述数据的逻辑结构及允许进行的操作，不考虑数据的物理存储及其操作的具体实现。

一个具体问题的抽象数据类型定义一般包括数据对象（即数据元素的集合）、数据关系和基本操作三方面的内容。抽象数据类型可用三元组（D,R,P）来表示。其中D是数据对象；R是D上的关系的集合；P是D中数据运算的基本操作集合。对抽象数据类型的定义需要约定一定的格式，本书均采用如下格式定义抽象数据类型：

```
ADT <抽象数据类型名>
{
    数据对象：数据对象的定义
    数据关系：数据关系的定义
    基本操作：基本操作的定义
}ADT 抽象数据类型名
```

其中基本操作的定义格式为：

```
基本操作名(参数列表)
  初始条件
  操作结果
```

基本操作有两种参数：赋值参数只为操作提供输入值；引用参数以&打头，除了可以提供输入值外，还将返回操作结果。“初始条件”是指操作执行之前数据结构和参数应该满足什么条件，不满足条件则操作失败，程序将返回出错信息。“操作结果”是指操作正常完成的情况下数据结构的变化及应返回的结果。

例 1-4 抽象数据类型复数的定义。

```
ADT Complex
{
    数据对象 D: D={c1,c2|c1,c2 均为实数}
    数据关系 R: R={<c1,c2>|c1 是复数的实数部分,c2 是复数的虚数部分}
    基本操作 P:
       InitComplex(&Z,v1,v2)
          操作结果: 构造了复数 Z,元素 c1 和 c2 分别被赋值为参数 v1 和 v2
       DestroyComplex(&Z)
          操作结果: 复数 Z 被销毁
       GetReal(Z,&real)
          操作结果: 用 real 返回复数 Z 的实部的值
       GetVirtual(Z,&virtual)
          操作结果: 用 virtual 返回复数 Z 的虚部的值
       Add(Z1,Z2,&sum)
          操作结果: 用 sum 返回两个复数 Z1,Z2 的和
       ModComplex(Z,&model)
          操作结果: 用 model 返回复数 Z 的模
} ADT Complex
```

1.3 C 语言的数据类型

C 语言提供了如图 1.4 所示的一些数据类型，并且可以由这些数据类型构造出不同的、更加复杂的数据类型。

下面对各种类型的变量作简单介绍。

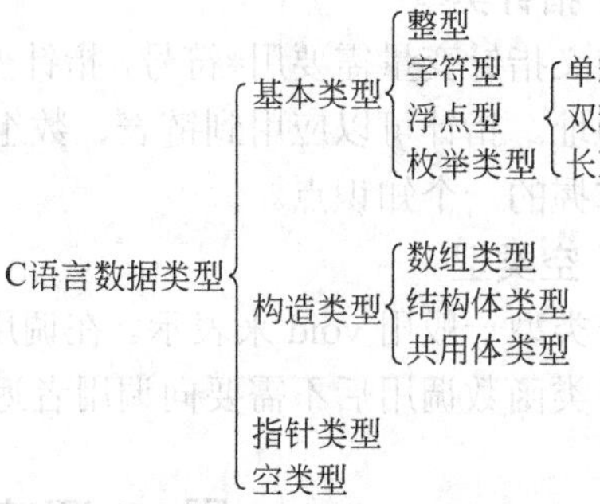

图 1.4 C 语言的数据类型

1. 整型

整型一般用 int 表示，其变量可以分为基本整型（int）、短整型（short int 或 short）和长整型（long int 或 long）。一个基本整型变量值的表示范围为−32 768～32 767。若变量的值不为负值，还可以定义其为无符号整型；若未加声明，则表示为有符号整型。C 语言没有具体规定各类整型数据所占用的内存字节数，只要求长整型数据长度不短于基本整型，短整型不长于基本整型。具体如何实现因计算机系统的不同可能有所不同。

2. 浮点型

浮点数即实数，浮点型一般用 float 表示，浮点型变量可以分为单精度（一般占 4 字节，用 float 表示）、双精度（一般占 8 字节，用 double 表示）和长双精度（一般占 16

字节，用 long double 表示）。不同类型的浮点数的有效数字长度不同，所表示的数值范围也不同，具体请读者参阅相关 C 语言教程，本书不做详细说明。

3. 字符型

C 语言的字符常量是用单撇号括起来的一个字符，一般用 char 来表示。在内存中存放字符并不是存放字符本身，而是将该字符的 ASCII 码放到存储单元中。字符串常量是一对双撇号括起来的字符序列。C 语言规定'\0'作为字符串的结束标志，该标志由系统自动添加，在书写时不需要添加，输出时也不会输出该字符。

4. 枚举类型

枚举类型一般适用于变量的值只有几种可能的情况，可以将变量的值一一列举出来，变量只能取该范围之内的其中一个值。枚举类型的声明一般用 enum。

5. 数组类型

数组是由用户定义的结构数据类型，是按一定顺序排列的具有相同性质的变量的集合。所有数组元素具有相同的数组名，但有不同的数组下标，下标用方括号括起来。数组元素可以是基本类型，也可以是构造类型。

6. 结构体类型

结构体类型是将不同类型的数据组合在一起构成新的类型，C 语言允许用户根据在编程时的需要自行定义该类型。结构体类型一般以 struct 打头，必须先声明结构体类型再定义该类型的变量。

7. 共用体类型

共用体类型一般用 union（有些 C 语言书籍将其直译为联合）来表示，共用体类型变量的内存长度等于最长的成员的长度。在程序中不能引用共用体变量，只能引用共用体变量中的成员，在每一瞬间只能有一个成员起作用，即各成员不是同时存在和起作用的。

8. 指针类型

定义指针变量需要用*符号，指针变量中存放的不是数据本身，而是反映数据存放位置的地址。指针可以应用到链表、数组、结构体类型数据的成员中等，这是编程者需要重点掌握的一个知识点。

9. 空类型

空类型一般用 void 来表示。在调用函数值时，通常应向调用者返回一个函数值。但是有一类函数调用后不需要向调用者返回函数值，这种函数可以定义为空类型。

1.4 用 C 语言描述算法的注意事项

1.4.1 算法及其特征

算法是为解决特定问题而规定的指令的有限序列，每一条指令表示一个或多个操作。算法具有以下 5 个重要特性。

1. 有穷性

一个算法必须总是（对任何合法的输入值）在执行有穷步之后结束，且每一步都可以在有穷时间内完成。有穷时间是指可以接受的时间内，例如一个程序能够执行并完成，但是需要执行 100 年，则可认为其是无法实现的。

2. 确定性

对每种可能的情况所执行的操作，算法中都必须有确切的规定，使程序的阅读者和执行者能够明确理解其含义，并且在任何条件下，算法都要保证相同的输入只能得到相同的输出。例如这样的描述“当 A 属于中年时，salary 为 2000 元”，假如 38 岁算是中年，41 岁也算是中年，那么 46 岁算不算呢？该条件无法判断是否满足，因此，如果算法中出现了这样的判断条件，则程序将不能正确执行。

3. 可行性

算法中的每一个操作都必须是能够准确执行的。例如，如果出现 B=3，则 A/(B−3) 就是无法执行的。

4. 输入

一个算法有 0 个或多个输入。如果需要初始值，可以在程序运行时由用户输入，也可以在算法中直接给出。

5. 输出

一个算法有 1 个或多个输出。

在算法的上述 5 个重要特性中，最基本的是有穷性、确定性和可行性。

1.4.2 C 语言描述算法的注意事项

1. 预定义常量

```
#define TRUE        1
#define FALSE       0
#define MAXSIZE     1000
#define OK          1
#define ERROR       0
#define INFEASIBLE -1
#define OVERFLOW   -2
```

2. 输入和输出语句

```
scanf(格式控制字符串,输入项表);
printf(格式控制字符串,输出项表);
```

3. 赋值语句

```
变量名=表达式;
```

4. 选择语句

```
if(条件)
        语句 1;
    else
        语句 2;
```

或者

```
switch(表达式)
  {
    case  条件 1: 语句序列 1;break;
    ⋮
    case  条件 n: 语句序列 n;break;
    default: 语句序列 n+1;
  }
```

5. 注释

```
//单行注释文字
```

6. 循环语句

```
while(条件)
     循环体语句;                //条件成立才执行循环体
```

或者

```
do {
     循环体语句;
     }while(条件);              //至少先执行一次循环体,如果条件成立,再继续执行循环体
```

或者

```
for(赋初值表达式 1;条件表达式 2;步长表达式 3)
     循环体语句;
```

7. 结束语句

```
return(返回表达式);              //正常结束语句,根据实际情况"返回表达式"可有可无
break;                         //case 结束语句
exit;                          //异常结束语句
```

8. 函数的定义语句

```
函数类型  函数名(类型名 形参1,类型名 形参2,…)    //函数的定义
    {  //算法功能说明
       函数语句;
    }
```

其中函数类型是指函数的返回值的类型，当返回值为整型时，函数类型可以省略。形参如果是引用参数，则以&打头。

9. 函数调用语句

```
函数名(实参1,实参2,…);
```

因为函数调用是一条语句，所以在括号后要有分号。

10. 基本函数

```
max(表达式1,表达式2,…,表达式n)          用于求一个或多个表达式中的最大值
min(表达式1,表达式2,…,表达式n)          用于求一个或多个表达式中的最小值
abs(表达式)                             用于求表达式的绝对值
eof(文件变量)                           用于判定文件是否结束
```

1.5 算法设计目标和算法效率度量

1.5.1 算法设计目标

在设计算法来解决实际问题时，通常要求算法是正确的、可读的、健壮的和高效的。一个好的算法，一般应该达到以下的目标。

1. 正确性

算法的正确性也称为有效性，是指算法能够实现预先规定的功能和性能。正确性是评价算法好坏的最重要的标准。正确性要求算法在合理的输入条件下，能够在有限的运行时间内得出正确的结果。通常，通过选择典型的、苛刻而带有刁难性的测试用例来进行测试。

2. 可读性

算法的可读性要求算法是易读、易理解的。可读性好的算法易于理解和修改，也更容易被人们使用和推广。

3. 健壮性（鲁棒性）

算法的健壮性是指当输入数据非法时，算法能检测出错误，并进行适当的处理，避免产生莫名其妙的结果。

4. 高效性

算法的高效性是指算法运行的时间和空间需求。算法执行的时间越短，所耗费的存

储空间越少，则算法的效率就越高。

1.5.2 算法效率度量

算法效率的度量方法一般有两种：事后统计法和事前分析估算法。事后统计法有两个缺陷：一是必须先运行程序；二是有时容易掩盖算法本身的优劣。因此通常使用事前分析估算法来衡量算法效率的优劣。

1. 算法的时间复杂度

算法在计算机系统上的运行时间与很多因素都有关系，如程序执行时的数据量、计算机的运行速度、所采用的编程语言和编译源程序所花费的时间等。在这些因素中，后三个都与具体的机器有关，在数据结构中只讨论算法本身效率的高低，它只与程序执行时的数据量有关，我们把它表示成关于问题规模的函数。

一个算法是由控制结构（顺序、选择和循环 3 种）和原操作（指固有数据类型的操作）构成的，算法时间取决于两者的综合效果。为了便于比较同一问题的不同算法，通常从算法中选取一种对于所研究的问题（或算法类型）来说是基本操作的原操作，以该基本操作重复执行的次数作为算法的时间量度。

例 1-5 求 1+2+⋯+n 的和。

```
void main()
{
  int sum,n,i;
  sum=0;
  n=20;
  for(i=1;i<=n;i++)
    sum=sum+i;
}
```

该算法的基本操作即是 for 循环的循环体语句，其执行次数为 n 次。

一般情况下，算法中基本操作重复执行的次数是问题规模 n 的某个函数 f(n)，算法的时间复杂度记为

$$T(n)=O(f(n))$$

“O”的形式定义为：若 f(n)是正整数 n 的一个函数，则 $x_n=O(f(n))$表示存在一个正的常数 M，使得当 $n\geqslant n_0$ 时都满足$|x_n|\leqslant M|f(n)|$。O(f(n))给出了函数 f(n)的上界。

例 1-6 计算下面程序段的时间复杂度。

```
for(i=0;i<n;i++)
   for(j=0;j<n;j++)
     A[i][j]=(i+1)*(j+2);
```

该程序段的功能是为二维数组 A 赋初值，程序段包含两层循环，每层循环都包含 n 次，即最内层循环体语句要执行 n^2 次。由此可得其时间复杂度为：

$$T(n)=O(n^2)$$

一个没有循环的算法的基本操作运行次数与问题规模 n 无关，称为常量阶，记作 O(1)。只有一重循环的算法称为线性阶，记作 O(n)。除此之外还有平方阶 $O(n^2)$，立方阶 $O(n^3)$，对数阶 $O(\log_2 n)$、指数阶 $O(2^n)$等。不同数量级的各时间复杂度的关系为：

$$O(1)<O(\log_2 n)<O(n)<O(n\log_2 n)<O(n^2)<O(n^3)<O(2^n)<O(n!)<O(n^n)$$

2. 算法的空间复杂度

一个算法的存储量包括输入数据所占用的存储空间、程序本身所占用的存储空间和辅助变量所占用的存储空间。我们对算法存储空间进行分析时，只考查辅助变量所占用的存储空间。空间复杂度即是对一个算法在运行过程中临时占用的存储空间大小的度量，一般也记为问题规模 n 的函数

$$S(n)=O(f(n))$$

如果输入数据所占用空间只取决于问题本身，则只需要分析除输入和程序外的额外空间，否则应同时考虑输入本身所需空间。若额外空间相对于输入数据量来说是常数，则称此算法为原地工作，本书第 8 章讨论的有些排序算法就属于这一类。若所占空间量依赖于特定的输入，则除特别指明外，均按最坏的情况来分析。

习 题 1

一、简答题

1. 什么是数据结构？
2. 数据结构的类型即集合、线性结构、树形结构和图形结构的区别是什么？请分别举出相应实例。
3. 数据的存储结构有哪几种？各种存储结构的优缺点是什么？
4. 抽象数据类型是怎么定义的？与数据类型的区别是什么？
5. 算法的基本特征是什么？算法的设计目标是什么？

二、计算以下算法的时间复杂度

1.

```
void fac(int n)
{
 int i,s;
 s=1;
 for(i=1;i<=n;i++)
   s=s*i;
}
```

2.

```
void max(int a)
{
```

```
int i,j,m,n;
m=a[0][0];
for(i=0;i<n;i++)
  for(j=0;j<n;j++)
  { if(m<a[i][j])
      m=a[i][j];
  }
}
```

3.

```
void func1(int n)
{
 int i,sum=1;
 for(i=0;sum<n;i++)
  sum=sum+1;
}
```

三、算法设计题

1. 用 C 语言描述算法，求两个 n 阶方阵的和 C=A+B。
2. 用 C 语言描述算法，任意输入 10 个正整数，要求输出它们的最大值和最小值。

第2章 线 性 表

本章知识要点：

- 线性表的类型定义。
- 线性表的顺序存储及实现。
- 线性表的链式存储及实现（单链表、双链表、循环链表等）。
- 线性表的具体应用举例。

2.1 线性表的类型定义

线性表是程序设计中最基本、最常用的一种数据结构。运算是定义在数据的逻辑结构上的，但其实现则依赖于所采用的存储结构。因此，采用不同的存储结构，会对线性表上的处理实现产生直接的影响。

2.1.1 线性表的定义

所谓“线性表”，是由具有相同类型的有限多个数据元素组成的一个有序序列。至于每个数据元素的具体类型，在不同的情况下各不相同，它可以是一个数或一个字符，也可以是一条记录，甚至可以是其他更复杂的信息。

在实际问题中线性表的例子很多。例如，26个英文字母组成的字母表（A，B，C，…，Z)，数据元素类型是字符型；又如，某校从1978—1983年各种型号的计算机拥有量的变化情况，可以用线性表的形式给出如下：

(6，17，28，50，92，188)

数据元素类型是整型，学生信息表也是一个线性表，数据元素类型是用户自定义的学生类型。

因此，**线性表**是一个含有n（n≥0）个结点的有限序列，若把一个线性表取名为L，其中有n（n≥0）个元素，每个元素用$a_i(1\leqslant i\leqslant n)$表示，下标i代表该元素在线性表中的位置，那么可以把线性表L记为

$$L=(a_1, a_2, \cdots, a_i, a_{i+1}, \cdots, a_{n-1}, a_n)$$

其中，n表示数据元素的个数，称为线性表的“长度”，即表长。当n=0时，线性表中不包含任何元素，称为“空表”。在非空线性表中，数据元素间具有如下线性关系：

- 有且仅有一个起始结点a_1，它没有直接前驱，只有一个直接后继a_2；
- 有且仅有一个终端结点a_n，它没有直接后继，只有一个直接前驱a_{n-1}；
- 其余结点$a_i(2\leqslant i\leqslant n-1)$都有且仅有一个直接前驱$a_{i-1}$和一个直接后继$a_{i+1}$。

如果线性表中元素的值与它的位置之间存在联系，那么称这种线性表为**有序线性表**；如果线性表中元素的值与它的位置之间没有特殊的联系，那么称这种线性表为**无序线性表**。

2.1.2 线性表的基本运算

对于线性表，常用的基本运算用抽象数据类型描述如下：

ADT List{
数据集合 D：$D=\{a_1, a_2, \cdots, a_n\}, n\geqslant 0$，D 中的元素是 DataType 类型
数据关系 R：$R=\{r\}$，$r=\{<a_i, a_{i+1}>| i=1,2,\cdots,n-1\}$
基本操作 P：
InitList(&L)
操作结果：初始化一个空的线性表 L
InsertList(&L,i,x)
初始条件：线性表 L 存在，插入元素位置 $1\leqslant i\leqslant n+1$（n 为插入前的表长）
操作结果：在线性表 L 的第 i 个元素插入一个值为 x 的新元素，插入后的表长加 1
DeleteList(&L,i)
初始条件：线性表 L 存在，删除元素位置 $1\leqslant i\leqslant n$（n 为删除前的表长）
操作结果：在线性表 L 删除第 i 个元素，删除后的表长减 1
IsEmptyList(L)
初始条件：线性表 L 已存在
操作结果：若线性 L 为空，则返回值 1；否则返回值 0
LocationList(L,x)
初始条件：线性表 L 存在，已知数据元素 x
操作结果：若在 L 中找到第一个和 x 值相匹配的数据元素，则返回它在 L 中的位置；否则返回-1
LengthList(L)
初始条件：线性表 L 已存在
操作结果：返回线性表中所含元素的个数
} ADT List;

对于上述定义的抽象数据类型线性表，还可以进行一些更复杂的运算，例如将两个线性表合并成一个线性表；删除线性表中特定值的运算等。它们可以通过常用基本运算来实现，也可以直接实现。另外，每个运算在逻辑结构层次上不能用具体的某种程序设计语言写出算法，具体算法只有在存储结构确立之后才能实现。

2.2 线性表的顺序存储及实现

2.2.1 顺序表

线性表采用顺序存储的方式存储就称为**顺序表**。顺序表是将表中的结点，依次存放在计算机内存的一组地址连续的存储单元中。

采用顺序式存储结构存放一个线性表时，把线性表中的数据结点按其逻辑次序依次存储在内存中的一块地址连续的存储区里。这时，线性表中逻辑上邻接的两个数据结点，其存储结点在物理位置上也是相邻接的。如图 2.1 所示，假设顺序表的每个结点占用 k 个内存单元，用 location (a_i)表示顺序表中第 i 个元素的存储地址，则有如下的关系：

$$location\ (a_{i+1}) = location\ (a_i) + k$$

线性表的第 i 个数据元素 a_i 的存储位置为：

$$location\ (a_i) = location(a_1) + (i-1)*k$$

其中，location(a_1)是线性表的第一个元素 a_1 的存储地址，也称线性表的起始位置或基地址。

因此，只要确定了线性表存储的起始位置，线性表中任一个元素都可以随机存取，这也就体现了线性表的顺序存储结构是一种随机存取的存储结构。由于高级程序设计语言中的数组类型具有随机存取的特性，因此采用数组来描述数据结构中的顺序存储结构。

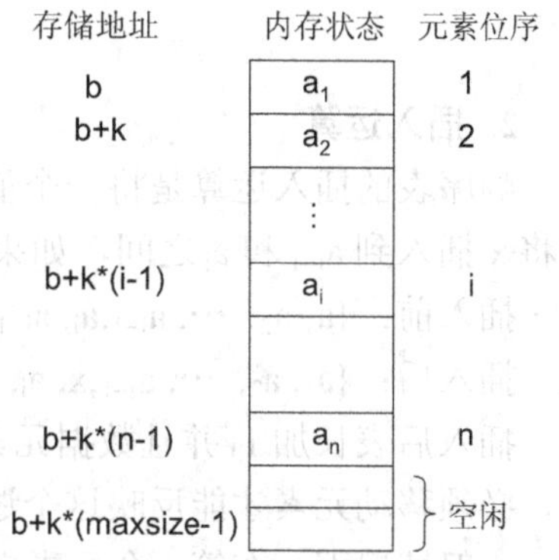

图 2.1　线性表的顺序存储结构示意图

对于线性表的顺序存储结构，它有插入、删除等基本运算，即表长是可变的，为了记录当前表中元素的个数，用变量 length 记录当前线性表中的元素个数。另外数组的容量要足够大，以便容纳线性表的所有元素，用数组 data[MAXSIZE]来存储线性表中的元素，其中 MAXSIZE 是一个根据实际问题定义的足够大的整数，data[0]～data[n−1]中存放线性表的元素 a_1～a_n。从结构上考虑，顺序表类型定义如下：

```
#define MAXSIZE 100           //MAXSIZE 是根据实际问题定义的足够大的整数常量
typedef int DataType;
typedef struct{
  DataType  data[MAXSIZE];
  int  length;
}SqList;                      //定义顺序表类型
```

定义一个顺序表语句：SqList　L;

在上述定义中，L 是顺序表变量，L.data 表示顺序表的基地址，顺序表中的数据元素 a_1～a_n 分别存放在 L.data[0]～L.data[n−1]中，L.length 表示顺序表的当前长度。

2.2.2　顺序表基本运算的实现

1. 顺序表的初始化

顺序表的初始化就是构造一个空线性表，即表中没有任何元素，先分配顺序表的存储空间，然后令表长为 0。

顺序表的初始化算法如算法 2.1 所示。

```
void InitSqList(SqList &L)
{//顺序表的初始化
    L.length=0;
}
```

算法 2.1

2. 插入运算

顺序表的插入运算是将一个值为 x 的结点插入到顺序表的第 i 个元素（$1\leqslant i\leqslant n+1$），即将 x 插入到 a_{i-1} 和 a_i 之间，如果 i=n+1，则表示插入到表的最后，一般可表示为：

插入前：$\{a_1,a_2, \cdots, a_{i-1},a_i, a_{i+1}, \cdots, a_n\}$

插入后：$\{a_1, a_2, \cdots, a_{i-1},x, a_i, a_{i+1}, \cdots, a_n\}$

插入后表长加 1，并且数据元素 a_{i-1} 和 a_i 之间的逻辑关系发生了改变，因此除了 i=n+1 外，必须移动元素才能反映这个逻辑关系的变化，如图 2.2 所示。

一般情况下，在第 i 个元素之前插入一个元素时，须将第 n 至第 i(共 n–i+1)个元素向后移动一个元素，如算法 2.2 所示。其中，所花费的时间主要是元素后移操作，对于在第 i 个元素对应的位置上插入一个新的元素，需要移动（n–i+1）个元素，设在第 i 个元素对应的位置上插入一个元素的概率为 p_i，且在任意一个位置上插入元素的概率相等，即 $p_1= p_2=\cdots= p_{n+1}=1/(n+1)$，则在一个长度为 n 的顺序表中插入一个元素所需要的平均移动次数为：

$$\sum_{i=1}^{n+1} p_i(n-i+1)=\sum_{i=1}^{n+1}\frac{1}{n+1}(n-i+1)$$

$$=\frac{1}{n+1}\times\frac{n(n+1)}{2}=\frac{n}{2}$$

因此，在顺序表上做插入运算平均需要移动表中一半的数据元素，显然时间复杂度为 O(n)。

```
void InsertSqList(SqList &L,int  i,DataType  x)
{  int j;
    if(L.length==MAXSIZE)
    {   printf("\n 顺序表是满的,无法插入元素!");
        exit(1);
    }
    if(i<1||i>L.length+1)
    {  printf("\n 指定的插入位置不存在!");
        exit(1);
    }
    for(j=L.length-1;j>=i-1;j--)
        L.data[j+1]=L.data[j];
    L.data[i-1]=x;
    L.length++;
}
```

算法 2.2

3. 删除运算

顺序表的删除操作是指删除顺序表中的第 i（1≤i≤n）个元素，一般可表示为：

删除前：$\{a_1, a_2, \cdots, a_{i-1}, a_i, a_{i+1}, \cdots, a_n\}$

删除后：$\{a_1, a_2, \cdots, a_{i-1}, a_{i+1}, \cdots, a_n\}$

删除后表长减 1，并且数据元素 a_{i-1}、a_i 和 a_{i+1} 之间的逻辑关系发生了变化，为了在存储结构上反映这个变化，同样需要移动元素，如图 2.3 所示。

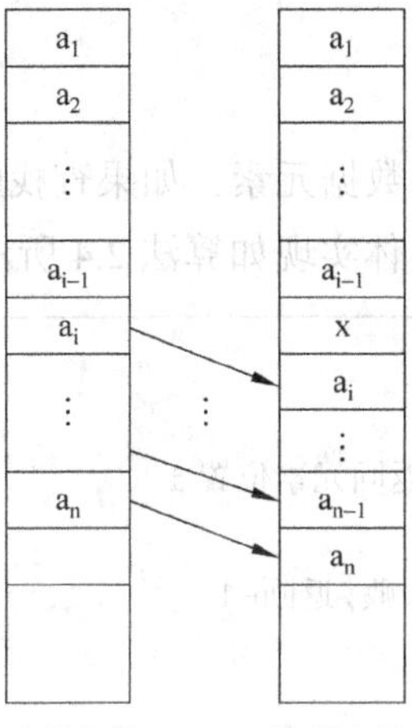

图 2.2　线性表插入 x 前后的状态

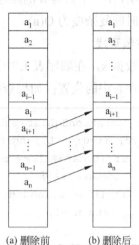

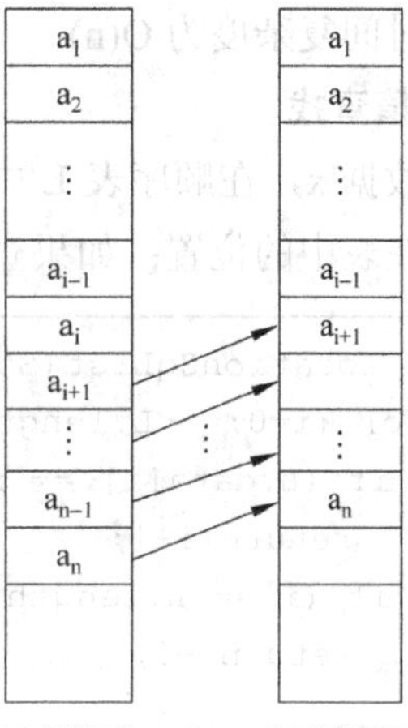

图 2.3　删除操作前后的状态

一般情况下，删除第 i 个元素时需将从 i+1 至第 n(共 n−i)个元素依次向前移动一个位置，如算法 2.3 所示。

```
void DeleteSqList(SqList &L,int  i)
{
    if(L.length==0)
    {
        printf("\n 顺序表是空的,无法删除元素!");
        exit(1);
    }
    if(i<1||i>L.length)
    {
        printf("\n 指定的删除位置不存在!");
        exit(1);
    }
    for(j= i;j< L.length;j++)
        L.data[j-1]=L.data[j];
    L.length--;
}
```

算法　2.3

在算法 2.3 中，要删除顺序表中的第 i 个元素，则需要移动(n–i)个元素，设删除表中第 i 个元素的概率为 q_i，且在表中每一个元素删除的概率相等，即 $q_1=q_2=\cdots=q_n=1/n$，则在一个长度为 n 的顺序表中删除一个元素的平均移动次数为：

$$\sum_{i=1}^{n} q_i(n-i)=\sum_{i=1}^{n}\frac{1}{n}(n-i)=\frac{1}{n}\times\frac{n(n-1)}{2}=\frac{n-1}{2}$$

这表明，在一个长为 n 的顺序表中删除一个元素平均需要移动表中大约一半的元素。该算法的时间复杂度为 O(n)。

4. 按值查找

给定数据 x，在顺序表 L 中查找第一个与它相等的数据元素。如果查找成功，则返回该元素在表中的位置；如果查找失败，则返回–1，具体实现如算法 2.4 所示。

```
int  LocationSqList(SqList L, DataType x)
{  for (i=0; i<L.length; i++)
     if (L.data[i] == x)          //查找成功,返回元素位置 i
       return i+1;
     if (i == L.length)              //查找失败,返回-1
       return -1;
}
```

算法 2.4

本算法的主要运算是比较，比较的次数与 x 在线性表中的位置有关，也与表长有关。当 a_1=x，比较 1 次成功；当 a_n=x，比较 n 次成功。平均比较次数为（n+1）/2，时间复杂度为 O(n)。

2.2.3 顺序表其他算法举例

例 2-1 有顺序表 A 和 B，其元素均按从小到大的升序排列，编写一个算法将它们合并成一个顺序表 C，要求 C 的元素也是从小到大的升序排列。

算法思路：依次扫描通过 A 和 B 的元素，比较当前的元素的值，将较小值的元素赋给 C，如此直到一个线性表扫描完毕，然后将未完的那个顺序表中余下部分赋给 C 即可。C 的容量要能够容纳 A、B 两个线性表相加的长度。

算法描述如算法 2.5 所示。

```
void merge(SqList A, SqList B, SqList &C)
{    int i,j,k;
      i=0;j=0;k=0;
      while (i<=A.length-1 && j<=B.length-1)
         if (A.data[i]<B.data[j])
```

算法 2.5

```
      C.data[k++]=A.data[i++];
    else
      C.data[k++]=B.data[j++];
  while (i<=A.length-1)
    C.data[k++]=A.data[i++];
  while (j<=B.length-1)
    C.data[k++]=B.data[j++];
  C.length=k;
}
```

算法 2.5（续）

算法 2.5 的时间复杂度是 O(m+n)，其中 m 是 A 的表长，n 是 B 的表长。

例 2-2 有一线性表的顺序表示 $(a_1, a_2, \cdots, a_n)$，设计一算法将该线性表逆置成逆线性表$(a_n, a_{n-1}, \cdots, a_1)$，要求用最少的辅助空间。

算法思路：可考虑将 a_1 与 a_n 交换，a_2 与 a_{n-1} 交换，……，a_i 与 a_{n-i+1} 交换，其中 $1 \leqslant i \leqslant n/2$ 逆线性表仍占用原顺序表空间，只用一个辅助空间。

算法描述如算法 2.6 所示。

```
void ReverseSqList(SqList &L)
{ //将线性表逆置，入口参数：指向顺序表的指针，返回值：无
    int i;
    DataType x;
    for (i=1; i<=L.length/2;i++)
    {
        x=L.data[i-1];        //完成元素 ai 与 an-i+1 交换
        L.data[i-1]=L.data[L.length-i];
        L.data[L.length-i]=x;
    }
}
```

算法 2.6

2.3 线性表的链式存储及实现

由于线性表的顺序存储方式要求用连续的存储单元存储线性表的各元素，以致通过物理上的相邻实现了逻辑上的相邻，因此可以随机存取表中任一元素，但是对于线性表的插入、删除操作需要移动大量元素。本节将讨论线性表的另一种表示方法——链式存储结构，它不需要用地址连续的存储单元来实现，它是通过“链”建立起数据元素之间的逻辑关系。因此，对线性表的插入、删除不需要移动数据元素，但同时也失去了顺序表可随机存取的优点。

2.3.1 单链表

线性表的链式存储结构是用一组任意的存储单元存储线性表的数据元素。因此，为了表示每个数据元素 a_i 与其直接后继数据元素 a_{i+1} 之间的逻辑关系，对每个数据元素 a_i，除了存放存储其本身的信息外，还需存储一个指示其直接后继的信息，即直接后继的存储地址。这两部分信息组成一个**结点**，结点的结构如图 2.4 所示，其中存放数据元素信息的称为**数据域**，存放其后继地址的称为**指针域**，n 个元素的线性表通过每个结点的指针域链结成一个链表，又因为每个结点里只包含一个指向后继的指针，所以称其为**单链表**。

单链表的结点存储结构定义如下：

```
typedef struct Node
{
    DataType  data;
    struct Node *next;
}LNode ,*LinkList;
```

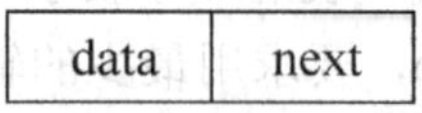

图 2.4　单链表结点结构图

特别指出，LNode 是定义的结点类型，LinkList 指向 LNode 类型结点的指针类型，即 LinkList 等同于 LNode *。

单链表采用的链式存储结构，优点是不以表的总存储需求进行存储分配，而是以单个数据存储结点的大小（size）来进行动态存储分配，即当有新的数据元素希望进入链表时，就按照存储结点的大小向系统提出存储请求。

例如要将指向线性表中的某一结点的指针变量 p 说明为“LNode* 类型”，可以定义为：

```
LNode  *p;
```

也可以定义为：

```
LinkList  p;
```

而要完成申请一块 LNode 类型的存储单元的操作，则需执行如下语句：

```
p=(LinkList)malloc(sizeof(LNode));
```

如果申请成功，则将其地址赋值给变量 p，如图 2.5 所示。p 所指的结点为*p，所以该结点的数据域可以表示为(*p).data 或 p–>data，指针域为(*p).next 或 p–>next。free p 则表示释放 p 所指的结点。如果申请失败，则返回空指针，空指针表明没得到结点空间。因此，申请结点后应判断其返回地址是否为空，为空则不能继续进行操作。本书为了突出算法的逻辑性，方便读者，认为每次申请结点成功，因此不再加以判断。

显然，对于一个表长为 n 的线性表，采用链式存储结构则需要执行申请结点语句 n 次。

如果要采用单链表的存储结构，我们通常用“头指针”L 来标识它，如单链表 L=（k1，

k2，k3，k4，k5），是指该链表的第一个结点的地址放在了指针变量 L 中，该链表的链式存储结构示意图如图 2.6 所示。

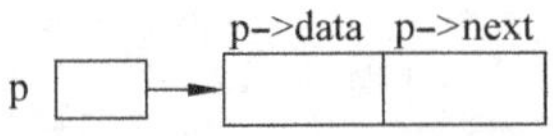

图 2.5　申请一个结点示意图

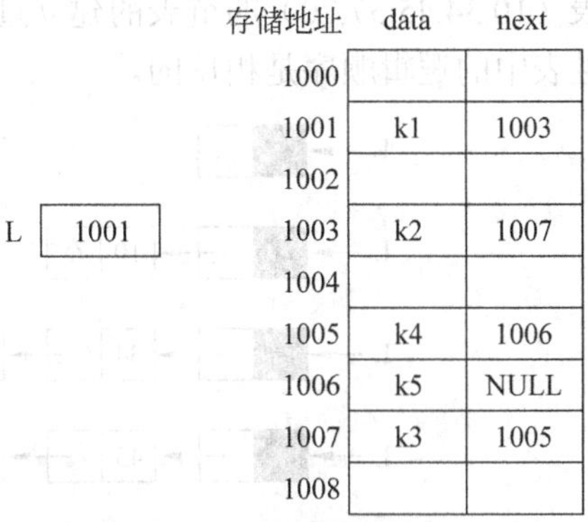

图 2.6　链式存储结构示意图

一般情况下，上述单链表采用如图 2.7 所示的逻辑结构示意图。

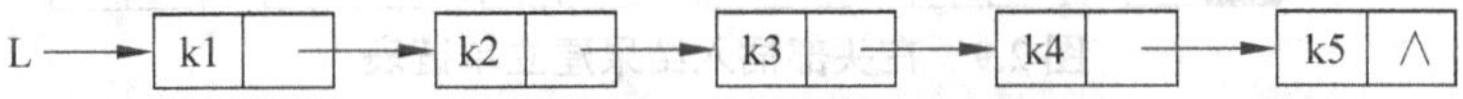

图 2.7　链式逻辑结构示意图

假设一个单链表为空，用 L 表示单链表的头指针，即它指向单链表中的第一个结点，则 L=NULL；有时，单链表的第一个结点之前附设一个结点，我们称为**头结点**。头结点的数据域可以不存储任何信息，也可存储如线性表的长度等类的附加信息，指针域存储指向第一个结点的指针（即第一个结点的存储位置），如图 2.8(a)所示。若线性表为空，则头结点的指针域为“空”，如图 2.8(b)所示。下文中如果没有特别申明情况下，单链表一般采用带头结点的单链表。

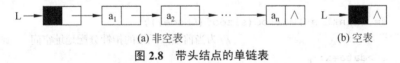

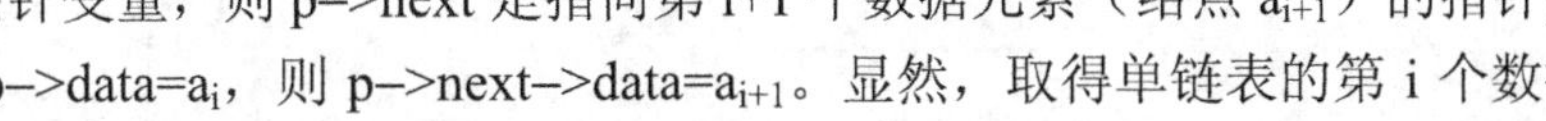

(a) 非空表　　　　(b) 空表

图 2.8　带头结点的单链表

在单链表中，任何两个元素的存储位置之间没有固定联系，然而，每个元素的存储位置都存放在其直接前驱结点的指针域中。假设 p 是指向单链表中的第 i 个数据元素（结点 a_i）的指针变量，则 p–>next 是指向第 i+1 个数据元素（结点 a_{i+1}）的指针变量，换句话说，若 p–>data=a_i，则 p–>next–>data=a_{i+1}。显然，取得单链表的第 i 个数据元素必须从头指针出发，这也体现了单链表是非随机存取的存储结构的特点。一般情况下，我们称已知单链表 L，实际上，L 就是指向单链表的头结点的头指针，那么单链表的所有元素都可以从 L 的指针域出发寻找得到。

2.3.2　单链表的基本运算的实现

1. 建立单链表

1）在链表的头部插入结点建立单链表

单链表与顺序表不同，它是一种动态管理的存储结构，链表中的每个结点占用的存储空间不是预先分配好的，而是运行时系统根据需求生成的。因此，单链表从空表开始，每读入一个数据元素则申请一个结点，然后插入到链表的头部，如图 2.9 所示展现了线性表（10,34,45,57,70）的链表的建立过程。由于在链表的头部插入，读入数据的顺序和线性表中的逻辑顺序是相反的。

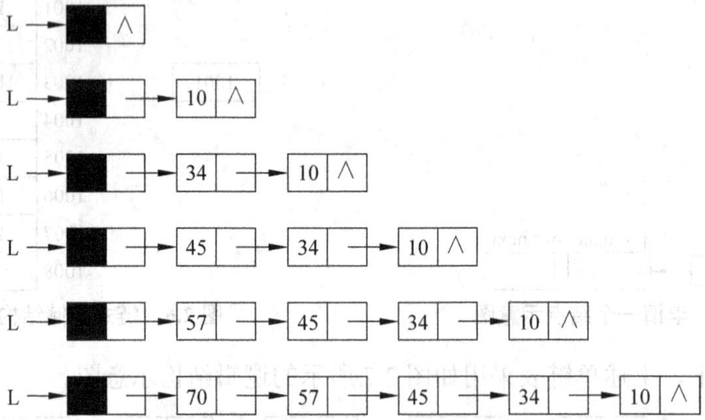

图 2.9　在头部插入结果建立单链表

在链表的头部插入结点建立单链表算法如算法 2.7 所示。

```
#define  flag   -1              //定义数据输入结束的标志数据
void  CreateLinkList1(LinkList L)
{  LNode *s;                    //定义指向当前插入元素的指针
   DataType x;
   scanf("%d",&x);              //根据元素类型而定,假定元素类型为整型
   while(x!=flag)
   {
     s= (LinkList)malloc(sizeof(LNode));
                                //为当前插入元素的指针分配地址空间
     s->data=x;
     s->next=L->next;
     L->next=s;
     scanf("%d",&x);
   }
}
```

算法　2.7

如果调用函数是 main 函数，主函数对建立单链表的调用如下：

```
void main()
{
  LinkList L;
  L=(LinkList)malloc(sizeof(LNode));        //为头结点申请空间
  L->next=NULL;                             //建立空链表
```

```
  CreateLinkList1(L);
}
```

2）在链表的尾部插入结点建立单链表

在单链表的头部插入结点建立单链表简单，但读入的数据元素的顺序与链表中元素的顺序是相反的，若希望顺序一致，可以采用尾插入法。尾插入法需加一个尾部指针 r，用了始终指向链表的尾结点，r 初始化为 r=L。图 2.10 展示了在链表的尾部插入结点建立单链表的过程。

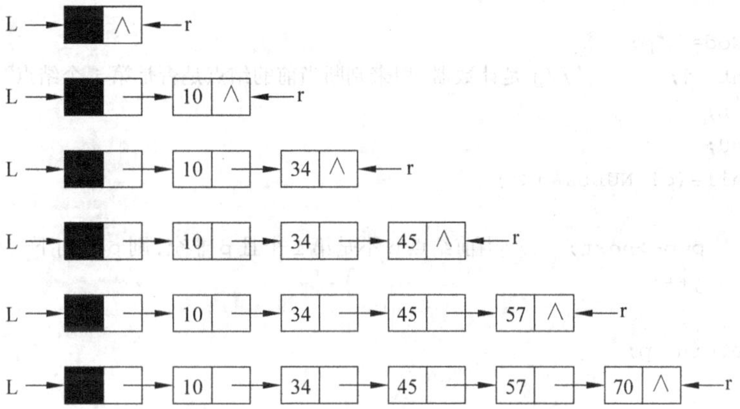

图 2.10　在尾部插入结点建立单链表

在链表的尾部插入结点建立单链表的算法如算法 2.8 所示。

```
#define  flag   -1              //定义数据输入结束的标志数据
void CreateLinkList2(LinkList  L)
{
   LNode *r, *s;                //s 为指向当前插入元素的指针，r 为尾指针
   DataType x;
   scanf("%d",&x);              //根据元素类型而定，假定元素类型为整型
   r=L;
   while(x!=flag)
   {
      s=(LinkList)malloc(sizeof(LNode));
                                //为当前插入元素的指针分配地址空间
      s->data=x;
      r->next=s;
      r=s;
      scanf("%d",&x);
   }
   r->next=NULL;
}
```

算法 2.8

调用方法同算法 2.7。

2. 查找运算

1）按序号查找

单链表的按序号查找就是给定序号 i，查找出单链表中的第 i 个位置的结点指针。首先从链表的第一个元素开始，判断当前结点是否是第 i 个结点，若是，则返回该结点的指针，否则继续后一个，直到链表结束为止。没有第 i 个结点时返回空指针，如算法 2.9 所示。

```
LNode  *GetLinkList(LinkList L,int i)
{
    LNode  *p;
    int  j;        //j 是计数器,用来判断当前的结点是否是第 i 个结点
    p=L;
    j=0;
    while(p!=NULL&&j<i)
    {
        p=p->next;   //当前结点 p 不是第 i 个且 p 非空,则 p 移向下一个结点
        j++;
    }
    return  p;
}
```

算法 2.9

2）按值查找

按值查找，也称定位。从链表的一个元素开始，判断当前结点值是否等于 x，若是，则返回该结点指针，否则继续后一个，直到链表结束。找不到时返回空指针，如算法 2.10 所示。

```
LNode *LocationLinkList(LinkList  L,DataType  x)
{
    LNode  *p;
    p=L->next;
    while(p!=NULL&&p->data!=x)
    {
        p=p->next;
    }
    return  p;
}
```

算法 2.10

3. 插入运算

1）插入结点

设 p 指向单链表中某元素 a 的结点，s 指向待插入的值为 x 的新结点，将 s 插入到 p 结点的后面，操作如图 2.11 所示，插入语句如下：

```
s->next=p->next;
p->next=s;
```

注意，这两条语句的顺序不能颠倒。

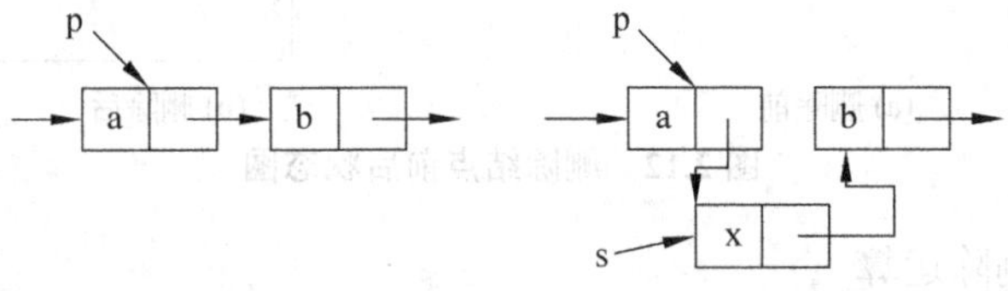

图 2.11 插入结点前后的状态图

2）单链表的插入运算

将一个值为 x 的结点插入到单链表的第 i 个位置，这就要求查找到第 i–1 个结点指针 p，若 p 存在，在 p 后面执行插入新结点操作，否则结束，插入不成功，如算法 2.11 所示。

```
void  InsertLinkList(LinkList L,int i,DataType x)
{ //在单链表 L 中第 i 个位置插入值为 x 的新结点
    LNode  *p, *s;
    p=GetLinkList(L, i-1);    //寻找到链表的第 i-1 个位置结点
    if(p==NULL)
    {
        printf("插入位置不合法!");
        exit(1);
    }
    else
    {
        s=(LinkList)malloc(sizeof(LNode));
        s->data=x;
        s->next=p->next;
        p->next=s;
    }
}
```

算法 2.11

算法 2.11 的时间复杂度为 O(n)。

4. 删除运算

1）删除结点

假设 p 指向单链表中某一结点，删除 p 结点的后继结点，执行操作如图 2.12 所示，删除语句如下：

```
LNode  *q=p->next;
p->next=q->next; 或 p->next=p->next->next;
```

```
free(q);
```

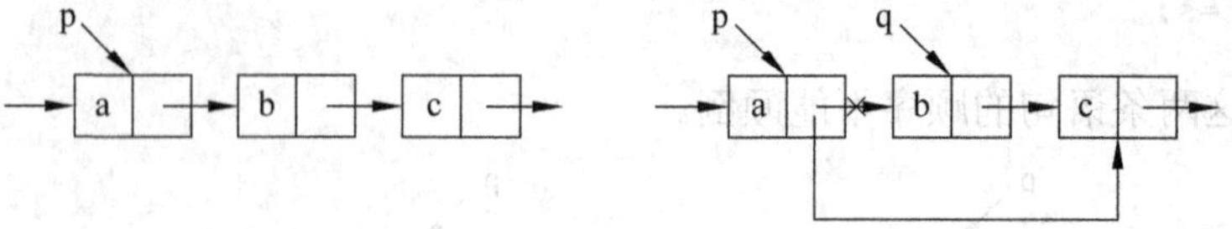

图 2.12　删除结点前后状态图

2）单链表的删除运算

删除单链表的第 i 个位置结点，这就要求查找到第 i–1 个结点指针 p，若 p 存在，在 p 后面执行删除结点操作，否则结束，删除不成功，如算法 2.12 所示。

```
void DeleteLinkList(LinkList  L, int  i)
{ //删除单链表上的第 i 个结点
    LNode *p,*q;
    p=GetLinkList(L,i-1);
    if(p==NULL)
    {
        printf("删除位置不合法! ");
                        //第 i 个结点的前驱结点不存在,不能执行删除操作
        exit(1);
    }
    else
    {
        if(p->next==NULL)
        {
            printf("删除位置不合法! ");
                    //第 i 个结点不存在,不能执行删除操作
            exit(1);

        }
        else
        {
            q=p->next;
            p->next=p->next->next;
            free(q);
        }
    }
}
```

算法　2.12

算法 2.12 的时间复杂度也是 O(n)。

由上面的基本运算，我们得出，在单链表上插入、删除一个结点，必须知道它的前

驱结点；单链表不具有按序号随机访问的特点，只能从头指针开始一个个顺序进行。

5. 求表长运算

具体如算法 2.13 所示。

```
int LengthLinkList(LinkList L)
{
    int len;                        //len 记录 L 的表长
    LNode *p;
    p=L;
    len=0;
    while(p->next)
    {
        len++;
        p=p->next;
    }
    return len;
}
```

算法 2.13

跟顺序表直接获取表长的操作有所不同，单链表求表长要从头开始一个一个扫描，每扫描一个长度加 1，直到尾结点。该算法的时间复杂度为 O(n)。

2.3.3 单链表的其他操作举例

例 2-3 已知单链表 L，写一个算法将其倒置，如图 2.13 所示，要求使用最少的存储空间。

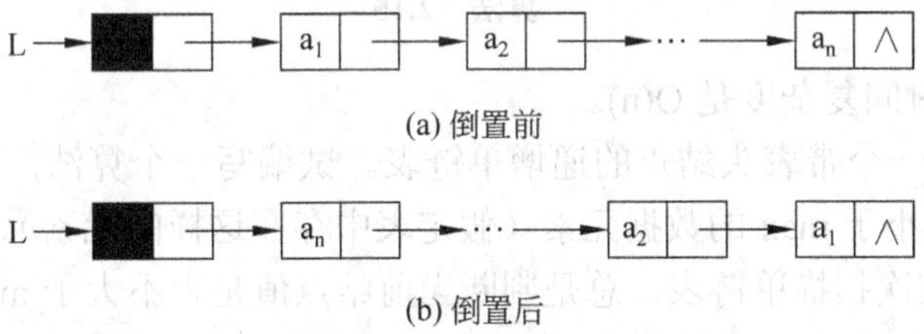

图 2.13 单链表的倒置

算法思路：依次取原链表的每一个结点，总是将其作为新链表当前的第一个结点插入到新链表中，指针 p 用来指向当前结点，p 为空时结束，具体如算法 2.14 所示。

```
void reverse(LinkList L)
{
    LNode *p, *q;
    p=L->next;
    L->next=NULL;
```

算法 2.14

```
    while(p)
    {
        q=p;
        p=p->next;
        q->next=L->next;
        L->next=q;
    }
}
```

算法　2.14（续）

算法 2.14 的时间复杂度是 O(n)。

例 2-4　已知单链表 L 和表中某一结点指针 p，写一算法求 p 的直接前驱。

算法思路：依次取原链表的每一个结点，总是判断它的后继指针与 p 是否相等，指针 q 用来指向当前结点，直到 q–>next==p 时结束，具体如算法 2.15 所示。

```
LNode *PreLNode(LinkList L,LNode *p)
{
    LNode  *q;
    q=L;
    while(q->next!=p)
    {
        q=q->next;
    }
    return q;
}
```

算法　2.15

算法 2.15 的时间复杂度是 O(n)。

例 2-5　已知一个带表头结点的递增单链表。试编写一个算法，功能是从表中去除值大于 min，且值小于 max 的数据元素（假定表中存在这样的元素）。

算法思路：依次扫描单链表，总是判断当前结点值是否不大于 min 值，若是继续后移，并用指针 ptr 记录，另用指针 qtr 记录 ptr 的直接前驱，直到 ptr 记录的结点值大于 min 停止。继续扫描后续结点，总是判断当前结点值是否小于 max 值，如是，用临时指针变量 s 指向 ptr，ptr 后移，qtr 的指针域指向 ptr，并删除 s 指向的结点，直到 ptr 指向的结点值不小于 max 值为止。

具体如算法 2.16 所示。

```
void DelList(LinkList L,int min, int max)
{
    LNode *ptr,*qtr, *s;
```

算法　2.16

```
    ptr=L->next;                   //ptr 指向链表的起始结点
    ptr=L;
    while ((ptr!=NULL) && (ptr->Data<= min))
                                   //跳过所有值<=min 的结点
    {
        qtr=ptr;
        ptr=ptr->next;
    }
    while ((ptr!=NULL) && (ptr->Data<max))
                                   //若结点值<max，则去除
    {
        s=ptr;                //存放结点值在 min 与 max 之间的临时指针
        ptr=ptr->next;
        free(s);
    }
    qtr->next=ptr;
}
```

算法 2.16（续）

例 2-6 将两个有序链表合并成一个有序链表。

假设头指针为 La 和 Lb 的单链表分别是线性表 LA 和 LB 的存储结构，现要归并 La 和 Lb 得到单链表 Lc。算法思想如同例 2-1。

具体如算法 2.17 所示。

```
LinkList MergeList(LinkList La, LinkList Lb)
{   LNode *p,*q,*Lc,*r;
    p=La->next;       //p 指向 La 当前要比较插入的结点
    q=Lb->next;       //q 指向 Lb 当前要比较插入的结点
    Lc=r=La;          //用 La 的头结点作为 Lc 的头结点,r 指向 Lc 的尾结点
    while(p&&q)
    {
        if(p->data<=q->data)
        {
            r->next=p;r=r->next;p=p->next;
        }
        else{ r->next=q;r=r->next;q=q->next;}
    }
    if(p)r->next=p;                //若 La 有剩余,则插入剩余段
    else r->next=q;                //若 Lb 有剩余,则插入剩余段
    free(Lb);                      //释放 Lb 的头结点
    return Lc;
}
```

算法 2.17

虽然该算法与例 2-1 算法的时间复杂度相同，但是空间复杂度不同，在本算法中，不需要另建新表的结点空间，只需将原来两个链表中结点之间的关系解除，重新按元素值非递减的关系将所有结点链接成一个链表即可。

2.3.4 循环单链表

无论是单链表，还是带头结点单链表，从表中的某个结点开始，只能访问到这个结点及其后面的结点，不能访问到它前面的结点，除非再从首指针指示的结点开始访问。如果希望从表中的任意一个结点开始，都能访问到表中的所有其他结点，可以设置表中最后一个结点的指针域指向表中的第一个结点，这种链表称为循环单链表，如图 2.14 所示。

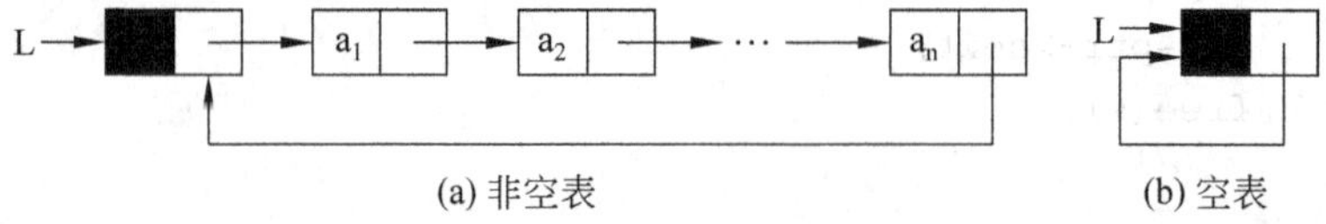

图 2.14 带头结点的循环单链表

循环单链表的操作和单链表的操作基本一致，差别仅在于算法中的循环条件 p->next 是否等于 NULL 变成是否等于头结点。

有时需要对链表常做的操作是在表头、表尾进行，我们可以在循环单链表中标识尾指针而不设头指针，例如，将单链表 R1 和 R2 合并成一个表，其中 R1 和 R2 分别是这两个链表的尾指针，这时只要将一个表的表尾和另一个表的表头连接相接，仅需改变两个指针，操作如图 2.15 所示，执行语句如下：

```
LinkList p=R2->next;               //p 指向 R2 链表的头指针
R2->next=R1->next;
R1->next=p->next;
free(p);
```

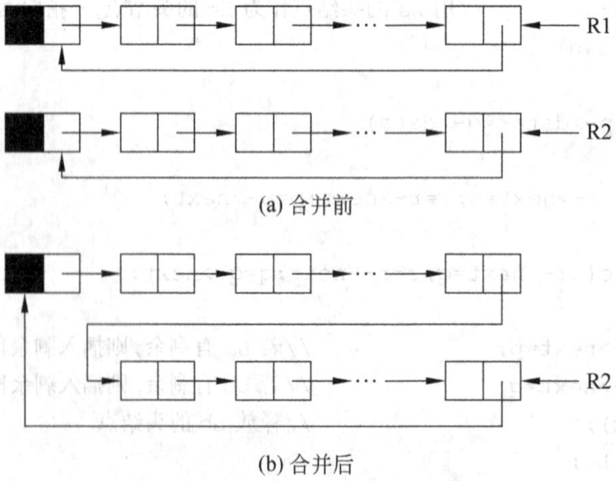

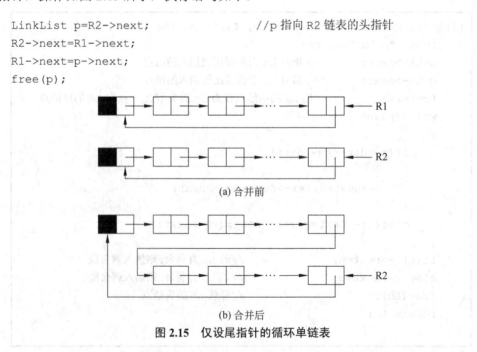

图 2.15 仅设尾指针的循环单链表

2.3.5 双向链表

单链表中，一个结点的指针域是指向它的后继结点的，如果需要找一个结点 p 的前驱结点，则必须从表首指针开始查找，当某个结点 pre 的指针域指向的是结点 p 时，即 pre->next==p 时，则说明 pre 是 p 的前驱结点。如果常常需要知道一个结点的前驱和后继结点，上述链式表是不适用的。既然单链表中每个结点有一个指针域指向它的后继结点，那也可以再增设一个指针域指向它的前驱结点，这就构成了**双向链表**，结点的结构如图 2.16 所示。

双向链表结点的定义如下：

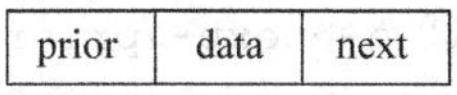

图 2.16 双向链表结点结构

```
typedef struct DNode
{
   DataType  data;
   struct DNode *prior,*next;
}DLNode,*DLinkList;
```

和单链表的循环表类似，双向链表也可以有循环表，如图 2.17(b)所示，链表中存在两个环，图 2.17(a)所示为只有一个头结点的空表。

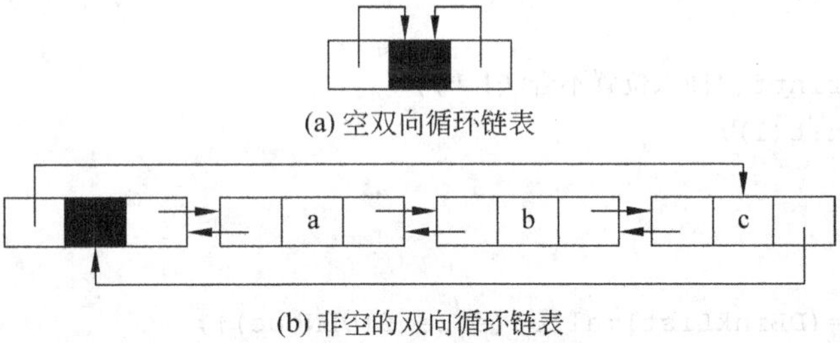

图 2.17 双向循环链表

在双向链表中，若 p 为指向表中某一结点的指针，则显然有：

```
p->next->prior=p->prior->next=p;
```

在双向链表中，对于只需要涉及一个方向的指针的操作，如 GetDLinkList，LocationDLinkList 等，算法操作与单链表的操作相同。但在插入、删除时有很大不同，这时需要改变两个方向上的指针，如图 2.18 所示。

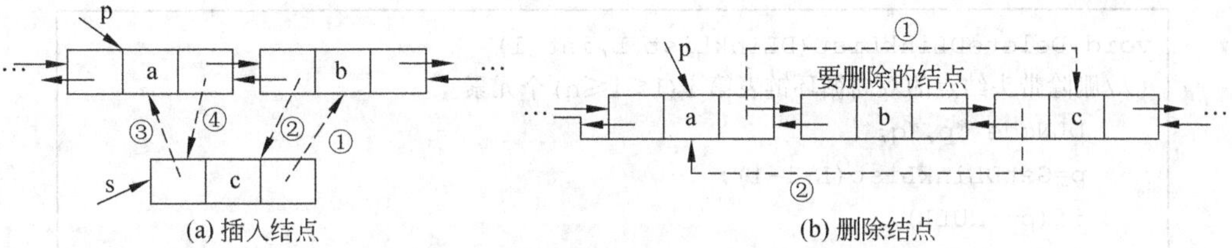

图 2.18 双向链表的插入、删除结点操作

其中，图 2.18(a)展示了在 p 指向的结点之后插入新结点 s 的操作，执行语句如下：

```
① s->next=p->next;
② p->next->prior=s;
③ s->prior=p;
④ p->next=s;
```

注意：第1、2条语句一定要在第4条语句之前执行。

图2.17(b)展示了在p指向的结点之后删除其后继结点的操作，指向语句如下：

```
DLinkList q=p->next;              //用q指向被删除的结点
① p->next=q->next;
② q->next->prior=p;
free(q);                          //释放q指向的结点空间
```

双向循环链表的插入运算和删除运算算法实现分别如算法2.18和算法2.19所示。

```
void InsertDLinkList(DLinkList L,int i,DataType x)
{//在带头结点的双向循环链表第i(1≤i≤n+1)个位置插入元素x
    DLNode *p,*s;
    p=GetDLinkList(L,i-1);        //寻找到链表的第i-1个元素结点
    if(p==L)
    {
        printf("插入位置不合法！");
        exit(1);
    }
    else
    {
        s=(DLinkList)malloc(sizeof(DLNode));
        s->data=x;
        s->next=p->next;
        p->next->prior=s;
        s->prior=p;
        p->next=s;
    }
}
```

算法 2.18

```
void DeleteDLinkList(DLinkList L,int i)
{//删除带头结点的双向循环链表第i(1≤i≤n)个元素
    DLNode *p,*q;
    p=GetDLinkList(L,i-1);
    if(p==NULL)
    {
```

算法 2.19

```
        printf("删除位置不合法！");
                    //第 i 个元素结点的前驱结点不存在,不能执行删除操作
        exit(1);
    }
    else
    {
        if(p->next==L)
        {
            printf("删除位置不合法！");
                    //第 i 个元素结点不存在,不能执行删除操作
            exit(1);
        }
        else
        {
            q=p->next;
            p->next=q->next;
            q->next->prior=p;
            free(q);
        }
    }
}
```

算法 2.19（续）

以上两个算法的时间复杂度都是 O(n)。

2.3.6 静态链表

对于线性链表，也可用一维数组来进行描述。这种描述方法便于在没有指针类型的高级程序设计语言中使用链表结构。用数组描述的链表，即称为静态链表。

静态链表类型说明如下所示：

```
#define MAXSIZE  100                //链表的最大长度,可以自行定义
typedef struct
{
    DataType  data;
    int  cursor;
}SLinkList[MAXSIZE];
SLinkList S;                        //定义一个静态链表
```

在上面定义的链表中，数组的一个分量表示一个结点，同时用游标 cursor 代替指针指示结点在数组中的相对位置。数组的第 0 分量可看成头结点，其指针域指示链表的第一个结点。

假如有静态链表 S 中存储线性表（a, b, c, d, f, g, h, i），MAXSIZE=11，如图 2.19(a)所

示，要在第四个元素后插入元素 e，方法是：先在当前表尾加入一个元素 e，即

```
S[9].data = e;
```

然后修改第四个元素的游标域，将 e 插入到链表中，即

```
S[9].cursor = S[4].cursor; S[4].cursor = 9;
```

如图 2.19(b)所示，接着，若要删除第 7 个元素 h，则先顺着游标链通过计数找到第 6 个元素存储位置 6，删除的具体做法是令

```
S[6].cursor = S[7].cursor
```

(a) 原图

0		1
1	a	2
2	b	3
3	c	4
4	d	5
5	f	6
6	g	7
7	h	8
8	i	0
9		
10		

(b) 插入 e 结点

0		1
1	a	2
2	b	3
3	c	4
4	d	9
5	f	6
6	g	7
7	h	8
8	i	0
9	e	5
10		

(c) 删除 h 结点

0		1
1	a	2
2	b	3
3	c	4
4	d	9
5	f	6
6	g	8
7	h	8
8	i	0
9	e	5
10		

图 2.19　静态链表插入、删除操作

这种存储结构，仍需要预先分配一个较大的空间，但在作为线性表的插入和删除操作时无须移动元素，仅需修改指针，故仍具有链式存储结构的主要优点。

静态链表的基本运算实现与单链表类似，初始化静态链表的算法如算法 2.20 所示。

```
void InitSLinkList(SLinkList S)    //初始化一个空静态链表
{    S[0].cursor=0;  }
```

算法　2.20

求表长如算法 2.21 所示。

```
int LengthSLinkList(SlinkList S)
{    int len,c;              //len 存放 S 的表长,c 记录当前数组分量的位置
     len=0;
     c=0;
     while(S[c].cursor!=0)
     {    c=S[c].cursor;
          len++;
     }
     return len;
}
```

算法　2.21

按序号查找如算法 2.22 所示。

```
int  GetSLinkList(SLinkList S,int i)
{
    int c;
    int  j;            //j 是计数器,用来判断当前的结点是否是第 i 个结点
    c=S[0].cursor;
    j=0;
    while(c!=0&&j<i)
    {
        c=S[c].cursor;
                       //当前结点 p 不是第 i 个且 p 非空,则 p 移向下一个结点
        j++;
    }
    return  c;
}
```

算法 2.22

插入运算如算法 2.23 所示。

```
void  InsertSLinkList(SLinkList S,int i,DataType x)
//在静态链表 S 中第 i 个位置插入值为 x 的新结点
{
    int  c,len;                 //c 记录当前数组分量的位置,len 记录 S 的表长
    c=GetSLinkList(L, i-1);           //寻找到链表的第 i-1 个位置结点
    if(c==0)
    {
        printf("插入位置不合法! ");
        exit(1);
    }
    else
    {
        len=lengthSLinkList(S);
        S[++len].data=x;                //元素 x 存放在表尾,表长 len 加 1
        S[len].cursor=S[c].cursor;
        S[c].cursor=len;
    }
}
```

算法 2.23

删除运算如算法 2.24 所示。

```
void DeleteSLinkList(SLinkList  S, int  i)
//删除静态链表上的第 i 个结点
{
    int c;
    c=GetSLinkList(S, i-1);
    if(c==0)
    {
        printf("删除位置不合法!");
        //第 i 个结点的前驱结点不存在,不能执行删除操作
        exit(1);
    }
    else
    {
        if(S[c].cursor==0)
        {
            printf("删除位置不合法!");
            //第 i 个结点不存在,不能执行删除操作
            exit(1);
        }
        else
        {
            S[c].cursor= S[S[c].cursor].cursor;
        }
    }
}
```

算法 2.24

表长为 n 的静态链表创建过程可以执行 n 次插入运算，具体如算法 2.25 所示。

```
void CreateSLinkList(SLinkList S)
{
    DataType x;
    InitSLinkList(S);
    for(int i=1;i<=n;i++)
    {
        scanf("%d",&x);                //假设 x 为整型
        InsertSLinkList(S,i,x);
    }
}
```

算法 2.25

2.4 线性表的应用举例

由于线性表具有简单易操作的线性结构，因此线性表在程序设计中非常有用。本节将讨论几个线性表应用的典型例子。

2.4.1 一元多项式的表示与相加

在数学上，一个一元多项式 $P_n(x)$可按升幂形式写为：

$$P_n(x)=p_0+p_1x+p_2x^2+\cdots+p_nx^n$$

它由 n+1 个系数唯一确定。因此，在计算机中，它可用一个线性表 P 来表示：

$$P=(p_0,p_1,p_2,\cdots,p_n)$$

每一项的指数 i 隐含在其系数 p_i 的序号中。

假设 Q 是一元 m 次多项式，同样用一个线性表 Q 来表示：

$$Q=(q_0,q_1,q_2,\cdots,q_m)$$

不失一般性，可设 $n>m$，则两个多项式相加的结果 $R_n(x)=P_n(x)+Q_m(x)$，可以用线性表 R 来表示：

$$R=(p_0+q_0,p_1+q_1,\cdots,p_m+q_m,p_{m+1},\cdots,p_n)$$

根据前面介绍的线性表的表示与实现，显然，我们如果用顺序存储结构来表示和实现，那么多项式的相加算法将会很简单。

但是对于形如 $P=1+2x^{100}+4x^{2000}$ 这样的多项式，如果采用顺序存储结构，那么线性表的长度就要达到 2001，显然其中只有三个元素是有效的，其他的全是 0。显然很浪费空间。

因此对于多数系数为 0，且指数变化很大的多项式，不妨用链式存储结构来表示与实现。不妨设此时的多项式一般表达式如下：

$$P_n(x)=p_1x^{e_1}+p_2x^{e_2}+\cdots+p_mx^{e_m}$$

其中 p_i 是指数 e^i 的项的非零系数，且满足

$$0\leqslant e_1<e_2<\cdots<e_m=n$$

那么线性表可以表示如下：

$$P=((p_1,e_1),(p_2,e_2),\cdots,(p_m,e_m))$$

线性表的元素类型定义如下：

```
typedef struct
{
    float  coef;                    //系数
    int  expn;                      //指数
}DataType;
```

显然在最坏情况下，n+1（m）个系数多不等于 0，则用链式存储结构将比顺序存储结构要多一倍的存储空间来存放数据。因此，对于大多数系数都不等于 0 的情况，则应该采用顺序存储结构；对于大多数系数等于 0 的情况，则应该采用链式存储结构。

例如，已知多项式 $P_{20}(x)=4+x+9x^{10}+5x^{20}$ 与多项式 $Q_{10}(x)=3x+7x^{5}-9x^{10}$，如何用实现它们的加法运算呢？

显然，此时适合采用链式存储结构来表示和实现该多项式运算，且它们的单链表存储结构如图 2.20 所示。

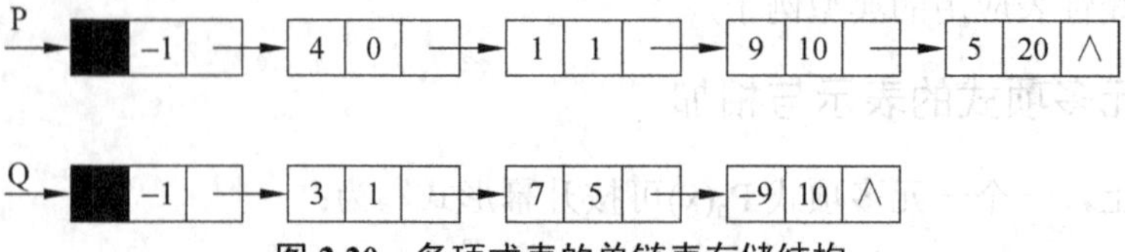

图 2.20　多项式表的单链表存储结构

根据一元多项式相加的运算规则有：对于两个一元多项式中所有指数相同的项，对应系数相加，若其和不为零，则构成“和多项式”中的一项；对于两个一元多项式中所有指数不相同的项，则分别复制到“和多项式”中。“和多项式”链表中的结点无须另外生成，可以从两个多项式的链表中摘取。

算法思路：假设指针 p 和 q 分别指向多项式 P 和 Q 中当前进行比较的某个结点，则比较两个结点中的指数项有 3 种情况：一是指针 p 所指结点的指数值<指针 q 所指结点的指数值，则应该摘取 p 所指结点插入到“多项式”链表中；二是指针 p 所指结点的指数值>指针 q 所指结点的指数值，则应该摘取 q 所指结点插入到“多项式”链表中；三是指针 p 所指结点的指数值=指针 q 所指结点的指数值，则将两个结点的系数相加，若和数不为零，则修改 p 所指结点的系数值，同时释放 q 所指结点，反之从多项式 P 的链表中删除相应结点，并释放 p 和 q 所指结点。图 2.21 所示就是图 2.20 所示多项式和结果图，其中长方框表示已被释放的结点。

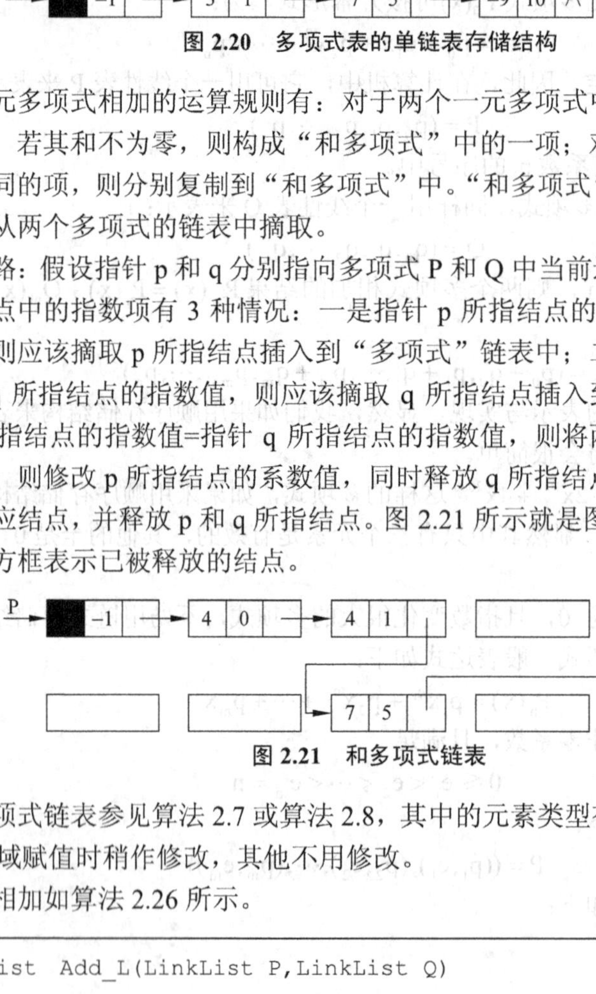

图 2.21　和多项式链表

创建多项式链表参见算法 2.7 或算法 2.8，其中的元素类型有所改变，以致在给每个结点的 data 域赋值时稍作修改，其他不用修改。

多项式相加如算法 2.26 所示。

```
LinkList  Add_L(LinkList P,LinkList Q)
{
    LNode *p,*q;
    LNode *r,*s;          //r 指向和多项式链表的尾指针,s 指向待释放结点
    float sum;            //sum 记录相同指数结点的系数和
    p=P->next;
    q=Q->next;
```

算法　2.26

```
r=P;        //r初始指向P多项式链表,并始终指向和多项式尾结点
while(p&&q)
{ if((p->data).expn<(q->data).expn)
    {    //执行第一种情况时,P链表结点插入到和多项式尾部,且r指针后移
         r->next=p;
         r=r->next;
         p=p->next;
    }
    else if((p->data).expn>(q->data).expn)
    {    //执行第二种情况时,Q链表结点插入到和多项式尾部,且r指针后移
         r->next=q;
         r=r->next;
         q=q->next;
    }
    else
    {    //执行第三种情况时,先判断系数和是否为零
         sum=(p->data).coef+(q->data).coef;
         if(sum!=0)
         {    //和不为零时,系数和重新赋值给p并插入和多项式尾部
              //释放q指向结点,另将q后移
              (p->data).coef=sum;
              r->next=p;
              r=r->next;
              p=p->next;
              s=q;
              q=q->next;
              free(s);
         }
         else
         {    //和为零时,无须插入结点到和多项式尾部,
              //释放p、q所指结点,另将p、q后移
              s=p;
              p=p->next;
              free(s);
              s=q;
              q=q->next;
              free(s);
         }
    }
}
if(p)                 //若链表P还有待处理的结点,链接P链表中剩下结点
    r->next=p;
else                  //否则,链接Q链表中剩下结点
```

算法 2.26（续）

```
        r->next=q;
    free(Q);            //释放Q的头结点
    return P;           //返回和多项式头链表
}
```

算法 2.26（续）

2.4.2 约瑟夫环问题

约瑟夫环问题的具体描述是：设有编号为 1，2，…，n 的 n（n>0）个人围成一个圈，从某个人开始报数，报到 m 时停止报数，报 m 的人出圈，再从他的下一个人起重新报数，报到 m 时停止报数，报 m 的出圈，……，如此下去，直到所有人全部出圈为止。当任意给定 n 和 m 后，设计算法求 n 个人出圈的次序。

显然，循环单链表可以很好地描述这个问题。我们将编号为 1,2，…，n 的 n（n>0）个人围成一个圈表示成一个不带头结点的循环单链表 L，其中 L 指向第一个结点，每个编号对应一个结点，结构图如图 2.22 所示。

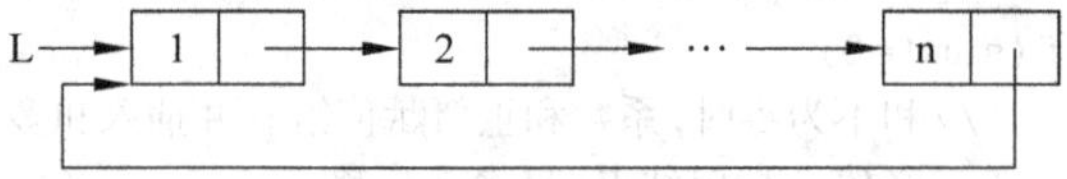

图 2.22 结构图

假设从第 k 个人开始报数，即从第 k 个结点开始报数，报 m 的人出圈，也就是删除报 m 的结点，再从它的下一结点重新报数，报到 m 时删除该结点，如此下去，直到所有结点删除完为止。

创建 n 个编号结点的循环单链表如算法 2.27 所示。

```
void Create_L(LinkList &L,int n)
{
    int i;
    LNode *s,*r;
    L=NULL;
    r=L;
    for(i=1;i<=n;i++)
    {
        s=(LinkList)malloc(sizeof(LNode));
        s->data=i;
        if(L==NULL){L=s; r=s;}
        else{r->next=s;r=r->next;}
    }
    r->next=L;
}
```

算法 2.27

约瑟夫算法实现如算法 2.28 所示。

```
void Josephus(LinkList L,int k,int n,int m)
{
    LNode *s;
    LNode *t;
    s=GetLinkList(L,k-1);
    printf("所有人出队序列如下：\n");
    while (s->next!=s)
    {
        for (int i=1; i<m; i++)          //先数m-1个数
        {
            t=s;
            s=s->next;
        }                                //把数到m的人从链表中删除
        t->next=s->next;
        printf("%d\t",s->data);          //输出数到m的人的编号
        free(s);
        s=t->next;
    }
    printf("%d\n",s->data);              //输出最后一个人的编号
    free(s);
}
```

算法 2.28

假设调用函数为 main 函数，且已知 n=6，m=4，k=3，调用函数如下：

```
void main()
{
    LinkList L;
    Create_L(L,6);
    Josephus(L,3,6,4);
}
```

最后出队序列编号为 6, 4, 3, 5, 2, 1。

习 题 2

一、单选题

1. 两个有序线性表分别具有 n 个元素与 m 个元素且 n≤m，现将其归并成一个有序表，其最少的比较次数是（　　）。

A. n　　B. m　　C. n−1　　D. m+n

2. 非空的循环单链表 head 的尾结点（由 p 所指向）满足（　　）。

A. p−>next==NULL　　B. p==NULL

C. p–>next==head　　D. p==head

3. 在带头结点的单链表中查找 x 应选择的程序体是（　　）。

A. LNode *p=head–>next;
while (p && p–>data!=x)　p=p–>next;
if (p–>data==x)　　return p; else return NULL;

B. LNode *p=head;
while (p&& p–>data!=x) p=p–>next;　return p;

C. LNode *p=head–>next;
while (p&&p–>data!=x) p=p–>next;　return　p;

D. LNode *p=head;
while (p–>data!=x) p=p–>next ;　　return p;

4. 线性表若采用链式存储结构时，要求内存中可用存储单元的地址（　　）。

A. 必须是连续的　　B. 部分地址必须是连续的

C. 一定是不连续的　　D. 连续不连续都可以

5. 在一个具有n个结点的有序单链表中插入一个新结点并保持单链表仍然有序的时间复杂度是（　　）。

A. $O(1)$　　B. $O(n)$　　C. $O(n^2)$　　D. $O(n\log_2 n)$

6. 往一个顺序表的任一结点前插入一个新数据结点时，平均而言，需要移动（　　）个结点。

A. n　　B. n/2　　C. n+1　　D. (n+1)/2

7. 若从键盘输入 n 个元素，则建立一个有序单向链表的时间复杂度为（　　）。

A. $O(n)$　　B. $O(n^2)$　　C. $O(n^3)$　　D. $O(n\log_2 n)$

8. 设 tail 是指向一个非空带表头结点的循环单链表的尾指针。那么，删除链表起始结点的操作应该是（　　）。

A. ptr = tail ;
tail = tail–>next ;
free (ptr);

B. tail = tail–> next;
free (tail) ;

C. tail = tail–> next –> next;
free (tail);
free (ptr);

D. ptr = tail–> next –> next;
tail–> next –> next = ptr-> next;
free (ptr);

9. 在一个单链表中，若删除 p 所指结点的后继结点，则执行（　　）。

A. p–>next=p–>next–>next;　　B. p=p–>next; p–>next=p–>next–>next;

C. p–>next=p–>next;　　D. p =p–>next–>next;

10. 在一个单链表中，若 p 所指结点不是最后结点，在 p 之后插入 s 所指结点，则执行（　　）。

A. s–>next=p;p–>next=s;　　B. s–>next=p–>next;p–>next=s;

C. s–>next=p–>next;p=s;　　D. p–>next=s;s–>next=p;

二、算法设计题

1. 设计一个算法，求一个不带头结点的单链表中的结点个数。

2. 设计一个算法，求一个带头结点的单链表中的结点个数。

3. 设计一个算法，在一个单链表中值为 y 的结点前面插入一个值为 x 的结点，即使值为 x 的新结点成为值为 y 的结点的前驱结点。

4. 设计一个算法，判断一个顺序表中的各个结点值是否有序。

5. 设计一个算法，利用单链表原来的结点空间将一个单链表就地逆转。

6. 设计一个算法，将一个结点值为自然数的单链表拆分为两个单链表，原表中保留值为偶数的结点，而值为奇数的结点按它们在原表中的相对次序组成一个新的单链表。

7. 设计一个算法，对一个有序的单链表，删除所有值大于 x 而不大于 y 的结点。

8. 设单链表 L 是一个递减有序表，试写一算法将 X 插入其中后仍保持 L 的有序性。

9. 写一算法将单链表中值重复的结点删除，使所得的结果表中各结点值均不相同。

10. 设计一个算法，对单链表按结点值从小到大对结点进行排序。

11. 设计一个算法，将两个有序单链表合并成一个有序的单链表。

12. 设计一个算法，求两个单链表表示的集合的交集，并将结果用一个新的单链表保存并返回。

13. 设计一个算法，在双链表中值为 y 的结点前面插入一个值为 x 的新结点，即使值为 x 的新结点成为值为 y 的结点的前驱结点。

14. 设计一个算法，从右向左打印一个双链表中各个结点的值。

第3章

栈和队列

本章知识要点：

- 栈和队列的基本概念。
- 栈和队列的顺序存储结构和链式存储结构。
- 栈和队列的应用。

3.1 栈

栈是一种特殊的线性表，它的逻辑结构和存储结构与线性表相同，其特殊性体现在“运算受限”，即无论往表中插入元素还是删除表中已有元素，都被限制在线性表的一端进行。一般将表尾作为操作端，如图 3.1 所示。

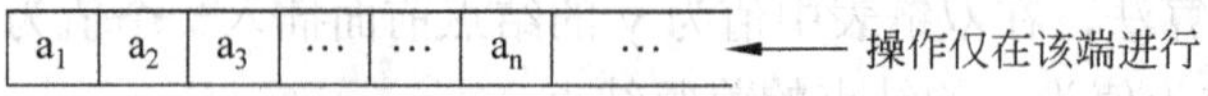

图 3.1　操作仅在表一端进行

3.1.1　栈的定义

栈是限制在表的一端进行插入和删除操作的线性表。能够进行操作的一端是浮动端，称为**栈顶**，通常用一个“栈顶指针”指示，它的位置会随着操作而发生变化；与此相对，表的另一端是固定端，称为**栈底**。如同线性表可以为空表一样，当栈中没有元素时称为空栈。往栈中插入元素的操作称为**入栈**，删除栈中元素的操作称为**出栈**。图 3.2 表示了一个栈。

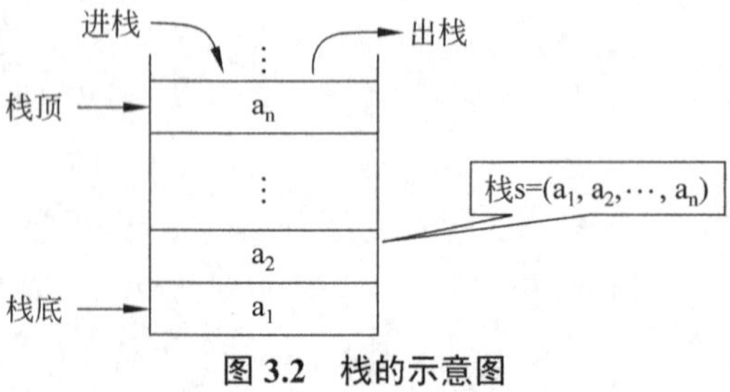

图 3.2　栈的示意图

根据栈的运算特性，所有操作都只在栈顶进行。如果将数据元素按照 $a_1, a_2, a_3, \cdots, a_n$ 的顺序依次入栈，则此时 a_1 在栈底，a_n 在栈顶，如图 3.2 所示。当要取出数据时，则必须按 $a_n, a_{n-1}, \cdots, a_1$ 的顺序进行。由此可知，a_n 作为栈顶元素总是最后入栈的，而最先出栈；a_1 作为栈底元素总是最先入栈的，而最后出栈。栈按照这种后进先出（Last In First Out,

LIFO）或者先进后出（First In Last Out，FILO）的原则来组织数据的，因此，它也被称为后进先出或先进后出的线性表。

基于栈的特性，栈的抽象数据类型定义如下：

```
ADT Stack {
    数据对象 D：D={ ai|ai∈ElemSet, i=1,2,…,n, n≥0 }
    数据关系 R：R={ <ai-1, ai>|ai-1, ai∈D, i=2,…,n }
    约定 an 端为栈顶，a1 端为栈底。
    基本操作 P：
    InitStack(&S)
        操作结果：构造一个空栈 S
    StackEmpty(S)
        初始条件：栈 S 已存在
        操作结果：若栈 S 为空栈,则返回 TRUE,否则返回 FALSE
    StackFull(S)
        初始条件：栈 S 已存在
        操作结果：若栈 S 满,则返回 TRUE,否则返回 FALSE
    GetTop(S, &e)
        初始条件：栈 S 已存在
        操作结果：若栈 S 非空,用 e 返回 S 的栈顶元素
    Push(&S, e)
        初始条件：栈 S 已存在
        操作结果：若栈 S 不满,插入元素 e 为新的栈顶元素
    Pop(&S, &e)
        初始条件：栈 S 已存在且非空
        操作结果：若栈 S 非空,删除 S 的栈顶元素,并用 e 返回其值
} ADT Stack
```

3.1.2 栈的顺序存储结构

采用顺序存储结构的栈称为顺序栈，它需要一段连续的存储空间来存储栈中元素。

1. 顺序栈的类型定义

类似于顺序表的定义，通常用预先设定的足够大的一维数组来存放数据。由于栈顶会随着插入和删除操作而发生变化，用整型变量 top 作为栈顶指针指示栈顶的当前位置。栈底位置固定不变，可以设置在数组的任意端，一般将数组的下标端作为栈底。

顺序栈的类型描述如下：

```
#define MAXSIZE 100
typedef struct
{ DataType data[MAXSIZE];
  int top;
}SqStack;
```

在顺序栈中，用于指示栈顶的当前位置的 top 是整型，它的实质是栈顶元素在数组

中的下标。栈顶指针 top 直接反映出栈的当前状态：空栈时，栈顶指针 top 为–1；栈满时，栈顶指针 top 为 MAXSIZE–1；入栈时，栈顶指针 top 加 1；出栈时，栈顶指针 top 减 1。

如图 3.3 所示为 MAXSIZE 为 6 的顺序栈中数据元素和栈顶指针 top 的变化情况。其中，图 3.3(a)表示空栈；图 3.3(b)表示元素 a 进栈，top 指示的是当前栈顶的位置；图 3.3(c)表示 b、c、d、e、f 依次进栈后栈满的情况；元素 f、e、d 依次出栈后的情况如图 3.3(d)所示，top 为当前栈顶元素 c 的位置；图 3.3(e)表示元素 c、b、a 继续出栈又重新回到空栈状态。

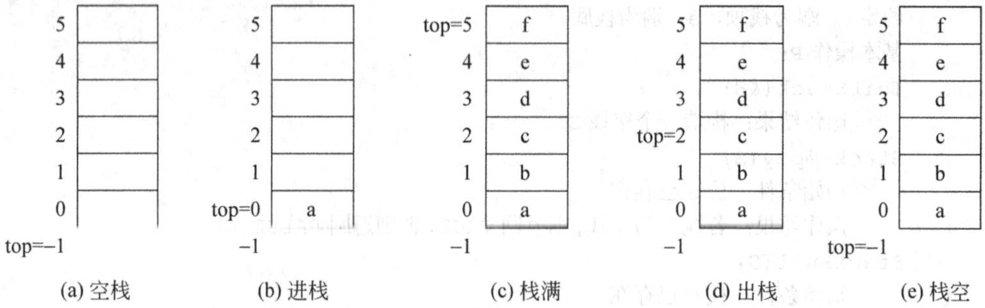

图 3.3　栈顶指针 top 与栈中数据元素的关系

2. 顺序栈的算法实现

（1）初始化栈（置栈空）。

初始化栈主要是分配存储空间，并将栈顶指针置为–1。

```
int  InitStack(SqStack &S)
//构造一个空栈
{
   S.top=-1;
   return OK;
}
```

（2）判栈空。

```
int  StackEmpty(SqStack S)
//判栈为空栈时返回值为真,反之为假
{   return(S.top==-1? TRUE:FALSE);  }
```

（3）判栈满。

```
int StackFull(SqStack S)
//判栈为满栈时返回值为真,反之为假
{   return(S.top==MAXSIZE-1?TRUE:FALSE); }
```

（4）进栈。

进栈时应首先判栈满，若栈不满则将栈顶指针 top 上移，存入元素。

```
int Push(SqStack &S, DataType e)
{                                          //将元素 e 插入到栈中,作为新栈顶
```

```
  if(StackFull(S))  return ERROR;          //栈满
  S.top++;                                 //top 加 1,栈顶位置上移
  S.data[S.top]=e;                         //数据 e 存入当前栈顶
  return  OK;
}
```

（5）出栈。

出栈时应首先判断栈是否为空，若栈不为空，则取出栈顶元素，将栈顶指针 top 下移，再返回栈顶元素。

```
int Pop(SqStack &S,DataType &e)
{                                          //若栈不为空,则删除栈顶元素
  if(StackEmpty(S)) return ERROR;          //栈空
  e=S.data[S.top];                         //取出数据放入 e 所指单元中
  S.top--;                                 // top 减 1,栈顶位置下移
  return OK;
}
```

（6）取栈顶元素。

```
int GetTop(SqStack S,DataType &e)
{                                          //若栈不为空,则取栈顶元素
  if(StackEmpty(S)) return ERROR;          //栈空
  e=S.data[S.top];                         //取出数据,top 不变
  return OK;
}
```

由于栈的运算特殊性，顺序栈中进栈和出栈操作并不存在移动数据的问题，因而效率较高。但顺序栈需要预先估计准确的存储空间大小，需要预先分配一个较大空间，这有可能造成存储空间的浪费。

3.1.3　栈的链式存储结构

若是栈中元素的数目变化范围较大或不清楚栈元素的数目，就应该考虑使用链式存储结构。用链式存储结构表示的栈称为“链栈”。

1. 链栈的类型定义

链栈通常用一个无头结点的单链表表示，其结点结构与单链表的结点结构相同。

```
typedef struct node
{  DataType data;
   struct node* next;
}StackNode,*LinkStack;
LinkStack top;                        //top 为栈顶指针
```

由于栈中的主要运算是在栈顶进行插入、删除，对于单链表来说，在表头插入和删除结点要比在表尾相对简单，因此将单链表表头作为栈顶，则单链表的头指针即为栈顶

指针。通常将链栈表示如图 3.4 所示。

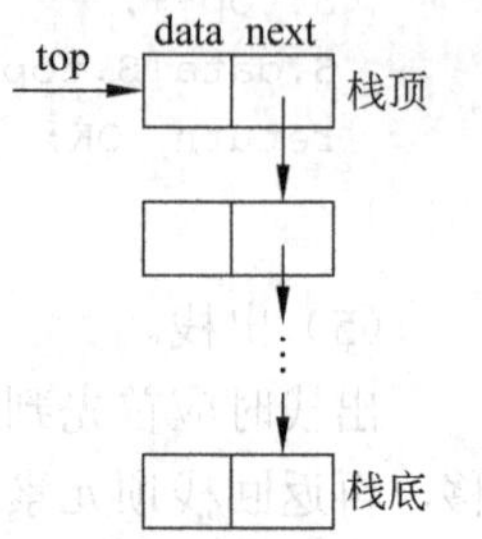

图 3.4　链栈示意图

2. 链栈的算法实现

链栈的本质是简化的单链表，top 作为栈顶指针始终指向链表首结点。进栈操作就是在链表表头插入一个新的结点，出栈操作就是删除当前的表头结点并释放空间。

（1）初始化栈（置空栈）。

```
LinkStack  InitStack()
//空栈的 top 指针为 NULL
{  return NULL;   }
```

（2）判栈空。

```
int  StackEmpty(LinkStack top)
//判栈为空栈时返回值为真,反之为假
{   return(top==NULL? TRUE:FALSE);  }
```

（3）进栈。

```
void Push(LinkStack &top, DataType e)
{   //将元素 e 进链栈,即在表头插入新的结点
    StackNode  *s;
    s=(StackNode*)malloc(sizeof(StackNode));
    s->data=e;
    s->next=top;
    top=s;
 }
```

（4）出栈。

```
int Pop(LinkStack &top,DataType &e)
{   //若栈不为空将栈顶元素出栈,即为删除表头结点
   StackNode *p;
   if(StackEmpty(top)) return  ERROR;              //栈空
   e=top->data;
   p=top;
   top=top->next;
   free(p);
   retrun OK;
}
```

3.2　栈的应用举例

根据栈的运算特点，在很多实际问题中都利用栈作为一个辅助的数据结构来进行求解，下面通过几个例子进行说明。

3.2.1 数制转换

数制转换问题是指对于输入的任意一个非负十进制整数 N，打印输出与其等值的 r 进制数。一般利用辗转相除法解决这个问题，以 N=1348，r=8 为例，其转换方法如下：

N	N / 8 (整除)	N % 8 (求余)	
1348	168	4	低 ↑
168	21	0	
21	2	5	
2	0	2	高

结果为$(1348)_{10}=(2504)_8$。

对其计算过程进行分析可以发现，八进制的各位数实际上就是每次运算所得的余数值，它们产生的顺序是由低位到高位的，这恰好与输出顺序相反。因此，在转换过程中每得到一位余数就将其进栈保存，转换完毕后再依次出栈，即可得出结果。

将十进制数 N 转换为 r 进制数，算法思路如下：

（1）当 N≠0，则重复执行①和②：

① 将 N % r 进栈 s；

② N = N/r。

（2）将栈 s 的内容依次出栈，算法结束。

具体实现如算法 3.1 所示。

```
typedef int DataType;
void conversion(int N, int r)
{  SqStack S;                          //定义一个顺序栈 S
   DataType x;
   InitStack(S);
   while(N)
     {  Push(S, N%r);             //余数入栈
        N=N/r;
     }
   while(!StackEmpty(S))
     {   Pop(S,x);
        printf("%d",x);
     }
}
```

算法 3.1

3.2.2 括号匹配的检验

假设在一个算术表达式中，可以包含三种括号：圆括号“(”和“)”，方括号“[”和“]”和花括号“{”和“}”，并且这三种括号可以按任意的次序嵌套使用，例如某一个算术表达式中的括号使用括号情况为“…[…{…}…[…]…]…[…]…(…)…”。括号匹

配的检验主要就是判别给定表达式中所含括号是否正确配对。

算术表达式中各种括号的使用规则为：出现左括号，必有相应的右括号与之匹配，并且每对括号之间可以嵌套，但不能出现交叉情况。根据该规则可知，当前最晚出现的左括号总是最先与随后出现的右括号进行匹配，这一规律与栈的“后进先出”运算特性吻合，因此可以利用栈来解决这一问题，算法思路如下：

依次输入表达式每一个字符，若是左括号，将其入栈保存；若是右括号，则出栈左括号，并检验与其是否匹配。循环执行，直到表达式输入结束。

在检验过程中，若遇到以下几种情况之一，就可以得出括号不匹配的结论。

- 当遇到某一个右括号时，栈已空，说明到目前为止，右括号多于左括号；
- 从栈中弹出的左括号与当前检验的右括号类型不同，说明出现了括号交叉情况；
- 算术表达式输入完毕，但栈中还有没有匹配的左括号，说明左括号多于右括号。

具体实现如算法 3.2 所示。

```
typedef char DataType;
int bracketmatching()
{
  SqStack S;
  DataType ch;
  InitStack(S);
  while ((ch=getchar())!='\n')
 {
   switch (ch)     //遇左括号入栈;遇到右括号时,分别检测匹配情况
   {
    case '(':
    case '[':
    case '{':
        Push(S,ch);break;
    case ')':
        if (StackEmpty(S)) return FALSE;
        else
        { Pop(S,ch);  if (ch!= '(') return FALSE; }
        break;
    case ']':
        if (StackEmpty(S)) return FALSE;
        else
        { Pop(S,ch);   if (ch!= '[') return FALSE; }
        break;
    case '}':
        if (StackEmpty(S)) return FALSE;
        else
```

算法 3.2

```
        { Pop(S,ch); if (ch!='{') return FALSE; }
        break;
        default:break;
      }
    }
    if (StackEmpty(S)) return TRUE;
    else return FALSE;
}
```

算法 3.2（续）

3.2.3 简单表达式求值

表达式是由运算对象、运算符、括号组成的有意义的式子，而表达式求值是程序设计语言编译器中一个最基本的问题，它是栈的一个典型的应用实例。为了讨论方便，在不失一般性的前提下，以 10 以内整数构成的四则运算表达式为例来说明栈在表达式求值中的作用。

1. 表达式的定义

（1）表达式的构成。

在计算机中，任何一个表达式都是由操作数（operand）、运算符（operator）和界限符（delimiter）组成的。本节讨论的简单表达式中，其操作数由数字 0～9 构成，运算符包括加、减、乘、除和括号，表达式界限符设定为“#”。由此，将表达式的构成分成两类符号：操作数和算符，其中算符包含运算符和界限符。

（2）表达式的运算规则。

- 先乘除、后加减；
- 同级运算时先左后右；
- 先括号内，后括号外。

2. 算符的优先级

根据运算规则，在运算的每一步中，任意两个**相继出现**的算符 θ_1 和 θ_2 之间的优先关系主要有以下三种情况。

- $\theta_1<\theta_2$：θ_1 的优先级低于 θ_2。
- $\theta_1=\theta_2$：θ_1 的优先级等于 θ_2。
- $\theta_1>\theta_2$：θ_1 的优先级高于 θ_2。

如表 3-1 所示，其中，当 θ_1 和 θ_2 都为“+”时，例如 2+3+4，应该先算由 θ_1 代表的先出现的第一个加法，再算随后出现的由 θ_2 代表的第二个加法，也就是说，相同的算符左优先。出现“E”表示错误，即 θ_1 和 θ_2 不可能相继出现，例如“…2)7(…”。为方便处理，在表达式的前后分别加上一个“#”作为开始和结束符，它的优先级最低。

3. 算法思路

（1）算符优先关系的描述与实现。

根据表 3-1，对于相继出现的算符 θ_1 和 θ_2 它们之间的优先关系可以总结为以下 5 种情况。

表 3-1 算符优先关系表

θ_1 \ θ_2	+	−	*	/	(	)	#
+	>	>	<	<	<	>	>
−	>	>	<	<	<	>	>
*	>	>	>	>	<	>	>
/	>	>	>	>	<	>	>
(	<	<	<	<	<	=	E
)	>	>	>	>	E	>	>
#	<	<	<	<	<	E	=

- θ_1 是“＋”和“－”时，当 θ_2 是“*”、“/”和“(”时，它们的优先级关系应该是“<”，其余时候它们之间的优先关系是“>”；
- θ_1 是“*”和“/”时，当 θ_2 是“(”时，它们之间的优先级是“<”，其余时候是“>”；
- θ_1 是“(”时，当 θ_2 是表达式结束符时，它们之间的优先级是错误的可以用字符“E”表示，其余情况又可以分成两种：当 θ_2 是“)”时，它们之间的优先级是相同的“＝”，θ_2 是其他字符时，它们之间的优先关系是“<”；
- θ_1 是“)”时，当 θ_2 是“(”时，它们之间的优先关系是错误的用字符“E”表示，θ_2 是其他字符时，它们之间的优先关系就是“>”；
- θ_1 是表达式结束符时，当 θ_2 也是表达式结束符时，它们之间的优先关系时相等的用“＝”表示，其余情况又可分为两种：当 θ_2 是“)”时，它们之间的优先级关系用“E”表示，θ_2 是其他字符时，它们之间的优先级关系都可以利用“<”来表示。

这 5 种情况是根据 θ_1 的值来分的，即当 θ_1 的值确定后，再根据 θ_2 的值来判断。由此，利用多分支的选择结构可以实现算符之间的优先关系。

（2）算法步骤。

表达式作为满足一定语法规则的字符串，求值时需要自左向右地进行扫描。例如表达式“4+2*(3+6/2)”，当扫描到 4+2 时是不能立刻计算的，因为后面还有优先级更高的运算。此时，需要将操作数和算符暂时保存，根据后面出现的算符的优先级高低进行计算。

表达式求值的处理过程主要包含以下 3 步：

① 设置两个工作栈：optr 算符栈和 opnd 操作数栈。初始置 opnd 为空栈；起始符“＃”为 optr 的栈底元素；

② 自左向右扫描表达式中的每个字符 c：

若 c 为操作数，则进 opnd 栈；

若 c 为算符，则让 optr 栈的栈顶元素与 c 比较优先级：

- 若栈顶算符优先级低于刚读入的运算符 c，则让刚读入的运算符 c 进 optr 栈。
- 若栈顶算符优先级高于刚读入的运算符 c，则将栈顶算符退栈，送入θ；同时将操作数栈 opnd 退栈两次，得到两个操作数 a、b，对 a、b 进行θ运算后，将运算结果作为中间结果推入 opnd 栈。
- 若栈顶运算符的优先级与刚读入的运算符 c 相同，说明左右括号相遇，只需将栈顶运算符（左括号）退栈即可。

③ 直到扫描到 c 为定界符，即 optr 栈的栈顶元素和当前读入的字符均为“#”，则整个表达式求值完毕。

具体实现如算法 3.3 所示。

```
float CalculateExpression()
 {  //算术表达式求值的算符优先算法。设 optr 和 opnd 分别为算符栈和操作数栈，
    //OP 为算符集合
  InitStack(optr); Push(optr,'#');
  InitStack(opnd); c=getchar();
  while(c!='#'||GetTop(optr)!='#')
  {
    if(!In(c,OP)){Push(opnd,c); c=getchar();} //不是算符则进栈
    else
      switch(Precede(GetTop(optr),c))
      {
        case '<':   //栈顶算符优先级低
           Push(optr,c); c=getchar();
           break;
        case '=': //优先级相同，脱去括号并读入下一字符
           Pop(optr,x); c=getchar();
           break;
        case '>': //栈顶算符优先级高，退栈并将运算结果入栈
           Pop(optr,theta);
           Pop(opnd,b);Pop(opnd,a);
           Push(opnd,Operate(a,theta,b));
           break;
      }
  }
  return GetTop(opnd);
}
```

算法　3.3

算法中还调用了两个函数。其中 Precede 函数是判定算符栈栈顶算符与读入的算符之间优先级的函数；Operate 函数为进行二元运算的函数。

（3）实例演示。

例如，对表达式“4+2*(7−3)”进行求值，求值过程中两个工作栈的使用情况如图 3.5

所示。图 3.5(a)呈现出两个工作栈的初始状态。从左到右扫描表达式，依次读入“4”、“+”、“2”、“*”、“(”、“7”、“—”、“3”。很容易判断出“4”、“2”、“7”、“3”是操作数依次进 opnd 栈；当读入的是算符时，需要将它与栈顶算法比较优先级。在依次读入“+”、“*”、“(”、“—”算符时，其优先级都比栈顶算符的优先级高，因此将其依次进 optr 栈，如图 3.5(b)所示。紧接着读入的字符是“)”，它的优先级比当前的栈顶算符“—”优先级低，因此需要进行出栈运算。将 opnd 栈中的操作数“3”和“7”依次出栈，将 optr 栈中的“–”出栈，计算出 7—3 的结果进 opnd 栈以便继续参与后续计算，如图 3.5(c)和(d)所示。继续将当前读入的字符“)”与栈顶算符“(”比较优先级，由于它们的优先级相同，则需要脱掉该层括号，即将“(”出栈，并继续向右扫描表达式读入下一个字符“#”，如图 3.5(e)所示。已知“#”的优先级比“*”和“+”的优先级低，因此进行了两次的出栈运算，并把运算结果都保存在 opnd 栈中，如图 3.5(f)和(g)所示。值得注意的是，在图 3.5(g)中 optr 栈中的栈顶元素和当前读入的字符均为表达式的定界符“#”，此时意味着整个表达是求值完毕，而最终结果就保存在 opnd 栈的栈顶元素中。

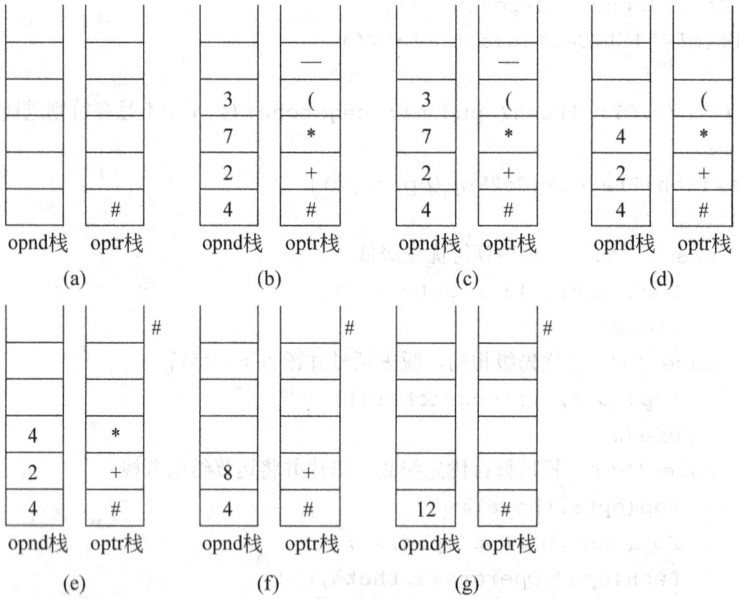

图 3.5　表达式求值过程中各工作栈中的情况

表 3-2 中列出了表达式“4+2*(7–3)”求值过程中的每一个步骤和操作，清晰地体现了栈的相关运算在这个过程中的应用。

表 3-2　表达式的求值过程

步骤	optr 栈	opnd 栈	依次读入字符	主要操作
1	#		4+2*(7–3)#	Push(opnd,'4')
2	#	4	+2*(7–3)#	Push(optr, '+')
3	# +	4	2*(7–3)#	Push(opnd, '2')
4	# +	4 2	*(7–3)#	Push(optr,'*')
5	# + *	4 2	(7–3)#	Push(optr, (')

续表

步骤	optr 栈	opnd 栈	依次读入字符	主要操作
6	# + * (	4 2	7–3)#	Push(opnd,'7')
7	# + * (	4 2 7	–3)#	Push(optr,'–')
8	# + * (–	4 2 7	3)#	Push(opnd,'3')
9	# + * (–	4 2 7 3	)#	Pop(optr);Pop(opnd); Pop(opnd); Push(opnd,operate('7','–','3'))
10	# + * (	4 2 4	)#	Pop(optr);
11	# + *	4 2 4	#	Pop(optr);Pop(opnd); Pop(opnd); Push(opnd,operate('2','*','4'))
12	# +	4 8	#	Pop(optr);Pop(opnd); Pop(opnd); Push(opnd,operate('4','+','8'))
13	#	12	#	Gettop(opnd);

表达式中运算符放在两个操作数中间的，被称为中缀表达式。通过上述求值过程可以看出，中缀表达式的计算需要考虑运算符的优先关系，计算过程比较复杂。为了处理方便，通常把中缀表达式首先转换成等价的后缀表达式。在后缀表达式中，运算符总是在操作数之后，并且没有括号，所有的计算按运算符出现的顺序，严格从左向右进行，而不用考虑运算规则和优先级。中缀表达式“4+2*(7–3)”的后缀表达式是“4273－*+”。

由于后缀表达式中既无括号又无优先级的约束，其求值算法要简单很多，只需要借助一个操作数栈即可完成求值过程。具体做法是，当从左向右扫描表达式时，每遇到一个操作数就将其进栈保存，每遇到一个运算符就从栈中取出两个操作数进行当前的计算，并将计算结果继续入栈，直到整个表达式结束，这时栈顶元素的值就是表达式的结果。

3.3 队 列

与栈类似，**队列**（Queue）也是一种运算受限的线性表，它的特殊性主要体现在插入和删除操作分别被限定在表的两端进行。图 3.6 就反映了这种运算受限的性质。

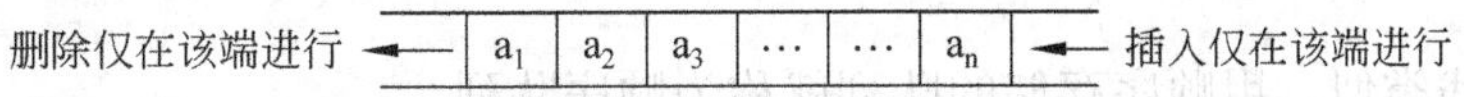

图 3.6 插入和删除分别限制在表的两端进行

3.3.1 队列的定义

与栈的“后进先出”不同，队列具有“先进先出”（First In First Out, FIFO）的特性：数据元素的插入只能在表的一端进行，而删除数据元素只能在表的另一端进行。允许删除的一端称为队头，允许插入的一端称为队尾，它们的位置会随着插入和删除操作而发生变化，分别设置“队头指针”和“队尾指针”来指示队头和队尾的位置。同线性表可以为空表一样，当队列中没有元素时称为空队。在队尾插入元素称为入队，在队头删除元素称为出队。如图 3.7 所示是一个具有 5 个元素的队列。进队的顺序依次为 a_1, a_2, a_3, a_4, a_5，出队的顺序依然是 a_1, a_2, a_3, a_4, a_5。当前的队头元素为 a_1 时，队尾元素为 a_5。

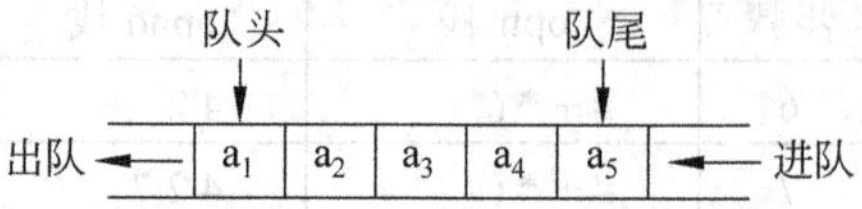

图 3.7　队列示意图

基于队列的特性，队列的抽象数据类型定义如下：

```
ADT Queue{
    数据对象：D={ai|ai∈ElemSet,i=1,2,…,n,n≥0}
    数据关系：R1={<ai-1,ai>|ai-1,ai∈D,i=2, …,n}
              约定其中 a1 端为队头，an 端为队尾
    基本操作：
      InitQueue(&Q)
          操作结果：构造一个空队列 Q
      QueueEmpty(Q)
          初始条件：队列 Q 已存在
          操作结果：若 Q 为空队列，则返回 TRUE，否则 FALSE
      QueueLength(Q)
          初始条件：队列 Q 已存在
          操作结果：返回 Q 的元素个数，即队列的长度
      GetHead(Q,&e)
          初始条件：Q 为非空队列
          操作结果：用 e 返回的队头元素
      EnQueue(&Q,e)
          初始条件：队列 Q 已存在
          操作结果：插入元素 e 为 Q 的新的队尾元素
      DeQueue(&Q,&e)
          初始条件：Q 为非空队列
          操作结果：删除 Q 的队头元素，并用 e 返回其值
}ADT Queue
```

3.3.2　队列的顺序存储结构

与顺序栈类似，用顺序存储的队列就称为顺序队列。

1. 顺序队列的类型定义

顺序队列需要预先分配一段连续空间来存储队列中数据元素队列的顺序存储结构，一般情况下借助于一维数组来作为队列的顺序存储空间。随着元素的出队、入队，队头和队尾的位置不断发生变化，设置头指针和尾指针可以反映出当前队列队头和队尾的位置信息。通常约定队头指针 front 指示队头元素前面一个位置，队尾指针 rear 指示队尾元素的位置。由于顺序队列使用一维数组存放数据，队列中各个元素的位置信息可以用下

标来表示，因此与顺序栈的栈顶指针 top 类似，在顺序队列中 front 和 rear 也设置为整型变量。

顺序队列类型描述如下：

```
#define MAXSIZE 100
typedef struct
{ DataType data[MAXSIZE];
  int front,rear;
}SqQueue;
```

假设有 SqQueue *p，则 p 为指向顺序队列的指针。p–>front 和 p–>rear 分别为队头指针和队尾指针。根据约定，p–>data[p–>front+1]表示队头元素，p–>data[p–>rear]表示队尾元素。

队列初始化时，令 p–>front=p–>rear=–1。当新元素进队时，队尾指针 p–>rear 增 1；当有元素出队时，队头指针 p–>front 增 1。图 3.8(a)表示具有 8 个存储空间的空队列状态，随后三个元素依次进队，如图 3.8(b)所示；经过若干次进队、出队后顺序队列的状态如图 3.8(c)所示。最后，元素 h 入队，状态如图 3.8(d)所示。

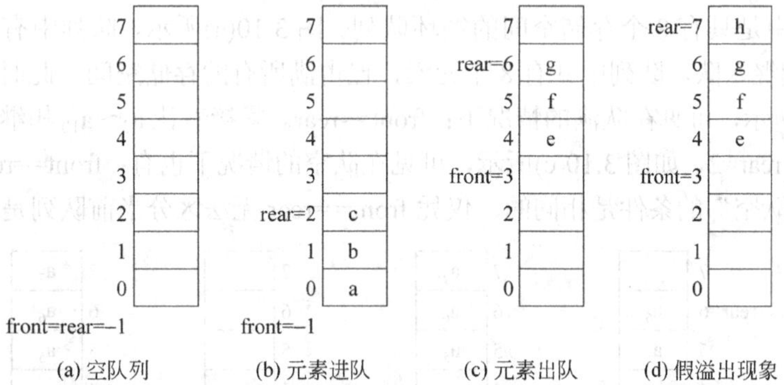

图 3.8 队头指针 front 和队尾指针 rear 与顺序队列中数据的关系

2. 循环队列

从图中可以看出，随着进队、出队的进行，整个队列会向后移动，最终会到达空间的最后端，即 rear=MAXSIZE–1，此时即使前端还有空闲位置，再有入队操作也会发生溢出。但事实上，此时的队列中并未真的“满员”，还有空闲存储空间，这种现象称为“假溢出”，如图 3.8(d)所示。

假溢出现象的发生是由于“队尾进队队头出队”这种受限制的操作造成的，不论是进队还是出队，指针的操作只增不减，最终总会到达存储空间的最后端。解决假溢出的方法主要有两种：

- 采用平移元素的方法。当发生假溢出时，就把整个队列的元素平移到存储区的首部，然后再插入新元素。这种方法的优点是简单，缺点是可能造成大量元素的移动，效率很低。
- 将顺序队列的存储区假想为一个首尾相接的环状的空间，当发生假溢出时，将新元素插入到第一个位置上。这样做，虽然物理上队尾在队首之前，但逻辑上队首仍然在前，头尾指针的关系不变。进队和出队仍按“先进先出”的原则进行，这就是循环队列，如图 3.9 所示。很显然，该方法不需要移动元素，操作效率高，空间的利用率也很高。

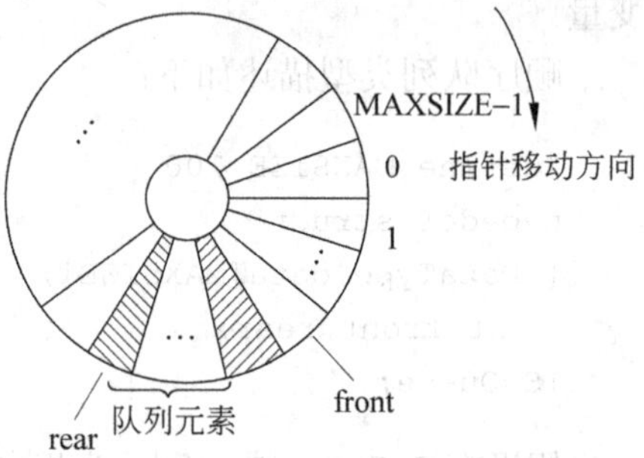

图 3.9　循环队列示意图

假设为队列分配的数组单元数为 MAXSIZE，在 C 语言中，它的下标在范围 0～MAXSIZE–1。若在增加队头或队尾指针时使其能够“首尾相接”，可以利用取模运算来实现。如下所示：

```
front=(front+1)%MAXSIZE;
rear=(rear+1)%MAXSIZE;
```

当 front 或 rear 为 MAXSIZE–1 时，上述两个公式计算的结果就为 0。这样，就使得指针自动由最后面转到最前面，形成了循环的效果。

（1）循环队列中队满与队空的判定

图 3.10 中是具有 8 个存储空间的循环队列。图 3.10(a)所示，队列中有 4 个元素，随着 a_7~a_{10} 的相继入队，队列中共有 8 个元素，已占满所有的存储空间，此时 front=rear=2，如图 3.10(b)所示，可见在队满的情况下：front==rear。紧接着让 a_3～a_{10} 相继出队，此时队列变空 front=rear=2，如图 3.10(c)所示，可见在队空的情况下也有：front==rear。也就是说“队满”和“队空”的条件是相同的，仅凭 front= =rear 无法区分当前队列是满还是空。

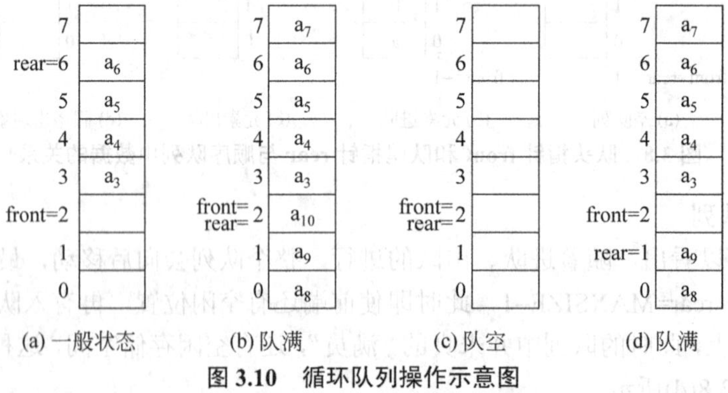

图 3.10　循环队列操作示意图

循环队列中常用以下两种方法来判定队满与队空：

- 设置一个量 len，专门用于记录队列元素个数。当 len 为 0 时队空，当 len 为 MAXSIZE 时队满。
- 队空条件为 rear==front；当(rear+1)%MAXSIZE==front 时队满，即牺牲一个存储空间，当 rear 只差一步就追上 front 时则认为队满，如图 3.10(d)所示。

（2）循环队列求队列长度的问题

由于循环队列“首尾相接”的结构特性，求队列长度时会遇到两种情况。在图 3.10(a)

中，由于 rear>front，所以直接使用 rear−front 可以得出该队列中当前具有 4 个元素。但当出现如图 3.10(d)所示的情况时，由于 rear<front，使用 rear−front 不能求出队列长度。对于该问题，可以有两种解决方案：

- 设置一个量 len，专门用于记录队列元素个数；
- 当 rear≥front 时，队列长度为 rear−front；当 rear<front 时，队列长度为 rear−front+MAXSIZE；因此，循环队列的队列长度可以统一写为(rear−front+MAXSIZE)% MAXSIZE。

3. 循环队列的算法实现

（1）初始化。

循环队列的初始化主要是分配存储空间，并将队头队尾指针置为相同。

```
int  InitQueue(SqQueue &Q)
{   //构造一个空队列
    Q.front=Q.rear=0;
    return OK;
}
```

（2）判队空。

```
int  QueueEmpty(SqQueue Q)
//队空时返回值为真,反之为假
{   return(Q.front==Q.rear? TRUE:FALSE);  }
```

（3）判队满。

```
int QueueFull(SqQueue Q)
//队满时返回值为真,反之为假
{   return((Q.rear+1)%MAXSIZE==Q.front?TRUE:FALSE);}
```

（4）进队。

```
int EnQueue(SqQueue &Q, DataType e)
{
    if(QueueFull(Q))  return ERROR;                  //队满
    Q.rear=(Q.rear+1)%MAXSIZE;                       //rear 加 1,队尾位置上移
    Q.data[Q.rear]=e;                                //数据 e 存入当前队尾
    return  OK;
}
```

（5）出队。

```
int DeQueue(SqQueue &Q,DataType &e)
{
    if(QueueEmpty(Q)) return ERROR;                  //队空
    Q.front=(Q.front+1)%MAXSIZE;                     //front 加 1,队头位置上移
```

```
    e=Q.data[Q.front];                        //取出数据放入 e 所指的单元中
    return OK;
}
```

（6）取队头。

```
int QueueFront(SqQueue Q,DataType &e)
{
    if(QueueEmpty(Q)) return ERROR;              //队空
    e=Q.data[(Q.front+1)%MAXSIZE];            //取出队头数据
    return OK;
}
```

（7）求队列长度。

```
int QueueLength(SqQueue Q)
{
    return (Q.rear-Q.front+MAXSIZE)%MAXSIZE;
}
```

3.3.3 队列的链式存储结构

链式存储的队列称为链队列。和链栈类似，通常用单链表来实现链队列。

1. 链队列的类型定义

根据队列“先进先出”的特性，为了能够方便地在队头删除元素，在队尾插入元素，除了头指针外，还需要一个尾指针，用来指向链表的尾结点。因此，一个链队列就需要两个指针才能唯一确定，它们分别指示队头和队尾（分别称为头指针和尾指针）。

在 C 语言中，队列链式存储结构的类型定义为：

```
typedef struct node
{  DataType data;
   struct node* next;
}QueueNode;                               //链队列的结点类型
typedef struct
{ QueueNode *front;                       //链队列的队头指针
  QueueNode *rear;                        //链队列的队尾指针
 }LinkQueue;                              //链队列
```

此外，为了简化链表边界条件的处理，在链队列的队头结点之前附加一个头结点，并令队头指针 front 指向附加的头结点。若定义一个指向链队列的指针：LinkQueue *q，则带头结点的链队列如图 3.11 所示。

2. 链队列的算法实现

从图 3.11 中可以看出，空的链队列的判别条件为头指针和尾指针均指向附加头结点。链队列的入队操作即为在链表表尾插入新结点；出队操作即为在链表表头删除表头结点；求链队列的队列长度就是计算链队列结点个数。

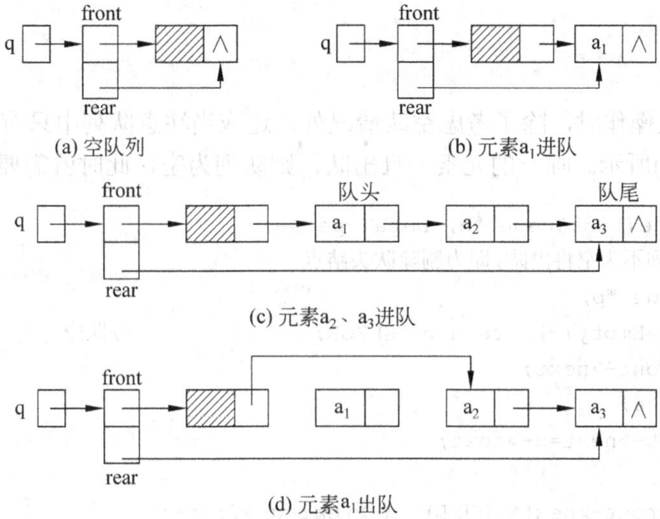

图 3.11　链队列示意图

（1）初始化。

```
LinkQueue*  InitQueue()
//创建一个带头结点的空队
{  LinkQueue *q;
   QueueNode *p;
   q=(LinkQueue*)malloc(sizeof(LinkQueue));            //申请头尾指针结点
   p=(QueueNode*)malloc(sizeof(QueueNode));            //申请链队列头结点
   p->next=NULL;
   q->front=q->rear=p;
   return q;
}
```

（2）判队空。

```
int  QueueEmpty(LinkQueue  *q)
//链队列为空时返回值为真,反之为假
{   return(q->front==q->rear?TRUE:FALSE);  }
```

（3）进队。

```
void EnQueue(LinkQueue *q, DataType e)
{   //将元素 e 进队,即在表尾插入新的结点
    QueueNode  *s;
    s=(QueueNode*)malloc(sizeof(QueueNode));
    s->data=e;
    s->next=NULL;
    q->rear->next=s;
    q->rear=s;
```

```
}
```

（4）出队。

在进行出队操作时，除了考虑空队情况外，还应当注意队列中只有一个元素时的情况，如图 3.11(b)所示。唯一的元素一旦出队，则队列为空，此时就需要修改队尾指针。

```
int DeQueue(LinkQueue *q, DataType &e)
{   //若队列不为空将出队,即为删除队头结点
   QueueNode *p;
   if(QueueEmpty(q)) return  ERROR;             //队空
   p=q->front->next;
   e=p->data;
   q->front->next=p->next;
   free(p);
   if(q->front->next==NULL)  q->rear=q->front;
   return OK;
}
```

（5）求队列长度。

```
int QueueLength(LinkQueue *q)
{
   QueueNode *p; int len=0;
   p=q->front->next;
   while(p)
   { len++;
     p=p->next;
   }
  return len;
}
```

3.4 队列应用举例

队列是一种相当实用的数据结构，可应用于生产、生活的各个方面。凡是符合先进先出运算特点，都可以使用队列来实现。

3.4.1 键盘输入循环缓冲区问题

在操作系统中，循环队列经常用于实时应用程序。例如，当程序正在执行其他任务时，用户可以从键盘上不断输入所要输入的内容。很多字处理软件就是这样工作的。系统在利用这种分时处理方法时，用户输入的内容不能在屏幕上立刻显示出来，直到当前正在工作的那个进程结束为止。但在这个进程执行时，系统是在不断地检查键盘状态，如果检测到用户输入了一个新的字符，就立刻把它存到系统缓冲区中，然后继续运行原

来的进程。当当前工作的进程结束后，系统就从缓冲区中取出输入的字符，并按要求进行处理。这里的键盘输入缓冲区采用了循环队列。队列的特性保证了输入字符先输入、先保存、先处理的要求，循环结构又有效地限制了缓冲区的大小，并避免了假溢出问题。下面用程序来模拟这种应用情况。

1. 问题的描述

假设有两个进程同时存在于一个程序中。其中第一个进程在屏幕上连续显示字符“A”，与此同时，程序不断检测键盘是否有输入，如果有，就读入用户输入的字符并保存到输入缓冲区中。在用户输入时，输入的字符并不立即回显在屏幕上。而当用户输入一个逗号（,）时，表示第一个进程结束，这时第二个进程才从缓冲区中读取那些已输入的字符并显示在屏幕上。第二个进程结束后，程序又进入第一个进程，重新显示字符“A”，同时用户又可以继续输入字符，直到用户输入一个分号（;）键，才结束第一个进程，同时也结束整个程序。

2. 具体实现

具体实现如算法 3.4 所示。

```
typedef char DataType;
void keyboardinput()
{//模拟键盘输入循环缓冲区
   char ch1,ch2;
   SqQueue  Q;
   int f;
   InitQueue(Q);                      //队列初始化
   for(;;)
   { for(;;)                          //第一个进程
     { printf("A");
       if( kbhit() )                  //检测键盘是否有输入
       {  ch1=bdos(7,0,0);            //通过 DOS 命令读入一个字符
          f=EnQueue(Q,ch1);
          if(f==ERROR)
          {  printf("循环队列已满\n");
             break;                   //循环队列满时，强制中断第一个进程
          }
       }
   if(ch1==';'||ch1==',')
       break;                         //第一个进程正常结束
   }
   while (!QueueEmpty(Q))             //第二个进程
   {
       DeQueue(Q,ch2);
       putchar(ch2);                  //显示输入缓冲区的内容
```

算法 3.4

```
    }
    if(ch1==';')
          break;                      //整个程序结束
    else
          ch1=' ';                    //置空 ch1,程序继续
    }
}
```

算法 3.4（续）

在算法 3.4 中，使用到了包含在头文件 conio.h 中的库函数 kbhit()，它的功能是检查当前是否有键盘输入，若有则返回一个非 0 值，否则返回 0。

3.4.2 舞伴问题

在日常生活中经常会遇到许多为了维护社会正常秩序而需要排队的情境。这样一类活动的模拟是队列的典型应用。这里介绍一个舞伴配对的模拟程序。

1. 问题的描述

假设在周末舞会上，男士们和女士们进入舞厅时，各自排成一队。跳舞开始时，依次从男队和女队的队头上各出一人配成舞伴。若两队初始人数不相同，则较长的那一队中未配对者等待下一轮舞曲。

2. 问题的分析

先入队的男士或女士亦先出队配成舞伴。因此该问题具有典型的先进先出特性，可用队列作为算法的数据结构。

在算法中，假设男士和女士的记录存放在一个数组中作为输入，然后依次扫描该数组的各元素，并根据性别来决定是进入男队还是女队。当这两个队列构造完成之后，依次将两队当前的队头元素出队来配成舞伴，直到某队列变空为止。此时，若某队仍有等待配对者，则输出此队列中等待者的人数及排在队头的等待者的名字，他（或她）将是下一轮舞曲开始时第一个可获得舞伴的人。

3. 具体实现

具体实现如算法 3.5 所示。

```
typedef struct
{
   char name[20];
   char sex;                        //性别,'F'表示女性,'M'表示男性
 }Person;
typedef Person DataType;            //将队列中元素的数据类型改为 Person
void DancePartner(Person dancer[],int num)
{//结构数组 dancer 中存放跳舞的男女,num 是跳舞的人数
```

算法 3.5

```
    int i;
    Person p;
    SqQueue Mdancers,Fdancers;
    InitQueue(Mdancers);            //男士队列初始化
    InitQueue(Fdancers);            //女士队列初始化
    for(i=0;i<num;i++)
      {                             //依次将跳舞者依其性别入队
        p=dancer[i];
        if(p.sex=='F')
          EnQueue(Fdancers,p);              //排入女队
        else
          EnQueue(Mdancers,p);              //排入男队
      }
      printf("The dancing partners are: \n \n");
      while(!QueueEmpty(Fdancers)&&!QueueEmpty(Mdancers))
      {  //依次输出男女舞伴名
        DeQueue(Fdancers,p);                        //女士出队
        printf("%s    ",p.name);                   //打印出队女士名
        DeQueue(Mdancers,p);                        //男士出队
        printf("%s\n",p.name);                     //打印出队男士名
      }
      if(!QueueEmpty(Fdancers))
      {  //输出女士剩余人数及队头女士的名字
        printf("\nThere are %d women waiting for the  next
        round.\n",Fcount);                          //Fcount为女队剩余人数
        QueueFront(Fdancers ,p);                    //取队头
        printf("%s will be the first to get a partner. \n",p.name);
      }
      if(!QueueEmpty(Mdancers))
      {  //输出男队剩余人数及队头者名字
        printf("\n There are %d men waiting for the next
        round.\n",Mcount);                          //Mcount为男队剩余人数
        QueueFront(Mdancers,p);
        printf("%s will be the first to get a partner.\n",p.name);
      }
}
```

算法 3.5（续）

习 题 3

一、单选题

1. 栈中元素的进出原则是（　　）。

A. 先进先出　　B. 后进先出

C. 栈空则进　　D. 栈满则出

2. 栈通常采用的两种存储结构是（　　）。

A. 顺序存储结构和链式存储结构　　B. 散列方式和索引方式

C. 链表存储结构和数组　　D. 线性存储结构和非线性存储结构

3. 若已知一个栈的入栈序列是1, 2, 3, …, n，其输出序列为$p_1, p_2, p_3, \cdots, p_n$，若$p_1=n$，则$p_i$为（　　）。

A. i　　B. n–i　　C. n–i+1　　D. 不确定

4. 判定一个栈ST（最多为m_0个元素）为空的条件是（　　）。

A. ST–>top!= –1　　B. ST–>top== –1

C. ST–>top!=m_0　　D. ST–>top==m_0

5. 向一个栈顶指针为HS的链栈中插入一个s所指结点时，则执行（　　）。（不带空的头结点）

A. HS–>next=s;　　B. s–>next= HS–>next; HS–>next=s;

C. s–>next= HS;　HS=s;　　D. s–>next= HS; HS= HS–>next;

6. 从一个栈顶指针为HS的链栈中删除一个结点时，用x保存被删结点的值，则执行（　　）。（不带空的头结点）

A. x=HS;　HS= HS–>next;　　B. x=HS–>data;

C. HS= HS–>next; x=HS–>data;　　D. x=HS–>data; HS= HS–>next;

7. 一个队列的数据入队序列是1, 2, 3, 4，则队列的出队时输出序列是（　　）。

A. 4, 3, 2, 1　　B. 1, 2, 3, 4

C. 1, 4, 3, 2　　D. 3, 2, 4, 1

8. 判定一个循环队列QU（最多元素为m_0）为满队列的条件是（　　）。

A. QU–>front==(QU–>rear+1)%m_0　　B. QU–>front==QU–>rear+1

C. QU–>front==QU–>rear　　D. QU–>rear–QU–>front–1== m_0

9. 数组Q[n]用来表示一个循环队列，f为当前队列头元素的前一位置，r为队尾元素的位置，假定队列中元素的个数小于n，计算队列中元素的公式为（　　）。

A. r－f　　B. (n＋f－r)%n

C. n＋r－f　　D. (n＋r－f)%n

10. 栈和队列的共同点是（　　）。

A. 都是先进后出　　B. 都是先进先出

C. 只允许在端点处插入和删除元素　　D. 没有共同点

二、填空题

1. 栈和队列都是________结构，线性表可以在________位置插入和删除元素；对于栈只能在________插入和删除元素；对于队列只能在________插入和________删除元素。

2. 栈是一种特殊的线性表，允许插入和删除运算的一端称为________。不允许插入和删除运算的一端称为________。

3. ________是被限制为只能在表的一端进行插入运算，在表的另一端进行删除运算的线性表。

4. 在一个循环队列中，队首指针指向队首元素的________位置。

5. 在具有n个单元的循环队列中，队满时共有________个元素。

6. 向栈中压入元素的操作是先________，后________。

7. 从循环队列中删除一个元素时，其操作是先________，后________。

三、简答题

1. 说明线性表、栈与队的异同点。

2. 设有编号为1, 2, 3, 4的四辆列车，顺序进入一个栈式结构的车站，具体写出这四辆列车开出车站的所有可能的顺序。

3. 写出下列程序段的输出结果（栈的元素类型DataType为 char）。

```
void main()
{  Stack S; char x,y;
   InitStack(S); x='c';y='k';
   Push(S,x); Push(S,'a'); Push(S,y);
   Pop(S,x); Push(S,'t');
   Push(S,x); Pop(S,x); Push(S,'s');
   While(!StackEmpty(S))
   { Pop(S,y); printf(y);}
   Printf(x);
}
```

4. 按照四则运算加、减、乘、除和括号优先关系的惯例，并仿照图3.5画出对下列算术表达式求值时操作数栈和运算符栈的变化过程：

$$a+b*(c-d)-e$$

5. 顺序队的“假溢出”是怎样产生的？如何知道循环队列是空还是满？

四、算法设计题

1. 假设称正读和反读都相同的字符序列为“回文”，例如，“abba”和“abcba”是回文，“abcde”和“ababab”则不是回文。试写一算法判别读入的一个以“@”为结束符的字符序列是否是“回文”。

2. 假设在循环队列中能重复利用顺序空间中的每一个存储单元，则需另一个标志tag，以tag为0或1来区分尾指针和头指针值相同时队列的状态是“空”还是“满”。试编写相应的入队和出队的算法。

第4章

串、多维数组与广义表

本章知识要点：

- 串的定义与存储结构。
- 串的模式匹配。
- 数组的定义与存储结构。
- 特殊矩阵与稀疏矩阵的压缩存储。
- 广义表的定义与基本操作。

4.1 串

串又称字符串，是一种特殊的线性表。计算机上非数值处理的对象基本上是字符串数据。在较早的程序设计语言中，字符串仅作为输入和输出的常量出现。随着计算机应用的发展，在越来越多的程序设计语言中，字符串也可作为一种变量类型出现，并产生了一系列字符串的操作。在信息检索系统、文字编辑程序、自然语言翻译系统等应用中，字符串都是以字符串数据作为处理对象的。

4.1.1 串的定义

串（string）（或字符串）是由零个或多个字符组成的有限序列，一般记为：

$$S="a_1\,a_2\cdots a_n" \quad (n\geqslant 0)$$

串名：串的名字 S。

串值：用双引号括起来的字符串序列，$a_i(1\leqslant i\leqslant n)$可以是字母、数字或其他字符。

串的长度：串中字符的个数 n 称为串的长度。

串相等：只有当两个串的长度相等，并且各个对应位置上的字符都相等时才能称为串相等。

子串：串中任意个连续的字符组成的子序列称为该串的子串。

主串：包含子串的串称为该子串的主串。

例如：S1＝"anhui"，S2="huaibei"，S＝"anhui huaibei"，其中 S1、S2 都是 S 的子串。S 为 S1、S2 的主串。

空格串：由一个或多个空格组成的串称为空格串，空格串的长度不为零。

空串：长度为 0 的串称为空串，通常用ϕ来表示，在 C 程序中表示成"",它是任意串的子串。

模式匹配：求子串在主串中的起始位置称为子串定位或模式匹配。例如：S1 在 S 中的位置是 1，而 S2 在 S 中的位置是 7。

需要注意的是，串值必须用一对双引号括起来，但双引号本身不属于串，它的作用只是为了避免与变量名或数的常量混淆。如"china"是串，china 则是串值；"445"是串，445 则是串值。

串的逻辑结构和线性表极为相似，区别仅在于串的数据对象约束为字符集，但串的基本操作和线性表却有很大的差别。在线性表的基本操作中，大多以“单个元素”作为操作对象，例如在线性表中查找某个元素、取某个元素、在某个位置上插入一个元素和删除一个元素等；而在串的基本操作中，通常以“串的整体”作为操作对象，例如在串中查找某个子串、取一个子串、在串的某个位置上插入一个子串以及删除一个子串等。

抽象数据类型串的定义如下：

```
ADT  String {
数据对象 D: D={ai|ai∈CharacterSet, i=1,2,…,n,n≥0}
数据关系 R: R={<ai-1,ai>| ai-1,ai∈D, i=2,3,…,n}
基本操作 P:
    StrAssign(&S,chars)
      初始条件：S 是一个串变量,chars 是一个串常量。
      操作结果：将 chars 的值赋给串 S。
    StrCompare(S,T)
      初始条件：串 S 和 T 存在。
      操作结果：若 S>T,则返回值>0;若 S=T,则返回值为 0; 若 S<T，则返回值<0。
    StrLength(S)
      初始条件：串 S 存在。
      操作结果：返回 S 的元素个数，称为串的长度。
    StrConcat(&S,T1,T2)
      初始条件：串 S、T1 和 T2 存在。
      操作结果：用 S 返回 T1 和 T2 联接而成的新串,如：T1="xyz", T2="abc", 则
              StrConcat(&S,T1,T2)后,S="xyzabc"。注意 StrConcat(&S,
              T1,T2)≠StrConcat(&S,T2,T1)。
    SubString(&T,S,pos,len)
      初始条件：串 S 存在，1≤pos≤StrLength(S), 0≤len≤StrLength(S)-pos+1。
      操作结果：用 T 返回 S 中的第 pos 个字符起长度为 len 的子串。
    StrEmpty(S)
      操作结果：若 S 为空串，则返回 TRUE，否则返回 FALSE。
    StrCopy(&T,S)
      初始条件：串 S 存在。
      操作结果：将串 S 复制到串 T。
    ClearString(S)
      操作结果：将 S 置空串。
    Index(S,T,pos)
      初始条件：串 S 和 T 存在,T 是非空串，1≤pos≤StrLength(S)。
```

```
    操作结果：若 T 是 S 的子串，返回 T 在 S 中第 pos 个字符之后第一次出现的位置，否则
              返回 0。
  Replace(&S,T,V)
    初始条件：串 S、T 和 V 存在，T 是非空串。
    操作结果：用 V 替换主串 S 中出现的所有与 T 相等的不重叠的子串。例如：设 S=
              "bbabbabba"，T="ab"，V="a"，则 Replace(&S,T,V)的结果是 S=
              "bbababa"。
  StrInsert(&S,pos,T)
    初始条件：串 S，T 存在，1≤pos≤StrLength(S)+1。
    操作结果：在串 S 的第 pos 个字符之前插入串 T。
  StrDelete(&S,pos,len)
    初始条件：串 S 存在，1≤pos≤StrLength(S)-len+1。
    操作结果：从串 S 中删除第 pos 字符起长度为 len 的子串。
  DestroyString(&S)
    操作结果：串 S 被销毁，并回收串空间。
} ADT String
```

以上定义的 13 种操作，其中前五个操作是最基本的，被称为最小操作集。其他操作（串清空、串销毁除外）均可在这个最小操作集上实现。

例如，用求串长、求子串和串比较实现串定位，如算法 4.1 所示。

```
int Index(String S, String T,int pos)
{
  int n,m,i;
  String sub;
  if(pos>0)
   {
     n=StrLength(S);m=StrLength(T); i=pos;
     while(i<=n-m+1)
       {
          SubString(sub,S,i,m);
          if(StrCompare(sub,T)!=0) ++i;
          else return i;          //返回子串在主串中的位置
       }
   }
  return 0;                       //S 中不存在与 T 相等的子串
}
```

算法 4.1

4.1.2 串的表示和实现

串的表示有三种方式：定长顺序串、堆串和链串，下面将分别讨论它们的存储表示，

即定长顺序存储表示、堆分配存储表示和链式存储表示。

1. 定长顺序存储表示

用一组地址连续的存储单元存储串的字符序列，构成串的顺序存储，在C语言中用字符'\0'作为串的终止符。所谓定长是指按预先定义的大小，为每一个串变量分配一个固定长度的存储区。串的定长顺序存储的数据类型描述如下：

```
#define MAXSIZE 100
typedef struct
{ char ch[MAXSIZE];  //字符数组存储串值
 int length;         //存放串的长度
}SString;
```

例如：SString S；串 S 的值为"anhui huaibei"，串长为 13，串的定长顺序存储结构如图 4.1 所示。

ch[0]	ch[1]	ch[2]	ch[3]	ch[4]	ch[5]	ch[6]	ch[7]	ch[8]	ch[9]	ch[10]	ch[11]	ch[12]	ch[13]	…	ch[99]
a	n	h	u	i		h	u	a	i	b	e	i	\0	…	…

图 4.1 串 S 的顺序存储结构示意图

图 4.1 是串的定长顺序存储的一种方法，还有一种方法也比较方便。

定义字符数组 s[MAXSIZE+1]，用串数组的第一个单元 s[0]存放串的实际长度，串值存放在 s[1]~s[MAXSIZE]中，用字符'\0'作为串的结束符。这种方法字符的序号与存储位置是一致的。数据类型描述如下：

```
#define MAXSIZE 100                  //用户可在100以内定义最大串长
typedef char SString[MAXSIZE+1];     //0号单元存放串的实际长度
```

下面讨论在这种存储结构基础上定长顺序串的两种基本运算：串联接与求子串。

（1）串联接操作。

把两个串 T1 和 T2 首尾联接成一个新串 S。T1[0]、T2[0]和 S[0]分别存放串的实际长度。在操作时需考虑可能出现的如下三种情况，如算法 4.2 所示。

```
void StrConcat(SString &S,Sstring T1,SString T2)
{ int i,n=MAXSIZE;
  if(T1[0]+T2[0]<=n)
    {  //第一种情况
        for(i=1;i<=T1[0];i++) S[i]=T1[i];
        for(i=1;i<=T2[0];i++) S[i+T1[0]]=T2[i];
        S[0]=T1[0]+T2[0];
    }
  else if(T1[0]<n)
    {   //第二种情况
        for(i=1;i<=T1[0];i++) S[i]=T1[i];
        for(i=1;i+T1[0]<=n;i++) S[i+T1[0]]=T2[i];
```

算法 4.2

```
        S[0]=n;
      }
    else if(T1[0]==n)
      {  //第三种情况
         for(i=0;i<=n;i++)  S[i]=T1[i];
      }
}
```

算法 4.2（续）

① 当 T1[0]+T2[0]≤MAXSIZE，即两串联接得到的串 S 是串 T1 和串 T2 联接的正常结果，S[0]=T1[0]+T2[0]；

② 当 T1[0]＜MAXSIZE 而 T1[0]+T2[0]＞MAXSIZE，将 T2 做截断处理，即将 T2 中多出部分舍去，S[0]=MAXSIZE；

③ 当 T1[0]=MAXSIZE，不联接，则两串联接得到的 S 串实际上只是串 T1 的副本，串 t2 全部被截断，S[0]=MAXSIZE。

（2）求子串操作。

将串 S 中从第 pos 个字符开始长度为 len 的字符序列复制到串 T 中。为了增强算法的健壮性，应对指定的位置 pos 和长度 len 做合法性检查，具体实现如算法 4.3 所示。

```
void SubString(SString &T,SString S,int pos,int len)
{
  int i;
  if(pos<1||pos>S[0]||len<0||len>S[0]-pos+1)
    {
      printf("参数错误");
      T[0]=0; T[1]='\0';
    }
  else
    {
      for(i=1;i<=len;i++) T[i]=S[pos+i-1];
      T[0]=len;
    }
}
```

算法 4.3

定长顺序存储有一个缺点，就是串空间的大小都是静态的，这种定长的串空间可能导致插入、联接和置换等操作的“越界”问题。在实际应用中常采用一种称为堆的存储结构，即动态分配串值的存储空间。

2. 堆分配存储表示

串的堆分配存储结构仍以一组地址连续的存储单元存放串的字符序列，但其存储空间是在算法执行过程中动态分配得到的。利用函数 malloc()为每一个新产生的串分配一块实际需要的存储空间，若分配成功，则返回一个指针，指向串的起始地址。串的堆分配存储结构描述如下：

```
typedef struct
{ char *ch;                    //若是非空串,则按串长分配存储区,否则 ch 为 NULL
  int length;                  //串的实际长度
}HString;
```

下面讨论在这种存储结构上堆串的两种基本运算，串联接与求子串。

（1）串联接操作。

具体实现如算法 4.4 所示。

```
void StrConcat(HString &S,HString T1,HString T2)
{
  int i;
  if(S.ch) free(S.ch);
  if(!(S.ch=(char *)malloc((T1.length+T2.length)*sizeof(char))))
    exit(OVERFLOW);
  for(i=0;i<=T1.length-1;i++) S.ch[i]=T1.ch[i];
  for(i=0;i<=T2.length-1;i++) S.ch[i+T1.length]=T2.ch[i];
  S.length=T1.length+T2.length;
}
```

算法 4.4

（2）求子串操作。

具体实现如算法 4.5 所示。

```
void SubString(HString &T,HString S,int pos,int len)
{
  int i;
   if(T.ch) free(T.ch);
  if(pos<1||pos>S.length||len<0||len>S.length-pos+1)
    {
      printf("参数错误");
      T.ch=NULL;  T.length=0;
    }
  else
    {
        T.ch=(char *)malloc(len *sizeof(char));
        for(i=0;i<=len-1;i++)  T.ch[i]=S.ch[pos+i-1];
        T.length=len;
    }
 }
```

算法 4.5

堆串有存储密度大，空间利用率高的特点，但插入、删除和联接等操作仍要移动大量字符，从而降低了算法的效率。下面介绍串值的链式存储结构，这种结构在某些串操作（如联接操作等）中有一定的方便之处。

3. 链式存储表示

串也可以和线性表类似，采用链式方式存储串值。由于串结构非常特殊，它结构中的每个数据元素都是一个字符，那么用链表存储串值时，存在一个“结点大小”的问题，即每个结点可以存放一个字符，也可以存放多个字符。例如图 4.2(a)是结点大小为 4（即每个结点存放 4 个字符）的链表，图 4.2(b)是结点大小为 1 的链表。当结点大小大于 1 时，由于串长不一定是结点大小的整倍数，则链表中的最后一个结点不一定全被串值占满，此时通常补上“#”或其他的非串值字符。

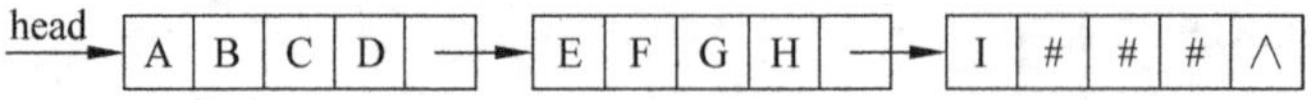

(a) 结点大小为4的链表

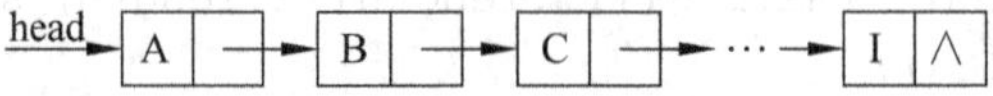

(b) 结点大小为1的链表

图 4.2　串值的链表存储方式

串的链式数据类型中结点大小为 1 的结点描述如下：

```
typedef struct Node
{ char data;
  struct Node *next;
}LinkString;
```

串值的链式存储结构总的来说不如另外两种存储结构灵活，它占用存储量大且操作复杂。串值在链式存储结构时串操作的实现和线性表在链式存储结构中的操作类似，故在此不作详细讨论。

4.1.3　串的模式匹配算法

子串的定位操作通常称为串的**模式匹配**（子串 T 称为模式串）。模式匹配是各种串处理系统中最重要的操作之一，下面介绍两种模式匹配算法。

1. BF 算法

布鲁特-福斯（Brute-Force）算法，简称为 BF 算法，亦称简单匹配算法，其基本思路是：从主串 S 的第一个字符开始和模式串 T 的第一个字符比较，若相等，则继续逐个比较后续字符，否则从主串 S 的第二个字符开始重新与模式串 T 第一个字符比较。以此类推，直到模式串 T 中的每个字符依次和主串 S 的一个连续的字符序列相等，则称匹配成功，返回值为主串 S 中与模式串 T 匹配的字符序列第一个字符的序号，否则，匹配失败，返回值0。操作示意图如图 4.3 所示。具体实现如算法 4.6 所示。

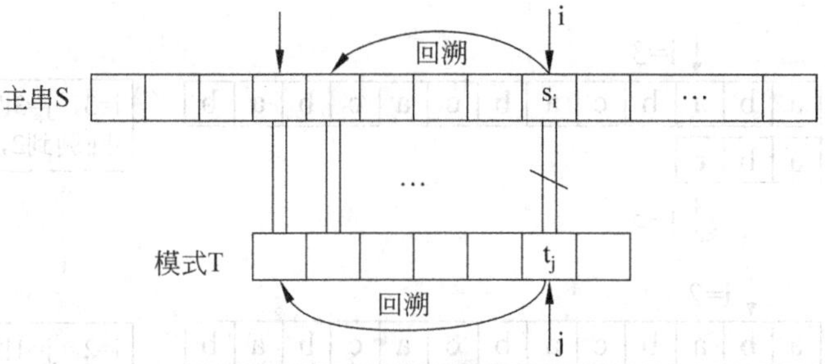

图 4.3　串的定位操作示意图

```
int Index(SString S,SString T)
{
    int i=1,j=1;
    while(i<=S[0]&&j<=T[0])
        {
            if(S[i]==T[j])
              {
                i++;j++;          //继续比较后继字符
              }
            else
              {
                i=i-j+2;j=1;     //指针后退重新开始匹配
              }
        }
    if (j>T[0]) return i-T[0];
    else return 0;
}
```

算法　4.6

设主串 S="ababcabcacbab"，模式串 T="abcac"，BF 算法的匹配过程如图 4.4 所示。

若 n 为主串长度，m 为子串长度，分析 BF 算法的时间复杂度。

最好的情况下，每趟不成功的匹配都发生在第一对字符的比较时。

例如：S="aaaaaaaabc"，T="bc"。

设匹配成功发生在 S_i 处，则字符比较次数在前面 i−1 趟匹配中共比较了 i−1 次，第 i 趟成功的匹配共比较了 m 次，所以总共比较了 i−1+m 次，所有匹配成功的可能共有 n−m+1 种，设从 S_i 与 T 串匹配成功的概率为 p_i，在等概率情况下 p_i=1/(n−m+1)，因此最好情况下平均比较的次数是：

$$\sum_{i=1}^{n-m+1} p_i \times (i-1+m) = \sum_{i=1}^{n-m+1} \frac{1}{n-m+1} \times (i-1+m) = \frac{n+m}{2}$$

即最好情况下的时间复杂度是 O(n+m)。

最坏的情况下，每趟不成功的匹配都发生在 T 的最后一个字符。

例如：S="aaaaaaaab"，T="aaab"。

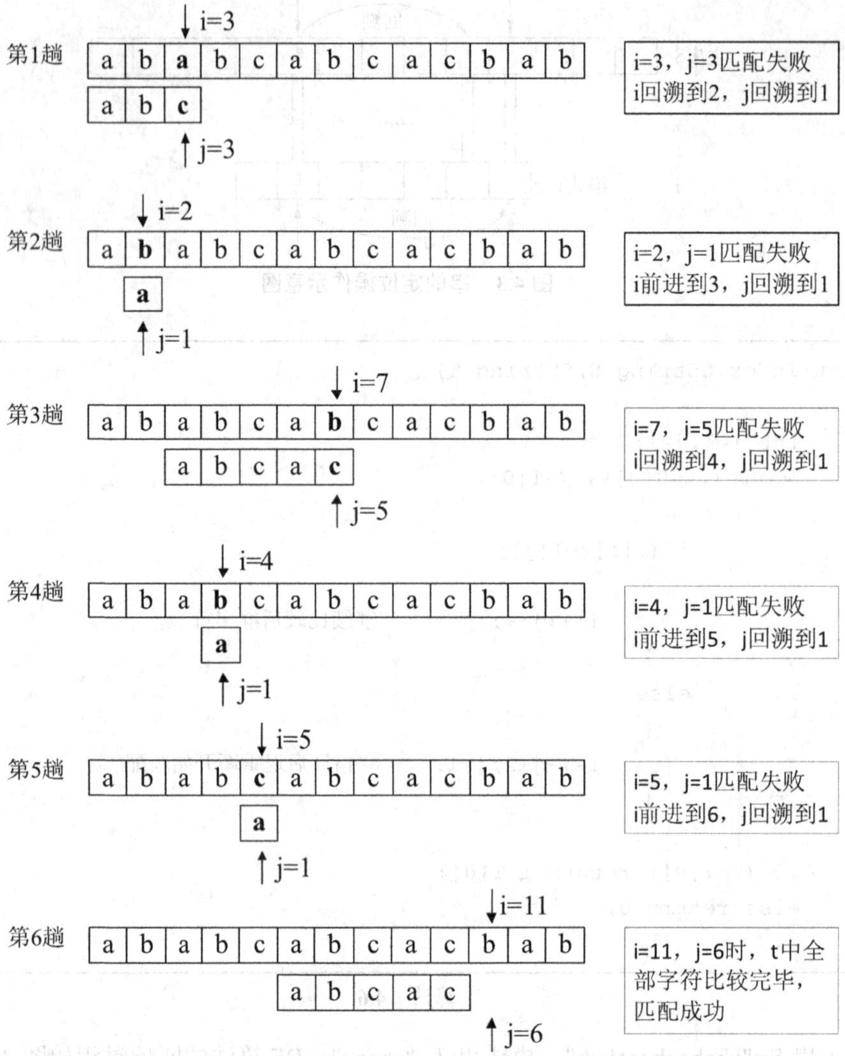

图 4.4　BF 算法的匹配过程

设匹配成功发生在 S_i 处，则在前面 i−1 趟匹配中共比较了(i−1)×m 次，第 i 趟成功的匹配共比较了 m 次，所以总共比较了 i×m 次，因此最坏情况下平均比较次数为

$$\sum_{i=1}^{n-m+1} p_i \times (i \times m) = \sum_{i=1}^{n-m+1} \frac{1}{n-m+1} \times (i \times m) = \frac{m(n-m+2)}{2}$$

因为 n>>m，所以最坏情况下的时间复杂度是 O(n×m)。

2. KMP 算法

这种模式匹配的改进算法是 D.E.Knuth、J.H.Morris 和 V.R.Pratt 同时发现的，因此人们称它为克努特-莫里斯-普拉特操作（简称为 KMP 算法）。此算法可以在 O(n+m)的时间数量级上完成串的模式匹配操作。KMP 算法的改进在于：每当一趟匹配过程中出现字符比较不等时，不需回溯 i 指针，而是利用已经得到的“部分匹配”的结果将模式向右“滑动”尽可能远的一段距离后，继续进行比较。KMP 算法的核心思想是利用已经得到的部分匹配信息来进行后面的匹配过程。

回顾图 4.4 中的匹配过程示例，在第 3 趟的匹配中，当 i=7、j=5 字符比较不等时，又从 i=4、j=1 重新开始比较。其实，在 i=4 和 j=1，i=5 和 j=1 以及 i=6 和 j=1 这三次比较都是不必进行的。因为从第 3 趟部分匹配的结果就可得出，主串的第 4、5 和 6 个字符必然是'b'、'c'、'a'（即模式串中第 2、3 和 4 个字符）。因为模式中的第一个字符是 a，因此它无需再和这三个字符进行比较，而仅需将模式向右滑动三个字符的位置继续进行 i=7、j=2 时的字符比较即可。同理，在第 1 趟匹配中出现字符不等时，仅需将模式向右移动两个字符的位置继续进行 i=3、j=1 时的字符比较。由此，在整个匹配的过程中，i 指针没有回溯，如图 4.5 所示。

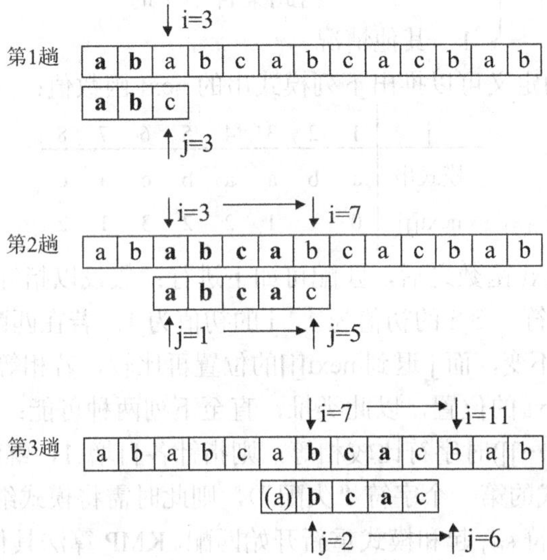

图 4.5 改进算法的匹配过程示例

KMP 算法与 BF 算法的区别就在于 KMP 算法巧妙地消除了指针 i 的回溯问题，只需确定下次匹配 j 的位置即可，使得问题的复杂度由 $O(n\times m)$下降到 $O(n+m)$。

现在讨论一般情况。假设主串为"$s_1s_2\ldots s_n$"，模式串为"$p_1p_2\cdots p_m$"，为了实现改进算法，需要解决下述问题：当匹配过程中产生“失配”（即 $s_i\neq p_j$）时，模式串“向右滑动”可行的距离多远，即主串中第 i 个字符(i 指针不回溯)应与模式中哪个字符再比较?

假设此时应与模式中第 k(k<j)个字符继续比较，则模式中前 k−1 个字符的子串必须满足下列关系式，且不可能存在 k'>k 满足下列关系式：

$$"p_1p_2\cdots p_{k-1}"="S_{i-k+1}S_{i-k+2}\cdots S_{i-1}"$$

而已得到的“部分匹配”的结果是：

$$"p_{j-k+1}p_{j-k+2}\cdots p_{j-1}"="S_{i-k+1}S_{i-k+2}\cdots S_{i-1}"$$

由以上两个关系式推出：

$$"p_1p_2\cdots p_{k-1}"="p_{j-k+1}p_{j-k+2}\cdots p_{j-1}"$$

反之，若模式串中存在满足上式的两个子串，则当匹配过程中，主串中第 i 个字符与模式中第 j 个字符比较不等时，仅需将模式向右滑动至模式中第 k 个字符和主串中第 i 个字符对齐，此时，模式中头 k–1 个字符的子串"$p_1p_2\cdots p_{k-1}$"必定与主串中第 i 个字符之前长度为 k–1 子串"$S_{i-k+1}S_{i-k+2}\cdots S_{i-1}$"相等，由此，匹配仅需从模式中第 k 个字符与主串中第 i 个字符比较起继续进行。

在 KMP 算法中，为了确定在匹配不成功时，下次匹配时 j 的位置，引入了 next 函数，next[j]的值表示当模式中第 j 个字符与主串中相应字符"失配"时，在模式中需重新和主串中该字符进行比较的字符的位置。next 函数的定义如下：

$$\text{next}[j]=\begin{cases}0 & \text{当 } j=1 \text{ 时}\\ \text{Max}\{k \mid 1<k<j \text{ 且 } "p_1p_2\cdots p_{k-1}"="p_{j-k+1}p_{j-k+2}\cdots p_{j-1}"\} & \text{当此集合不空时}\\ 1 & \text{其他情况}\end{cases}$$

根据 next 函数的定义可以推出下列模式串的 next 函数值：

j	1	2	3	4	5	6	7	8
模式串	a	b	a	a	b	c	a	c
next[j]	0	1	1	2	2	3	1	2

在求得模式的 next 函数之后，匹配可如下进行：假设以指针 i 和 j 分别指示主串和模式中正待比较的字符，令 i 的初值为 1，j 的初值为 1。若在匹配过程中 $s_i=p_j$，则 i 和 j 分别增 1，否则，i 不变，而 j 退到 next[j]的位置再比较，若相等，则指针各自增 1，否则 j 再退到下一个 next 的位置，以此类推，直至下列两种可能：一种是 j 退到某个 next 值(next[next[…next[j]…]])时字符比较相等，则指针各自增 1，继续进行匹配；另一种是 j 退到值为零（即模式的第一个字符"失配"），则此时需将模式继续向右滑动一个位置，即从主串的下一个字符 s_{i+1} 起和模式重新开始匹配。KMP 算法具体实现如算法 4.7 所示。

```
int Index_KMP(SString S,SString T)
{   int i=1,j=1;
    while(i<=S[0]&&j<=T[0])
    {
        if(j==0||S[i]==T[j])
        {
           i++;j++;      //继续比较后继字符
        }
        else
          j=next[j];     //模式串向右移动
    }
    if (j>T[0]) return i-T[0];
    else return 0;
}
```

算法 4.7

利用模式的 next 函数进行匹配的示例如图 4.6 所示。

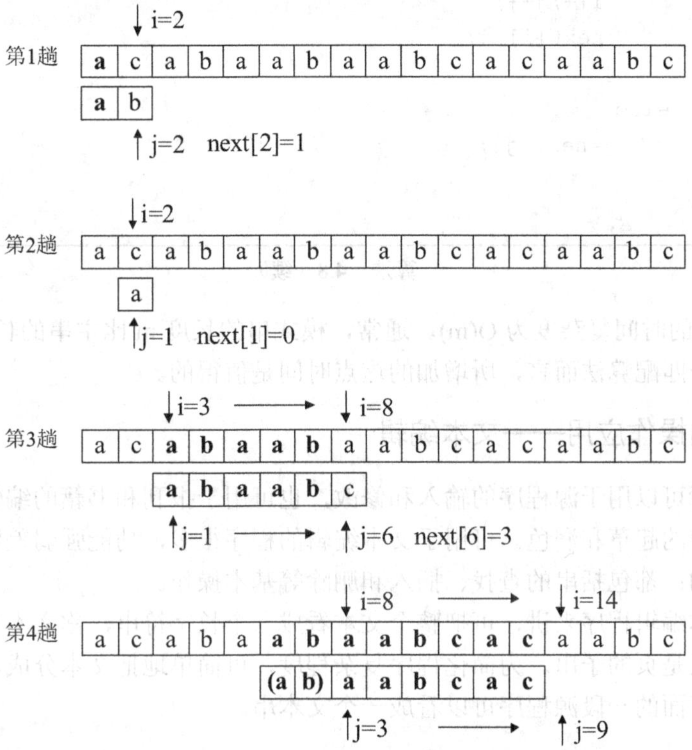

图 4.6　KMP 算法的匹配过程示例

KMP 算法的关键在于求 next 函数值，下面用递推的思想实现求解。

根据定义 next[1]=0，假设 next[j]=k, 即存在关系"$p_1p_2\cdots p_{k-1}$"="$p_{j-k+1}p_{j-k+2}\cdots p_{j-1}$"，其中 k 为满足 1< k< j 的某个值，并且不可能存在 k'>k 满足"$p_1p_2\cdots p_{k-1}$"="$p_{j-k+1}p_{j-k+2}\cdots p_{j-1}$"

此时 next[j+1]可能有两种情况：

（1）若 $p_k=p_j$，则在模式串中"$p_1\cdots p_k$"="$p_{j-k+1}\cdots p_j$"，显然，next[j+1]=next[j]+1=k+1;

（2）若 $p_k\neq p_j$，则可以把求 next 函数值的问题看成是一个模式匹配的问题，即匹配失败的时候，j 值如何移动，显然 j=next[j]。因此可得到求 next 函数值的算法如算法 4.8 所示。

```
void getnext(SString T,int next[ ])
{   //求模式串 T 的 next 函数值并存入数组 next
    i=1;next[1]=0;j=0
    while(i<T[0])
    {
        if(j==0||T[i]==T[j])
```

算法　4.8

```
            {
                i++;j++;
                next[i]=j;
            }
            else
                j=next[j];
        }
}
```

算法 4.8（续）

算法 4.8 的时间复杂度为 O(m)。通常，模式串的长度 m 比主串的长度 n 要小得多，因此，对整个匹配算法而言，所增加的这点时间是值得的。

4.1.4 串的操作应用——文本编辑

文本编辑可以用于源程序的输入和修改，也可用于报刊和书籍的编辑排版以及办公室的公文书信的起草和润色。可用于文本编辑的程序很多，功能强弱差别很大，但基本操作是一致的：都包括串的查找、插入和删除等基本操作。

对于文本编辑程序来讲，可把整个文本看成一个长字符串，称文本串，页是文本串的子串，行又是页的子串。为简化程序复杂程度，可简单地把文本分成若干行。

例如：下面的一段源程序可以看成一个文本串。

```
main(){
    float a,b,max;
    scanf("%f,%f",&a,&b);
    if (a>b) max=a;
    else max=b;
}
```

该文本串在内存中的存储映像为：

m	a	i	n	(	)	{	\n			f	l	o	a	t		a	,	b	,
m	a	x	;	\n			s	c	a	n	f	(	"	%	f	,	%	f	"
,	&	a	,	&	b	)	;	\n			i	f		(	a	>	b	)	
m	a	x	=	a	;	\n			e	l	s	e		m	a	x	=	b	;
\n	}	\n																	

图 4.7　文本格式示例

为了管理文本串的页和行，在进入文本编辑时，编辑程序先为文本串建立相应的页表和行表，即建立各子串的存储映像。页表的每一项给出页号和该页的起始行号。而行表的每一项则指示每一行的行号、起始进址和该项行子串的长度。假设图 4.7 所示文本串只占一页，且起始行号为 100，则该文本串的行表如图 4.8 所示。

行号	起始地址	长度
100	201	8
101	209	17
102	226	24
103	250	18
104	268	14
105	282	2

图 4.8 文本串的行表

在编辑时，为指示当前编辑位置，程序中要设立页指针、行指针、字符指针，分别指示当前页，当前行，当前字符。因此程序中要设立页表、行表便于查找。如果在某行内插入或删除若干字符，则要修改行表中该行的长度。若该行的长度超出了分配给它的存储空间，则要为该行重新分配存储空间，同时还要修改该行的起始位置。如果要插入或删除一行，就要涉及行表的插入或删除。若被删除的行是所在页的起始行，则还要修改页表中相应页的起始行号为下一行的行号。为了查找方便，行表是按行号递增顺序存储的，因此，对行表进行的插入或删除运算需要移动操作位置以后的全部表项。页表的维护与行表类似，不再讨论。

4.2 数　　组

数组是一种常用的数据类型，多维数组可以视为线性表的扩展，即线性表中的数据元素本身也是一个数据结构。几乎所有高级语言程序设计中都设定了数组类型。

4.2.1 数组的定义

数组是由 n(n>1)个相同类型的数据元素 $a_0, a_1, \cdots, a_i, \cdots, a_{n-1}$ 构成的有限序列。n 是数组的长度。其中数组中的数据元素 a_i 可以是整型、实型等简单数据类型，也可以是数组、结构体、指针等构造类型。根据数组元素 a_i 的组织形式不同，数组可以分为一维数组、二维数组以及多维数组。

1. 一维数组

一维数组可以看成是一个线性表或一个向量，它在计算机内是存放在一块连续的存储单元中，适合随机查找。一维数组记为 A[n]或 $A=(a_0, a_1, \cdots, a_i, \cdots, a_{n-1})$。

一维数组中，已知 a_0 的存储地址是 $LOC(a_0)$、一个数据元素占 k 个字节，则 a_i 的存储地址 $LOC(a_i)$为：

$$LOC(a_i)=LOC(a_0)+i\times k \quad (0\leqslant i<n)$$

2. 二维数组

二维数组，又称矩阵（matrix）。每个数组元素都要受到两个关系即行关系和列关系的约束。例如：m 行 n 列的二维数组 A_{mn} 可以表示为：

$$A_{m\times n}=\begin{bmatrix} a_{00} & a_{01} & \cdots & a_{0,n-1} \\ a_{10} & a_{11} & \cdots & a_{1,n-1} \\ \vdots & \vdots & & \vdots \\ a_{m-1,0} & a_{m-1,1} & \cdots & a_{m-1,n-1} \end{bmatrix}$$

a_{ij} 既属于第 i 行的行向量，又属于第 j 列的列向量。二维数组可以看成是由 m 个行向量组成的向量，也可以看成是由 n 个列向量组成的向量。

显然，二维数组可以看作“数据元素是一维数组”的一维数组，依此类推，三维数组也可以看作“数据元素是二维数组”的一维数组。一般把二维以上的数组称为多维数组，任何多维数组都可以看作一个线性表，这时线性表中的每个数据元素也是一个线性表。多维数组是特殊的线性表，是线性表的推广。

4.2.2 数组的顺序存储结构

数组是一个具有固定格式和数量的数据有序集，数组一旦被定义，数组中的元素个数和元素之间的关系就不再变动，因此在数组上一般不执行删除或插入操作。数组通常采用顺序存储结构表示。

对于二维数组，常用两种存储方式：以行序（row major order）为主序的存储方式和以列序（column major order）为主序的存储方式，也称行优先顺序和列优先顺序，如图 4.9 所示。

$$A=\begin{bmatrix} a_{00} & a_{01} & a_{02} \\ a_{10} & a_{11} & a_{12} \end{bmatrix}$$

(a) 二维数组A

$a_{00}\ a_{01}\ a_{02}\ a_{10}\ a_{11}\ a_{12}$

(b) 行优先顺序

$a_{00}\ a_{10}\ a_{01}\ a_{11}\ a_{02}\ a_{12}$

(c) 列优先顺序

图 4.9 二维数组的两种存储方式

（1）行优先顺序。

将数组元素按行排列，先存储第 0 行的全部元素，再存放第 1 行的元素、第 2 行的元素，直到第 m–1 行的元素。其线性序列为：

$$a_{00},a_{01},\cdots,a_{0(n-1)},a_{10},a_{11},\cdots,a_{1(n-1)},\cdots,a_{(m-1)0},a_{(m-1)1},\cdots,a_{(m-1)(n-1)}$$

在 C 语言、VB 等程序设计语言中，数组就是按行优先顺序存储的。

对一个已知以行序为主序的计算机系统中，当二维数组第一个数据元素 a_{00} 的存储地址是 $LOC(a_{00})$，每个数据元素占 k 个字节，则 a_{ij} 的存储地址为:

$$LOC(a_{ij})=LOC(a_{00})+(i\times n+j)\times k$$

其中 n 为每行中的列数。

例如，二维数组 float a[3][4]，若数组 a 的起始地址为 2000，且每个数组元素长度为 32 位（即 4 个字节），计算数组元素 a[2][3] 在行优先顺序存储时的内存地址。

$$LOC(a_{23})=LOC(a_{00})+(i\times n+j)\times k=2000+(2\times 4+3)\times 4=2044$$

（2）列优先顺序。

将数组元素按列向量排列，先存储第 0 列的全部元素，再存放第 1 列的元素、第 2 列的元素，直到第 n–1 列的元素。其线性序列为：

$$a_{00},a_{10},\cdots,a_{(m-1)0},a_{01},a_{11},\cdots,a_{(m-1)1},\cdots,a_{0(n-1)},a_{1(n-1)},\cdots,a_{(m-1)(n-1)}$$

在 FORTRAN 等少数程序设计语言中，数组就是按列优先顺序存储的。

该二维数组中任一数据元素 a_{ij} 的存储地址为：

$$LOC(a_{ij})=LOC(a_{00})+(j\times m+i)\times k$$

其中 m 为每列中的行数。

如上例条件，计算数组元素 a[2][3]在列优先顺序存储时的内存地址。

$$LOC(a_{23})=LOC(a_{00})+(j\times m+i)\times k=2000+(3\times 3+2)\times 4=2044$$

两种顺序存储方式，数组元素的存放地址都可以利用基地址、行列数以及每个数组元素所占用的字节数表示。如果 m 行 n 列的二维数组 A_{mn} 表示为：

$$A_{m\times n}=\begin{bmatrix} a_{11} & a_{12} & \dots & a_{1,n} \\ a_{21} & a_{22} & \dots & a_{2,n} \\ \vdots & \vdots & & \vdots \\ a_{m,1} & a_{m,2} & \dots & a_{m,n} \end{bmatrix}$$

以行优先顺序存储的二维数组中任一数据元素 a_{ij} 的存储地址为：

$$LOC(a_{ij})=LOC(a_{11})+[(i-1)\times n+(j-1)]\times k$$

以列优先顺序存储的二维数组中任一数据元素 a_{ij} 的存储地址为：

$$LOC(a_{ij})=LOC(a_{11})+[(j-1)\times m+(i-1)]\times k$$

4.3 矩阵的压缩存储

矩阵是数值计算程序设计中经常用到的数学模型，通常用二维数组表示。然而在数值分析过程中经常遇到一些比较特殊的矩阵，如对称矩阵、三角矩阵、带状矩阵和稀疏矩阵等。为了节省存储空间并且加快处理速度，下面讨论这些特殊矩阵的压缩存储方法。

4.3.1 特殊矩阵

特殊矩阵是指非零元素或零元素分布有一定规律性的矩阵。下面介绍几种特殊方阵的压缩存储方法。

1. 对称矩阵

对称矩阵是一个 n 阶方阵。其元素满足 $a_{ij}=a_{ji}$，其中 $i\geqslant 0$，$j\leqslant n-1$，如图 4.10 所示。

对称矩阵中的元素是关于主对角线对称的，因此在存储时只存储上三角或下三角(包括对角线)，使得对称的元素共享一个存储空间。这样，n 阶矩阵中的 $n\times n$ 个元素就可以被压缩到 $n(n+1)/2$ 个元素的存储空间中。如图 4.11 所示的下三角矩阵 A。

$$\begin{bmatrix} 2 & 4 & 1 & 3 & 7 \\ 4 & 0 & 8 & 6 & 1 \\ 1 & 8 & 1 & 2 & 6 \\ 3 & 6 & 2 & 0 & 5 \\ 7 & 1 & 6 & 5 & 3 \end{bmatrix}$$

图 4.10 对称矩阵及其存储

$$\begin{bmatrix} a_{00} & & & & \\ a_{10} & a_{11} & & & \\ a_{20} & a_{21} & a_{22} & & \\ \vdots & \vdots & \vdots & & \\ a_{n-1,0} & a_{n-1,1} & a_{n-1,2} & \dots & a_{n-1,n-1} \end{bmatrix}$$

图 4.11 对称矩阵存储的元素

第 0 行有 1 个元素，第 1 行有 2 个元素，第 i 行有 i+1 个元素，因此元素总数为：

$$\sum_{i=0}^{n-1}(i+1)=n(n+1)/2$$

以行优先顺序对图 4.10 的对称矩阵存储其下三角，存储序列为：

2，4，0，1，8，1，3，6，2，0，7，1，6，5，3

将该序列存储到一维数组 b[0…n(n+1)/2−1]中，其存储对应关系如图 4.12 所示。

k	0	1	2	3	4	5	6	7	8	9	10	11	12	13	14
b[k]	2	4	0	1	8	1	3	6	2	0	7	1	6	5	3
A	a_{00}	a_{10}	a_{11}	a_{20}	a_{21}	a_{22}	a_{30}	a_{31}	a_{32}	a_{33}	a_{40}	a_{41}	a_{42}	a_{43}	a_{44}

图 4.12 对称矩阵的压缩存储

按行优先顺序存储到 b 数组后，数组元素 a_{ij}，其下标特点是 i≥j 且 0≤i≤n−1。行下标为 0 的行有一个元素，行下标为 1 的行有 2 个元素，…，行下标为 i−1 的行有 i 个元素，则 0 行到 i−1 行共有 1+2+3+…+i=i(i+1)/2 个元素，在 i 行，a_{ij} 的前面有 j 个元素，因此 A 中任一元素 a_{ij} 和 b[k]之间存在着如下对应关系：

$$k=\begin{cases} i(i+1)/2+j & 当i\geqslant j \\ j(j+1)/2+i & 当i<j \end{cases}$$

当 i<j 时，a_{ij} 是上三角中的元素，因为 $a_{ij}=a_{ji}$，访问上三角中的元素 a_{ij} 时则访问和它对应的下三角中的 a_{ji} 即可，因此将上式中的行列下标交换就是上三角中元素在数组 b 中的对应关系。

2. 三角矩阵

三角矩阵也是一个 n 阶方阵，有上三角和下三角矩阵。下（上）三角矩阵是主对角线以上（下）元素均为零或其他常数的 n 阶矩阵，如图 4.13 所示。

$$\begin{bmatrix} a_{00} & c & c & c & c \\ a_{10} & a_{11} & c & c & c \\ a_{20} & a_{21} & a_{22} & c & c \\ \vdots & \vdots & \vdots & \vdots & c \\ a_{n-1,0} & a_{n-1,1} & a_{n-1,2} & \cdots & a_{n-1,n-1} \end{bmatrix}$$

(a) 下三角矩阵

$$\begin{bmatrix} a_{00} & a_{01} & a_{02} & \cdots & a_{0,n-1} \\ c & a_{11} & a_{12} & \cdots & a_{1,n-1} \\ c & c & a_{22} & \cdots & a_{2,n-1} \\ c & c & c & \cdots & \vdots \\ c & c & c & c & a_{n-1,n-1} \end{bmatrix}$$

(b) 上三角矩阵

图 4.13 三角矩阵

（1）下三角矩阵。

下三角矩阵与对称矩阵的压缩存储类似，不同之处在于存储完下三角中的元素以后，紧接着存储对角线上方的常量，因为是同一个常数，只需存储一个即可。数组下标与元素之间存在着如下对应关系：

$$k=\begin{cases} i(i+1)/2+j & 当i\geqslant j \\ n(n+1)/2 & 当i<j \end{cases}$$

（2）上三角矩阵。

对于上三角矩阵，第一行存储 n 个元素，第二行存储 n－1 个元素，以此类推，a_{ij} 的前面有 i 行，共存储 n+(n－1)+…+(n－(i－1))=i(2n－i+1)/2 个元素，在 i 行，a_{ij} 前有 j－i 个元素，因此数组下标与元素之间存在着如下对应关系：

$$k=\begin{cases} i(2n-i+1)/2+j-i & 当i\leqslant j \\ n(n+1)/2 & 当i>j \end{cases}$$

3. 对角矩阵

若一个 n 阶方阵 A 满足所有的非零元素都集中在以主对角线为中心的带状区域中，则称其为 n 阶对角矩阵（或带状矩阵）。常见的有三对角矩阵、五对角矩阵、七对角矩阵等。如图 4.14 所示是三对角矩阵 A。

$$\begin{bmatrix} a_{00} & a_{01} & 0 & 0 & 0 & 0 & 0 \\ a_{10} & a_{11} & a_{12} & 0 & 0 & 0 & 0 \\ 0 & a_{21} & a_{22} & a_{23} & 0 & 0 & 0 \\ 0 & 0 & a_{32} & a_{33} & a_{34} & 0 & 0 \\ 0 & 0 & 0 & a_{43} & a_{44} & a_{45} & 0 \\ 0 & 0 & 0 & 0 & a_{54} & a_{55} & a_{56} \\ 0 & 0 & 0 & 0 & 0 & a_{65} & a_{66} \end{bmatrix}$$

图 4.14　7 阶三对角矩阵

对于三对角矩阵，只存储其非零元素，按行优先顺序存储到数组 b 中。A 中第 0 行和第 n–1 行都只有两个非零元素，其余各行均为 3 个非零元素。对于不在第 0 行的非零元素 a_{ij}，在它前面存储了矩阵的前 i 行元素，这些元素共 2+3(i–1)个。若 a_{ij} 是本行中要存储的第 1 个非零元素，则 k=2+3(i–1)，此时，j=i–1，即 k=2i+i–1=2i+j；若 a_{ij} 是本行中要存储的第 2 个非零元素，则 k=2+3(i–1)+1=3i，此时，j=i，即 k=2i+i=2i+j；若 a_{ij} 是本行中要存储的第 3 个非零元素，则 k=2+3(i–1)+2=3i+1，此时，j=i+1，即 k=2i+i+1=2i+j。因此，非零元素 a_{ij} 与数组 b 的下标之间存在着如下对应关系：k=2i+j。

上述各种特殊矩阵，其非零元素的分布都是有规律的，所以能找到一种合适的方法在一维数组中进行压缩存储，并且矩阵中的元素与数组的下标存在一定的对应关系，通过这个关系，矩阵中的元素可以进行随机存取。

4.3.2　稀疏矩阵

如果矩阵中有很多零元素，即零元素的个数远远大于非零元素的个数时，称该矩阵为稀疏矩阵。为了节省存储空间，稀疏矩阵一般都采用压缩存储的方法来存储矩阵中的元素。这类矩阵一般零元素的分布没有规律，为了能找到相应的元素，在存储非零元素值的同时也要存储其所在的行和列信息。有两种常用的存储稀疏矩阵的方法：三元组表示法和十字链表法。

1. 三元组表示法

三元组表示法就是在存储非零元素的同时，也存储该元素所对应的行下标和列下标。稀疏矩阵中的每一个非零元素由一个三元组（i, j, a_{ij}）唯一确定。矩阵中所有非零元素存放在由三元组组成的数组中。

假设有一个 6×7 阶稀疏矩阵 A，其元素情况以及非零元素对应的三元组表（以行序为主序）如图 4.15 所示。

假设以行序为主序，且以一维数组作为三元组表的存储结构，三元组顺序表的数据结构定义如下：

$$A=\begin{bmatrix}0&0&0&2&0&0&0\\0&5&0&0&0&0&0\\3&0&0&0&0&0&0\\0&0&0&0&6&0&0\\0&0&0&7&0&0&0\\0&0&0&0&0&0&9\end{bmatrix}$$

数组下标	行	列	值
0	0	3	2
1	1	1	5
2	2	0	3
3	3	4	6
4	4	3	7
5	5	6	9

图 4.15　稀疏矩阵及三元组表

```
#define NUM 100                          //矩阵中非零元素最大个数
typedef struct                           //三元组结构
{ int r, c;                              //行号和列号
  ElemType d;                            //元素值
}TupType;                                //三元组定义
typedef struct
{ int rows,cols,nums;                    //矩阵行数值、列数值、非零元素个数
  TupType data[NUM];                     //三元组表
}TSMatrix;                               //三元组表定义
```

data 域中表示的非零元素按行序排列，下面给出创建三元组及矩阵转置的算法。

（1）以一个二维矩阵创建三元组。

```
void CreatM(TSMatrix &t,ElemType A[M][N])
{
  int i,j;
  t.rows=M;        //M 为矩阵 A 的行数
  t.cols=N;        //N 为矩阵 A 的列数
  t.nums=0;
  for(i=0;i<M;i++)
  {
   for(j=0;j<N;j++)
     if(A[i][j]!=0)
       {
        t.data[t.nums].r=i;
        t.data[t.nums].c=j;
        t.data[t.nums].d=A[i][j];
        t.nums++;
       }
  }
}
```

（2）矩阵转置。

```
void Tran(TSMatrix t, TSMatrix &tb)
{
  int i,j=0,v=0;
  tb.rows=t.cols;
```

```
  tb.cols=t.rows;
  tb.nums=t.nums;
  if(t.nums!=0)
  {
    for(v=0;v<t.cols;v++)
     for(i=0;i<t.nums;i++)
      if(t.data[i].c==v)
      {
        tb.data[j].r=t.data[i].c;
        tb.data[j].c=t.data[i].r;
        tb.data[j].d=t.data[i].d;
        j++;
      }
  }
}
```

2. 十字链表

三元组表可以看作稀疏矩阵的顺序存储，但是在做一些加法、乘法操作时，非零元素的位置或个数经常变动，此时三元组就不适合做稀疏矩阵的存储结构。下面介绍稀疏矩阵的另一种存储结构——十字链表。

十字链表是稀疏矩阵的链式存储结构中一种较好的存储方法，在该方法中，每一个非零元素用一个结点表示，可以设计成如图 4.16 所示的结点结构。

i	j	v
down		right

图 4.16 十字链表的结点结构

结点中三元组(i,j,v)表示非零元素所在的行、列和值，两个链域：行指针域（right）用来指向本行中下一个非零元素；列指针域（down）用来指向本列中下一个非零元素。

稀疏矩阵中同一列的所有非零元素通过 down 指针域链接成一个循环列链表，同一行的所有非零元素通过 right 指针域链接成一个带表头结点的循环行链表。因此，每个非零元素 a_{ij} 既是第 i 行循环链表中的一个结点，又是第 j 列循环链表中的一个结点，就像一个十字交叉路口，故称其为十字链表。

由于行、列链表的头结点 i、j、v 域均为 0，行链表头结点只用 right 指针域，列链表头结点只用 down 指针域，故这两组表头结点可以合用，也就是说对于第 i 行的链表和第 i 列的链表可以共用同一个头结点 H_i。再加上一个附加的头结点 H_A，组成一个带头结点的循环链表。

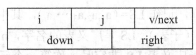

i	j	v/next
down		right

图 4.17 十字链表中非零元素和表头共用的结点结构

因为非零元素结点的值域是 ElemType 类型，在表头结点中需要一个指针类型，为了使整个结构的结点一致，改进后的结点结构如图 4.17 所示。

十字链表的结点结构定义如下：

```
typedef struct node
{ int i,j;
```

```
    struct node *down,*right;
    union v_next
   { ElemType v;
    Strust node *next;
   }
   }MNode,*MLink;
```

稀疏矩阵 A 的十字链表表示如图 4.18 所示。

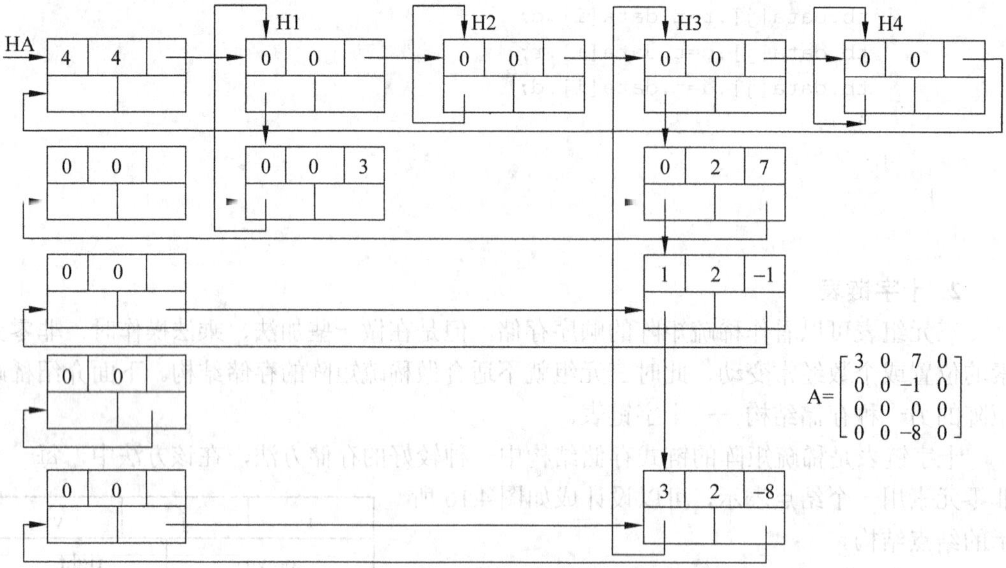

图 4.18　稀疏矩阵 A 的十字链表表示

4.4　广　义　表

广义表(Lists,又称列表)是线性表的推广。线性表定义为 n(n≥0)个元素 $a_1,a_2,a_3,\cdots,a_n$ 的有限序列。线性表的元素仅限于原子项，即不可分割；而广义表中的元素既可以是原子项，也可以是子表。

4.4.1　广义表的定义

广义表是 n(n≥0)个元素 $a_1,a_2,a_3,\cdots,a_n$ 的有限序列，记作 LS=($a_1,a_2,a_3,\cdots,a_n$)，其中 a_i 是 LS 的成员，可以是原子项，也可以是一个广义表（子表）。LS 是广义表的名字，n 为它的长度。若 a_i 是广义表，则称它为 LS 的子表。当广义表 LS 非空时，称第一个元素 a_1 为 LS 的表头（Head），称其余元素组成的表（$a_2,a_3,\cdots,a_n$)是 LS 的表尾（Tail）。

通常用圆括号将广义表括起来，用逗号分隔其中的元素。为了区别原子和广义表，书写时用大写字母表示广义表，用小写字母表示原子。

如：

（1）A=( )——A 是一个空表。

（2）B=(e)——表 B 只有一个原子 e。

（3）C=(a,(b,c,d))——表 C 有两个元素分别为原子 a 和子表(b,c,d)。

（4）D=(A, B, C)——表 D 的三个元素都是广义表。显然，将子表的值代入后，则有 D=(( ),(e),(a,(b,c,d)))。

（5）E=(a,E)——这是一个递归的表，它相当于一个无限的广义表 E=(a,(a,(a,(a,⋯))))。

广义表的性质：

（1）广义表的元素可以是子表，而子表的元素还可以是子表。由此可得，广义表是一个多层次的结构。

（2）广义表可为其他表所共享。例如在上述例（4）中，广义表 A，B，C 为 D 的子表，则在 D 中可以不必列出子表的值，而是通过子表的名称来引用。

（3）广义表的递归性。一个广义表也可以是其自身的子表，这种广义表称为递归表，其深度是无穷值，长度是有限值。

广义表的抽象数据类型定义如下：

ADT Glist{

　　数据对象 D：$D=\{e_i \mid i=1,2,\cdots,n,n\geq 0; e_i\in ElemSet$ 或 $Glist\}$

　　数据关系 R：$R=\{<e_{i-1},e_i> \mid e_{i-1},e_i\in D,\ i=2,3,\cdots,n\}$

　　基本操作 P：

　　InitGL(&LS)

　　　操作结果：创建空的广义表 LS。

　　CreatGL(&LS,S)

　　　初始条件：S 是广义表的书写形式串。

　　　操作结果：由 S 创建广义表 LS。

　　GLCopy(&T,LS)

　　　初始条件：广义表 LS 存在。

　　　操作结果：由广义表 LS 复制得到广义表 T。

　　GLLength(LS)

　　　初始条件：广义表 LS 存在。

　　　操作结果：求广义表 LS 长度，即元素个数。

　　GLDepth(LS)

　　　初始条件：广义表 LS 存在。

　　　操作结果：求广义表深度。

　　GetHead(LS)

　　　初始条件：广义表 LS 存在。

　　　操作结果：取广义表 LS 的头。

　　GetTail(LS)

　　　初始条件：广义表 LS 存在。

　　　操作结果：取广义表 LS 的尾。

} ADT Glist

4.4.2 广义表的基本操作

1. 求广义表的头部与尾部

若广义表 LS（n≥1）非空，则 a_1 是 LS 的表头，其余元素组成的表（$a_2,\cdots,a_n$）称为 LS 的表尾。即 GetHead (LS)=a_1, GetTail(LS)= (a_2, $\cdots$,a_n)。

例如：

```
GetHead((b,k,p,h))=b
GetTail((b,k,p,h))=(k,p,h)
GetHead(((a,b),(c,d)))=(a,b)
GetTail(((a,b),(c,d)))=((c,d))
GetTail(GetHead(((a, b),(c,d))))=(b)
GetTail((e))=()
GetHead((()))=()
GetTail((()))=()
```

2. 求广义表的长度

广义表的长度指该广义表中所包含的元素（包括原子和子表）的个数。

例如：

```
GLLength(())=0
GLLength((e))=1
GLLength((a,(b,c,d)))=2
GLLength((A, B, C))=3
GLLength((a,E))=2
```

3. 求广义表的深度

广义表的深度指该广义表中所包含括号的层数。广义表 LS 的深度递归定义为

$$\text{GLDepth(LS)}=\begin{cases}1, & \text{当LS为空表时}\\0, & \text{当LS为原子时}\\1+\max\limits_{1\leqslant i\leqslant n}\{\text{GLDepth}(a_i)\}, & n\geqslant 1\end{cases}$$

例如：

```
GLDepth(())=1
GLDepth((e))=1
GLDepth((a,(b,c,d)))=2
GLDepth((A, B, C))=3
GLDepth((a,E))为无穷值
```

4.4.3 广义表的存储结构

由于广义表（$a_1,a_2,a_3,\cdots,a_n$）中的数据元素可以具有不同的结构（或是原子，或是广义表），因此，难以用顺序存储结构表示，通常采用链式存储结构，每个数据元素可用一

个结点表示。

由于广义表中有两种数据元素，原子或广义表，因此，需要两种结构的结点：一种是表结点，另一种是原子结点。下面介绍一种广义表的链式存储结构——头尾表示法。

若广义表不为空，则可分解成表头和表尾；反之，一对确定的表头和表尾可唯一地确定一个广义表。头尾表示法即是根据这一性质设计而成的一种存储结构。

为了区分表结点和原子结点这两类结点，需设置一个标志域 tag。如果 tag=1，表示该结点为表结点；如果 tag=0，表示该结点为原子结点。

表结点的形式如图 4.19(a)所示。除了标志域外还包括一个指向表头的指针域 headp 和一个指向表尾的指针域 tailp。

原子结点的形式如图 4.19(b)所示。除了标志域外还包括一个存放元素值的数据域 atom。

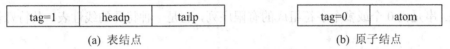

tag=1	headp	tailp

(a) 表结点

tag=0	atom

(b) 原子结点

图 4.19 头尾表示法的结点形式

其形式定义如下：

```
typedef enum{ATOM,LIST} ElemTag;     // ATOM=0 为原子结点,LIST=1 为表结点
typedef struct GLNode
{
  ElemTag tag;                       //标志域,用于区分原子结点和表结点
  union{
     AtomType atom;                  //原子结点的值域
     struct { struct GLNode *headp,*tailp; }ptr;
                // ptr 是表结点的指针域,ptr.headp 指向表头,ptr.tailp 指向表尾
  };
}*GList;
```

广义表的头尾链表示例，如图 4.20 所示。

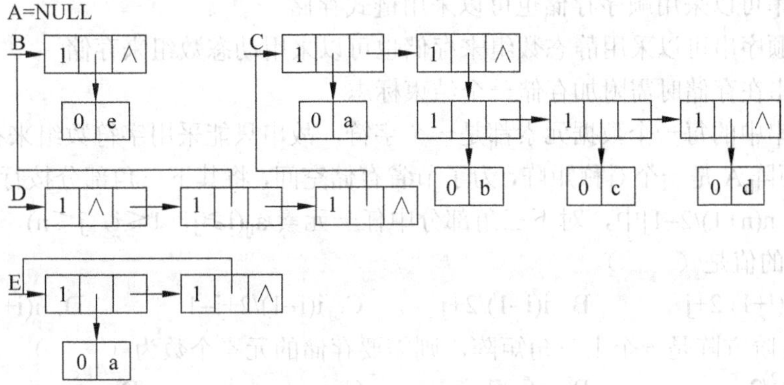

图 4.20 广义表的头尾链表示例

从图中可以看出，这种存储结构容易分清列表中原子元素或子表所在的层次。例如，

在广义表C中，原子b、c、d在同一层次上，且比a低一层。另外，最高层的表结点的个数即为广义表的长度。例如C的长度为2，D的长度为3。广义表的其他链式存储结构在此不再详述。

广义表的结构相当灵活，在某种前提下，它可以兼容线性表、数组、树和有向图等各种常用的数据结构。当二维数组的每行（每列）作为子表处理时，二维数组即为一个广义表，在计算机的许多应用领域都有成功使用广义表的实例。

习 题 4

一、单选题

1. 串是由0个或多个字符组成的有限序列，它是一种特殊的线性表，其特殊性表现在（　　）。

A. 可以采用顺序和链式存储　　B. 每一个元素都只有一个前驱和后继
C. 删除和插入操作只能在一端进行　　D. 每一个数据元素都是一个字符

2. 空格串是指（　　）。

A. 一个字符也没有的字符串　　B. 由若干个任意字符组成的字符串
C. 只含空格字符的字符串　　D. 由零个字符组成的字符串

3. 设有两个串p和q，求q在p中首次出现的位置的运算称作（　　）。

A. 插入子串　　B. 模式匹配
C. 连接子串　　D. 替换子串

4. 在字符串的替换操作中，设替换前的字符串str的值为"ABCDEFG",把从第2个字符开始的连续3个字符替换成"aaaa"，则替换后str的值为"（　　）"。

A. AaaaaEFG　　B. AaaaBCDEFG
C. AaaaEFG　　D. AaaaaBCDEFG

5. 下列对串的存储结构叙述不正确的是（　　）。

A. 串可以采用顺序存储也可以采用链式存储
B. 顺序串可以采用静态数组来存储也可以采用动态数组来存储
C. 串在存储时需附加存储一个结束标志
D. 串中的每一个数据元素都是一个字符，故串只能采用字符数组来存储

6. 设矩阵A是一个对称矩阵，为了节省存储空间，将其下三角部分按行序存放在一维数组B[0..n(n+1)/2−1]中，对下三角部分中任一元素a_{ij}($i\geqslant j$，$1\leqslant i$，$j\leqslant n$)，在一维数组B中下标k的值是（　　）。

A. i(i+1)/2+j　　B. i(i−1)/2+j　　C. i(i−1)/2+j−1　　D. i(i+1)/2+j−1

7. 设n阶方阵是一个上三角矩阵，则需要存储的元素个数为（　　）。

A. $n^2/2$　　B. n(n+1)/2　　C. n　　D. n^2

8. 数组A中每个元素的长度是4个字节，行下标i从0到8，列下标j从0到10，从首地址1000开始按行优先方式存放，元素A[6][4]的起始地址为（　　）。

A. 1276　　B. 1280　　C. 1284　　D. 1288

9. 广义表 LS=(a,(b),( ))，其长度与深度分别为（　　）。

A. 2,2　　B. 2,3　　C. 3,2　　D. 3,3

10. 设广义表 LS=((a,b,(c,d)),(a,b,(c,d))),则 GetHead(GetHead(GetTail(LS)))为（　　）。

A. a　　B. (c,d)　　C. (a,b,(c,d))　　D. (a)

二、填空题

1. 串的两种最基本的存储方式是________和________。

2. 已知 substr(s,i,len)函数的功能是返回串 s 中第 i 个字符开始长度为 len 的子串，strlen(s)函数的功能是返回串 s 的长度。若 s="ABCDEFGHIJK"，t="ABC"，则执行 strlen(t)后的返回值为________，执行 substr(s,strlen(t),strlen(t))后的返回值为________。

3. 已知 s1="I'm a student",s2="student",s3="teacher", 则 StrLength(s1) 的结果是________；Concat(s2,s3)的结果是________；StrDelete(s1,4,10)的结果是________。

4. 已知二维数组 A[m][n]，采用行序为主方式存储，每个元素占 k 个单元，并且第一个元素的存储地址是 Loc(a[0][0]),则元素 a[i][j]的地址为________。

5. 设 L=(a,b)，则 GetHead(GetTail(L))=________, GetTail(GetTail(L))=________。

三、简答题

1. 串是由字符构成的特殊线性表，串的操作与线性表的操作主要不同之处是什么？

2. 简述广义表与线性表的区别和联系。

第 5 章 树和二叉树

本章知识要点：

- 二叉树的定义与主要性质。
- 二叉树顺序存储结构与二叉链表存储结构。
- 二叉树的遍历及其应用。
- 树、森林与二叉树的转换。
- 哈夫曼树与哈夫曼编码。

5.1 树的基本概念

树是描述数据元素之间一对多关系的数学模型。树形结构中数据元素之间有分支的、层次的关系，它很类似于自然界中的树。在计算机科学领域中，树形结构是一种非常重要的非线性结构，具有广泛的应用。

5.1.1 树的定义

树（Tree）是 n（n≥0）个结点的有限集，当 n=0 时，称为空树。在一棵非空的树 T 中：（1）有且仅有一个特殊的结点称为树的根结点（Root）；（2）若 n>1 时，除根结点外的其余结点被分成 m（m>0）个互不相交的有限集 T_1，T_2，…，T_m，其中每一个集合 T_i（1≤i≤m）本身又是一棵树，称 T_1，T_2，…，T_m 为这个根结点的**子树**（SubTree）。

树的定义是递归的，即在定义中又用到了树这个术语。它反映了树的固有特性。可以认为仅有一个根结点的树是最小树，树中结点较多时，每个结点都是某一棵子树的根。

图 5.1 是一棵具有 11 个结点的树，T={A, B, C,…, K}，结点 A 为树 T 的根结点，除根结点 A 外的其余结点分成 3 个互不相交的子集：T_1={B, E, F}，T_2＝{C, G}，T_3＝{D, H, I, J, K}，T_1，T_2 和 T_3 都是 A 的子树，且本身也是一棵树。例如，子树 T_1 的根结点为 B，其余结点分为两个互不相交的子集：T_{11}={E}，T_{12}={F}，T_{11} 中 E 是根，T_{12} 中 F 是根。

树结构也可以用广义表的形式来表示，图 5.1 表示的树用广义表的形式表可以表示为：

(A (B (E, F), C (G), D (H (I, J, K))))

上述树的结构定义加上树的一组基本操作就构成了抽象数据类型树的定义。

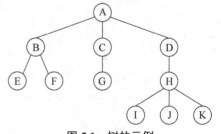

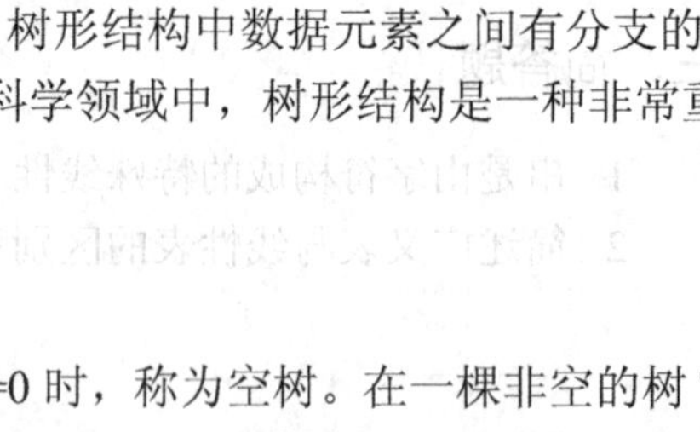

图 5.1　树的示例

ADT Tree {

数据对象 D：D={e_i | $e_i \in$ ElemSet (i=1, 2,…, n)} 是具有相同特性的元素构成的集合

数据关系 R：若 D=∅(空集)，则 R=∅，称 Tree 为空树

若 D≠∅，R={H}，H 为以下二元关系：

(1) 在 D 中存在唯一的称为根的数据元素 root，它在关系 H 下无前驱；

(2) 若 D-{root}≠∅，则存在 D-{root}的一个划分{D_1, D_2,…, D_m}(m>0)，其中 $D_i \cap D_j$=∅(i≠j, i, j=1, 2, …, m)，对每一个 D_i(i=1, 2, …, m)，存在唯一的数据元素 $x_i \in D_i$，使<root, x_i>∈H；

(3) 对应于 D-{root}的划分{D_1, D_2, …, D_m}(m>0)，每个 D_i 又是一棵树

基本操作 P：

InitTree(&T)

操作结果：初始化一棵空树，返回根结点指针

CreateTree(&T, n)

初始条件：树 T 已初始化为空树

操作结果：创建一棵含 n 个结点的树，返回根结点指针

ClearTree(&T)

初始条件：树 T 已存在

操作结果：将树 T 清为空树，释放所有结点，返回根结点指针

DestoryTree(&T)

初始条件：树 T 已存在

操作结果：将树 T 销毁

TreeEmpty(T)

初始条件：树 T 已存在

操作结果：判断树 T 是否为空树，若为空树，则返回 TRUE，否则返回 FALSE

TreeDepth(T)

初始条件：树 T 已存在

操作结果：返回树 T 的深度

Root(T)

初始条件：树 T 已存在

操作结果：返回树 T 的根

Value(T, cur_e)

初始条件：树 T 已存在，cur_e 是树中某个结点

操作结果：返回结点 cur_e 的值

Assign(T, cur_e, value)

初始条件：树 T 已存在，cur_e 是树中某个结点

操作结果：将结点 cur_e 赋值为 value

Parent(T, cur_e)

初始条件：树 T 已存在，cur_e 是树中某个结点

操作结果：若 cur_e 为非根结点，则返回它的双亲，否则返回空

LeftChild(T, cur_e)

初始条件：树 T 已存在，cur_e 是树中某个结点

操作结果：若 cur_e 是非叶子结点，则返回 cur_e 的最左边孩子结点，否则返回空

```
    RightSibling(T, cur_e)
     初始条件：树 T 已存在，cur_e 是树中某个结点
     操作结果：若 cur_e 有右兄弟结点，则返回 cur_e 的右兄弟结点，否则返回空
    InsertChild(&T, &p, i, c)
     初始条件：树 T 已存在，p 是指向 T 的某个结点，1≤i≤p 所指向结点的度+1，非空树 c
              与树 T 不相交
     操作结果：插入 c 为 T 中 p 指结点的第 i 棵子树
    DeleteChild(&T, &p, i)
     初始条件：树 T 已存在，p 是指向 T 的某个结点，1≤i≤p 所指向结点的度
     操作结果：删除 T 中 p 所指结点的第 i 棵子树
    TraverseTree(T, Visit())
     初始条件：树 T 已存在，Visit()是对结点的操作函数
     操作结果：按照某种次序对树 T 的每个结点调用函数 Visit()一次且最多一次，一旦调
              用函数 Visit()失败，则操作失败
}ADT Tree
```

5.1.2 树的基本术语

结点：包含一个数据元素及若干指向其他结点的分支信息。

结点的度：一个结点的子树个数称为此结点的度。

叶子结点：度为 0 的结点，即无后继的结点，也称为终端结点。

分支结点：度不为 0 的结点，也称为非终端结点。

孩子结点：一个结点的直接后继称为该结点的孩子结点。在图 5.1 中，B, C, D 是 A 的孩子。

双亲结点：一个结点的直接前驱称为该结点的双亲结点。在图 5.1 中，A 是 B, C, D 的双亲。

兄弟结点：同一双亲结点的孩子结点之间互称为兄弟结点。在图 5.1 中，结点 I, J, K 互为兄弟结点。

祖先结点：一个结点的祖先结点是指从根结点到该结点的路径上的所有结点。在图 5.1 中，结点 K 的祖先是 A, D, H。

子孙结点：以某结点为根的子树中的任何一结点都称为该结点的子孙结点。在图 5.1 中，结点 D 的子孙是 H, I, J, K。

树的度：树中所有结点的度的最大值。图 5.1 所示的树的度为 3。

结点的层次：从根结点开始定义，根结点的层次为 1，根的孩子为第 2，依此类推。

树的高度（深度）：树中所有结点的层次的最大值。图 5.1 所示的树的高度为 4。

无序树：树中任意一个结点的各个子树之间的次序构成无关紧要，即交换树中任意一个结点的各个子树的次序均和原树相同的树称为无序树。

有序树：树中任意一个结点的各个子树都是有次序的树（即不能互换）称为有序树。下面要讨论的二叉树就是一种有序树，因为二叉树中任意一个结点的任意一个子树都确

切地定义为是该结点的左子树或是其右子树。

森林：m(m≥0)棵互不相交的树的集合。将一棵非空树的根结点删去，树就变成一个森林。

5.2 二 叉 树

二叉树是一种最简单、最常用的树结构，并具有许多很好的性质，这些特性使得二叉树有用和常用。

5.2.1 二叉树的定义

二叉树（BinaryTree）是 n（n≥0）个结点的有限集合。它或为空树（n=0），或为非空树；对于非空树有：

（1）有一个特定的称为根的结点。

（2）除根结点外的其余结点分为两个互不相交的称为左子树和右子树的二叉树。

抽象数据类型二叉树的定义如下：

```
ADT BinaryTree {
  数据对象 D: D 是具有相同特性的元素构成的集合
  数据关系 R: 若 D=∅时,称 BinaryTree 为空二叉树
          若 D≠∅时,R={H},H 为以下二元关系
          (1)在 D 中存在唯一的称为根的数据元素 root,它在关系 H 下无前驱
          (2)若 D-{root}≠∅,则存在 D-{root}的一个划分{Dl, Dr},且 Dl∩Dr=∅
          (3)Dl 和 Dr 或是空二叉树,或是非空的二叉树,分别称为根的左子树和右子树
  基本操作 P:
      InitBiTree(&BT)
        操作结果: 初始化一棵空二叉树,返回根结点指针
      CreateBiTree(&BT, n)
        初始条件: 二叉树 BT 已初始化为空二叉树
        操作结果: 创建一棵含 n 个结点的二叉树,返回根结点指针
      ClearBiTree(&BT)
        初始条件: 二叉树 BT 已存在
        操作结果: 将二叉树 BT 清为空二叉树,释放所有结点,返回根结点指针
      DestoryBiTree(&BT)
        初始条件: 二叉树 BT 已存在
        操作结果: 将二叉树 BT 销毁,释放所有结点
      BiTreeEmpty(BT)
        初始条件: 二叉树 BT 已存在
        操作结果: 判断二叉树 BT 是否为空二叉树,若为空二叉树,则返回 TRUE,否则返回
                  FALSE
      BiTreeDepth(BT)
        初始条件: 二叉树 BT 已存在
        操作结果: 返回二叉树 BT 的深度
```

```
Root(BT)
 初始条件：二叉树 BT 已存在
 操作结果：返回二叉树 BT 的根
Value(BT, cur_e)
 初始条件：二叉树 BT 已存在,cur_e 是二叉树中某个结点
 操作结果：返回结点 cur_e 的值
Assign(BT, cur_e, value)
 初始条件：二叉树 BT 已存在,cur_e 是二叉树中某个结点
 操作结果：将结点 cur_e 赋值为 value
Parent(BT, cur_e)
 初始条件：二叉树 BT 已存在,cur_e 是二叉树中某个结点
 操作结果：若 cur_e 为非根结点,则返回它的双亲,否则返回空
LeftChild(BT, cur_e)
 初始条件：二叉树 BT 已存在,cur_e 是二叉树中某个结点
 操作结果：返回 cur_e 的左孩子结点,若 cur_e 无左孩子,则返回空
RightChild(BT, cur_e)
 初始条件：二叉树 BT 已存在,cur_e 是二叉树中某个结点
 操作结果：返回 cur_e 的右孩子结点,若 cur_e 无右孩子,则返回空
LeftSibling(BT, cur_e)
 初始条件：二叉树 BT 已存在,cur_e 是二叉树中某个结点
 操作结果：返回 cur_e 的左兄弟结点,若 cur_e 是 BT 的左孩子或无左兄弟,则返回空
RightSibling(BT, cur_e)
 初始条件：二叉树 BT 已存在,cur_e 是二叉树中某个结点
 操作结果：返回 cur_e 的右兄弟结点,若 cur_e 是 BT 的右孩子或无右兄弟,则返回空
InsertChild(BT, p, LR, c)
 初始条件：二叉树 BT 已存在,p 是指向 BT 的某个结点,LR 为 0 或 1,非空二叉树 c 与
          BT 不相交且右子树为空
 操作结果：根据 LR 为 0 或 1,插入 c 为 BT 中 p 所指结点的左或右子树。p 所指结点的
          原有左或右子树则成为 c 的右子树
DeleteChild(BT, p, LR)
 初始条件：二叉树 BT 已存在,p 是指向 BT 的某个结点,LR 为 0 或 1
 操作结果：根据 LR 为 0 或 1,删除 BT 中 p 所指结点的左或右子树
PreOrderTraverse(BT, Visit())
 初始条件：二叉树 BT 已存在,Visit()是对结点的操作函数
 操作结果：先序遍历 BT,对每个结点调用函数 Visit()一次且仅一次,一旦调用函数
          Visit()失败,则操作失败
InOrderTraverse(BT, Visit())
 初始条件：二叉树 BT 已存在,Visit()是对结点的操作函数
 操作结果：中序遍历 BT,对每个结点调用函数 Visit()一次且仅一次,一旦调用函数
          Visit()失败,则操作失败
PostOrderTraverse(BT, Visit())
 初始条件：二叉树 BT 已存在,Visit()是对结点的操作函数
```

```
      操作结果：后序遍历 BT,对每个结点调用函数 Visit()一次且仅一次,一旦调用函数
                Visit()失败,则操作失败
   LevelOrderTraverse(BT, Visit())
      初始条件：二叉树 BT 已存在,Visit()是对结点的操作函数
      操作结果：按层遍历 BT,对每个结点调用函数 Visit()一次且仅一次,一旦调用函数
                Visit()失败,则操作失败
} ADT BinaryTree
```

由此定义可以看出，一棵二叉树中的每个结点只能含有 0、 1 或 2 个孩子，而且每个孩子有左右之分，其次序不能任意颠倒。把位于左边的孩子叫做左孩子，位于右边的孩子叫做右孩子。图 5.2 中展示了 5 种基本形态不同的二叉树。

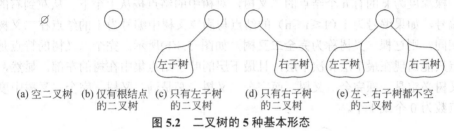

(a) 空二叉树 (b) 仅有根结点的二叉树 (c) 只有左子树的二叉树 (d) 只有右子树的二叉树 (e) 左、右子树都不空的二叉树

图 5.2 二叉树的 5 种基本形态

5.2.2 二叉树的性质

二叉树具有下列重要特性。

性质 1 在二叉树的第 i 层上至多有 2^{i-1} 个结点(i≥1)。

证明：用数学归纳法。

归纳基础：当 i=1 时，整个二叉树只有一根结点，此时 $2^{i-1}=2^0=1$，结论成立。

归纳假设：假设 i=k 时结论成立，即第 k 层上结点总数最多为 2^{k-1} 个。

现需证明当 i=k+1 时，结论成立。

因为二叉树中每个结点的度最大为 2，则第 k+1 层的结点总数最多为第 k 层上结点最大数的 2 倍，即 $2\times2^{k-1}=2^{(k+1)-1}$，故结论成立。

性质 2 深度为 k 的二叉树至多有 2^k-1 个结点（k≥1）。

证明：因为深度为 k 的二叉树，其结点总数的最大值是将二叉树每层上结点的最大值相加，所以深度为 k 的二叉树的结点总数至多为：

$$\sum_{i=1}^{k}(\text{第i层上的最大结点数})=\sum_{i=1}^{k}2^{i-1}=2^k-1$$

性质 3 对任意一棵二叉树 T，若终端结点数为 n_0，度为 2 的结点数为 n_2，则 $n_0=n_2+1$。

证明：设二叉树中结点总数为 n，n_1 为二叉树中度为 1 的结点总数。因为二叉树中所有结点的度小于等于 2，所以有

$$n=n_0+n_1+n_2$$

设二叉树中分支数目为 B，因为除根结点外，每个结点均对应一个指向它的分支，所以有 n=B+1。

又因为二叉树中的分支都是由度为 1 和度为 2 的结点发出，所以分支数目为：

$$B=n_1+2n_2$$

整理上述两式可得：

$$n=B+1=n_1+2n_2+1$$

将 $n=n_0+n_1+n_2$ 代入上式，得出 $n_0+n_1+n_2=n_1+2n_2+1$，整理后得 $n_0=n_2+1$，故结论成立。

一棵深度为 k 且有 2^k-1 个结点的二叉树称为**满二叉树**。在满二叉树中，每层结点都是满的，即每层结点都具有最大结点数。图 5.3(a)所示的二叉树，即为一棵满二叉树。满二叉树的顺序表示，即从二叉树的根开始，层间从上到下，层内从左到右，逐层进行编号(1, 2, …, n)。例如图 5.3(a)所示的满二叉树的顺序表示为(1, 2, 3, 4, 5, 6, 7, 8, 9, 10, 11, 12, 13, 14, 15)。

一棵深度为 k 的有 n 个结点的二叉树，对树中的结点按从上至下、从左到右的顺序进行编号，如果编号为 i（$1\leqslant i\leqslant n$）的结点与满二叉树中编号为 i 的结点在二叉树中的位置相同，则这棵二叉树称为**完全二叉树**，如图 5.3(b)所示。完全二叉树的特点是：叶子结点只能出现在最下层和次下层，且最下层的叶子结点集中在树的左部。显然，一棵满二叉树必定是一棵完全二叉树，而完全二叉树未必是满二叉树。完全二叉树中度为 1 的结点数为 0 个或 1 个。

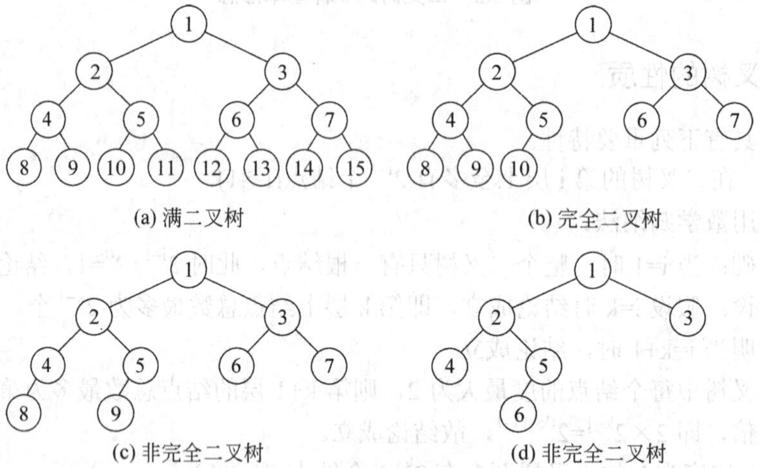

图 5.3　特殊形态的二叉树

性质 4　具有 n 个结点的完全二叉树的深度为 $\lfloor \log_2 n \rfloor+1$①。

证明：假设 n 个结点的完全二叉树的深度为 k，根据性质 2 可知，k−1 层满二叉树的结点总数为 $n_1=2^{k-1}-1$；k 层满二叉树的结点总数为 $n_2=2^k-1$。

显然有 $n_1<n\leqslant n_2$，进一步可以推出：

$$n_1+1\leqslant n<n_2+1$$

将 $n_1=2^{k-1}-1$ 和 $n_2=2^k-1$ 代入上式，可得 $2^{k-1}\leqslant n<2^k$，即 $k-1\leqslant \log_2{}^n<k$。

因为 k 是整数，所以 $k-1=\lfloor \log_2 n \rfloor$，$k=\lfloor \log_2 n \rfloor+1$，故结论成立。

① 符号$\lfloor x \rfloor$表示不大于 x 的最大整数，反之，$\lceil x \rceil$表示不小于 x 的最小整数。

性质 5 对于具有 n 个结点的完全二叉树，如果按照从上到下和从左到右的顺序对二叉树中的所有结点从 1 开始顺序编号，则对于任意的序号为 i 的结点有：

（1）如果 i=1，则序号为 i 的结点是根结点，无双亲结点；如 i>1，则序号为 i 的结点的双亲结点序号为$\lfloor i/2 \rfloor$。

（2）如果 2i>n，则序号为 i 的结点无左孩子（结点 i 为叶子结点）；如果 2i≤n，则序号为 i 的结点的左孩子结点的序号为 2i。

（3）如果 2i＋1>n，则序号为 i 的结点无右孩子；如果 2i＋1≤n，则序号为 i 的结点的右孩子结点的序号为 2i＋1。

证明：可以用归纳法证明其中的（2）和（3）。

当 i=1 时，由完全二叉树的定义可知，如果 2i=2≤n，说明二叉树中存在两个或两个以上的结点，所以其左孩子存在且序号为 2；反之，如果 2>n，说明二叉树中不存在序号为 2 的结点，其左孩子不存在。同理，如果 2i+1=3≤n，说明其右孩子存在且序号为 3；如果 3>n，则二叉树中不存在序号为 3 的结点，其右孩子不存在。

假设对于序号为 j(1≤j≤i)的结点，当 2j≤n 时，其左孩子存在且序号为 2j，当 2j>n 时，其左孩子不存在；当 2j+1≤n 时，其右孩子存在且序号为 2j+1，当 2j+1>n 时，其右孩子不存在。

当 i=j+1 时，根据完全二叉树的定义，若其左孩子存在，则其左孩子结点的序号一定等于序号为 j 的结点的右孩子的序号加 1，即其左孩子结点的序号等于(2j+1)+1=2(j+1)=2i，且有 2i≤n；如果 2i>n，则左孩子不存在。若右孩子结点存在，则其右孩子结点的序号应等于其左孩子结点的序号加 1，即右孩子结点的序号为 2i+1，且有 2i+1≤n；如果 2i+1>n，则右孩子不存在。

故（2）和（3）得证。

由（2）和（3）我们可以很容易证明（1）。

当 i=1 时，显然该结点为根结点，无双亲结点。当 i>1 时，设序号为 i 的结点的双亲结点的序号为 m，如果序号为 i 的结点是其双亲结点的左孩子，根据（2）有 i=2m，即 m=i/2；如果序号为 i 的结点是其双亲结点的右孩子，根据（3）有 i=2m+1，即 m=(i–1)/2=i/2–1/2，综合这两种情况，可以得到，当 i>1 时，其双亲结点的序号等于$\lfloor i/2 \rfloor$。

证毕。

性质 6 一棵含有 n(n≥1)个结点的满二叉树，其叶结点的个数是$\frac{n+1}{2}$。

证明：设满二叉树高度为 h，叶结点个数为 n_0，则总的结点个数 $n=2^h-1=2\times 2^{h-1}-1$，由于在满二叉树中，叶结点都在第 h 层上，第 h 层上的结点个数为 2^{h-1}，从而有 $n=2\times n_0-1$，所以 $n_0=\frac{n+1}{2}$。

性质 7 具有 n 个结点的不同形态的二叉树总共有$\frac{C_{2n}^{n}}{n+1}$棵。

此性质证明较复杂，从略。

5.2.3　二叉树的存储结构

1. 顺序存储结构

```
#define MAX_TREE_SIZE  100                            //二叉树的最大结点数
typedef  TElemType SqBiTree[MAX_TREE_SIZE];           //0 号单元存储根结点
SqBiTree  BT;
```

按照顺序存储结构定义，用一组地址连续的存储单元存储二叉树的数据元素。因此，必须把二叉树的所有结点安排成为一个恰当的序列，结点在这个序列中的相互位置能反映出结点之间的逻辑关系，可用编号的方法：从树根起，自上而下、自左至右地给所有结点编号，将编号为 i 的结点存储在如上定义的一维数组中下标为 i–1 的分量中。这种顺序存储结构仅适用于完全二叉树，如图 5.4(a)为图 5.3(b)完全二叉树的顺序存储结构。若二叉树不是完全二叉树形式，则为了保持结点之间的关系，不得不空出许多元素来，如图 5.4(b)为图 5.3(d)一般二叉树的顺序存储结构（图中以“0”表示不存在此结点）。这时就会造成空间的浪费。在最坏的情况下，一个深度为 k 且只有 k 个结点的单支树却需要 2^k–1 个结点存储空间，而且，若经常需要插入与删除树中结点时，顺序存储方式不是很好。

数组下标	0	1	2	3	4	5	6	7	8	9
存储结点	1	2	3	4	5	6	7	8	9	10

(a)

数组下标	0	1	2	3	4	5	6	7	8	9
存储结点	1	2	3	4	5	0	0	0	0	6

(b)

图 5.4　二叉树的顺序存储结构

2. 链式存储结构

对于任意的二叉树来说，每个结点只有两个孩子，一个双亲结点。我们可以设计每个结点至少包括三个域：数据域、左孩子域和右孩子域：

lchild	Data	rchild

其中，lchild 域指向该结点的左孩子，Data 域记录该结点的信息，rchild 域指向该结点的右孩子。

有时，为了便于找到结点的双亲，则还可在结点结构中增加一个指向其双亲结点的指针域：

lchild	Data	parent	rchild

利用这两种结点结构所得二叉树的存储结构分别称为二叉链表和三叉链表，如图 5.5 所示。

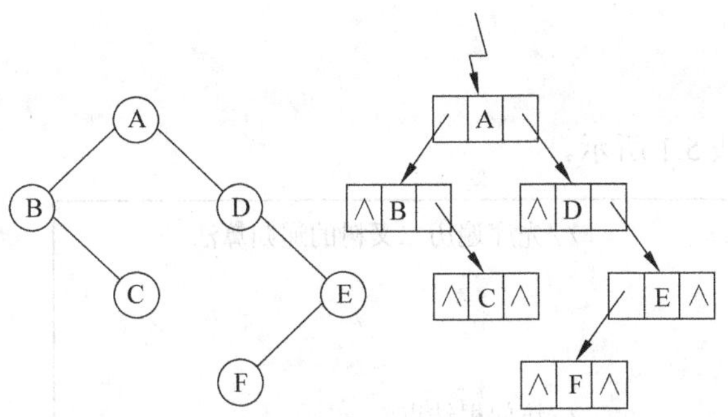

(a) 二叉链表

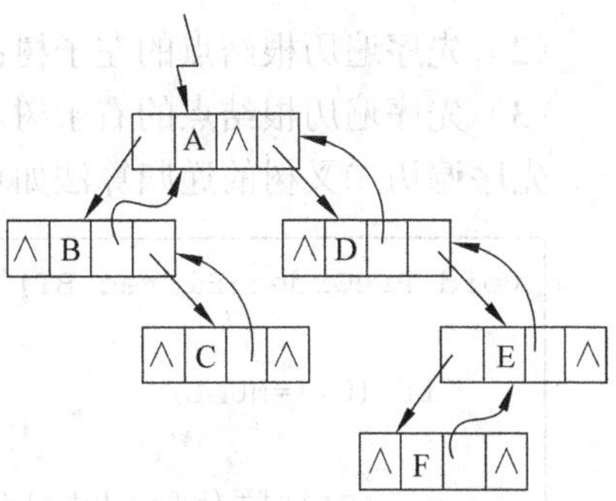

(b) 三叉链表

图 5.5　链式存储结构

二叉树的链式存储表示如下：

```
typedef struct BiTNode {
  TElemType  data;
  struct BiTNode  *lchild, *rchild;          //左右孩子指针
} BiTNode, *BiTree;
```

若一个二叉树含有 n 个结点，则它的二叉链表中必含有 2n 个指针域， 其中必有 n+1 个空的链域。

5.3　遍历二叉树和线索二叉树

遍历是二叉树中经常要用到的一种操作。因为在实际应用问题中，常常需要按一定顺序对二叉树中的每个结点逐个进行访问，查找具有某一特点的结点，然后对这些满足条件的结点进行处理，而且，有许多其他操作都是基于遍历算法实现的。

5.3.1　二叉树的遍历方法及递归实现

二叉树的遍历是指按照某种顺序访问二叉树中的每个结点，使每个结点被访问一次且仅被访问一次。

通过一次完整的遍历，可使二叉树中结点信息由非线性排列变为某种意义上的线性序列。也就是说，遍历操作可使非线性结构线性化。

由二叉树的定义可知，一棵二叉树由根结点、根结点的左子树和根结点的右子树三部分组成。因此，只要依次遍历这三部分，就可以遍历整个二叉树。若以 D、L、R 分别表示访问根结点、遍历根结点的左子树、遍历根结点的右子树，则二叉树的遍历方式有 6 种：DLR、LDR、LRD、DRL、RDL 和 RLD。如果限定先左后右，则只有前三种方式，即 DLR（称为先序遍历）、LDR（称为中序遍历）和 LRD（称为后序遍历）。

1. 先序遍历（DLR）

先序（或前序）遍历的递归过程为：

若二叉树为空，则空操作，否则

（1）访问根结点；

（2）先序遍历根结点的左子树；

（3）先序遍历根结点的右子树。

先序遍历二叉树的递归算法如算法 5.1 所示。

```
void PreOrder(BiTree BT)               //先序遍历二叉树的递归算法
{
    if (BT!=NULL)
    {
        printf(BT->data);              //访问根结点②
        PreOrder(BT->lchild);          //先序递归遍历 BT 的左子树
        PreOrder(BT->rchild);          //先序递归遍历 BT 的右子树
    }
}
```

算法 5.1

对于图 5.6 所示的二叉树，按先序遍历所得到的结点序列为 A B C D E F G。

2. 中序遍历（LDR）

中序遍历的递归过程为：

若二叉树为空，则空操作；否则

（1）中序遍历根结点的左子树；

（2）访问根结点；

（3）中序遍历根结点的右子树。

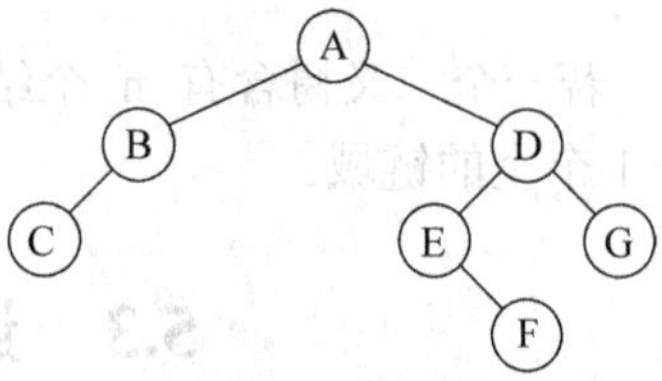

图 5.6 一棵二叉树

中序遍历二叉树的递归算法如算法 5.2 所示。

```
void InOrder(BiTree BT)                //中序遍历二叉树的递归算法
{
    if (BT!=NULL)
    {
        InOrder(BT->lchild);           //中序递归遍历 BT 的左子树
        printf(BT->data);              //访问根结点
        InOrder(BT->rchild);           //中序递归遍历 BT 的右子树
    }
}
```

算法 5.2

对于图 5.6 所示的二叉树，按中序遍历所得到的结点序列为 C B A E F D G。

3. 后序遍历（LRD）

后序遍历的递归过程为：

若二叉树为空，则空操作；否则

② 本章将输出结点的数据域作为访问结点的操作，在实际应用中，输出操作需要加上格式控制。也可将访问结点操作写成通用形式 Visit(BT–>data)，自定义函数 Visit()为访问函数。

（1）后序遍历根结点的左子树；
（2）后序遍历根结点的右子树；
（3）访问根结点。
后序遍历二叉树的递归算法如算法 5.3 所示。

```
void PostOrder(BiTree BT)              //后序遍历二叉树的递归算法
{
    if (BT!=NULL)
    {
        PostOrder(BT->lchild);         //后序递归遍历 BT 的左子树
        PostOrder(BT->rchild);         //后序递归遍历 BT 的右子树
        printf(BT->data);              //访问根结点
    }
}
```

算法　5.3

对于图 5.6 所示的二叉树，按后序遍历所得到的结点序列为 C B F E G D A。

5.3.2　二叉树遍历的非递归实现

前面给出的二叉树先序、中序和后序三种遍历算法都是递归算法。当给出二叉树的链式存储结构以后，用具有递归功能的程序设计语言很方便就能实现上述算法。然而，并非所有程序设计语言都允许递归；另一方面，递归程序虽然简洁，但可读性一般不好，执行效率也不高。因此，就存在如何把一个递归算法转化为非递归算法的问题。

1. 先序遍历的非递归实现

由先序遍历过程可知，先访问根结点，再访问左子树，最后访问右子树。因此，可用一个栈，先将根结点进栈，在栈不空时循环：出栈 p，访问*p 结点，将其右孩子结点入栈，再将左孩子结点入栈。

在算法 5.4 中，二叉树以二叉链表存放，一维数组 stack[MAX_TREE_SIZE]用于实现栈，变量 top 用来表示当前栈顶的位置。

```
void NRPreOrder(BiTree BT)             //先序遍历二叉树的非递归算法
{
    BiTree stack[MAX_TREE_SIZE],p;
    int top;
    if (BT!=NULL)
    {
        top=1;
        stack[top]=BT;                 //根结点入栈
        while(top>0)                   //栈不空时循环
        {
            p=stack[top];              //退栈并访问该结点
```

算法　5.4

```
            top--;
            printf(p->data);          //输出该结点数据域
            if(p->rchild!=NULL)       //右孩子入栈
            {
                top++;
                stack[top]=p->rchild;
            }
            if(p->lchild!=NULL)       //左孩子入栈
            {
                top++;
                stack[top]=p->lchild;
            }
        }
    }
}
```

算法 5.4（续）

对于图 5.6 所示的二叉树，用该算法进行先序遍历过程中，栈 stack 的变化情况以及树中各结点的访问次序如图 5.7 所示。

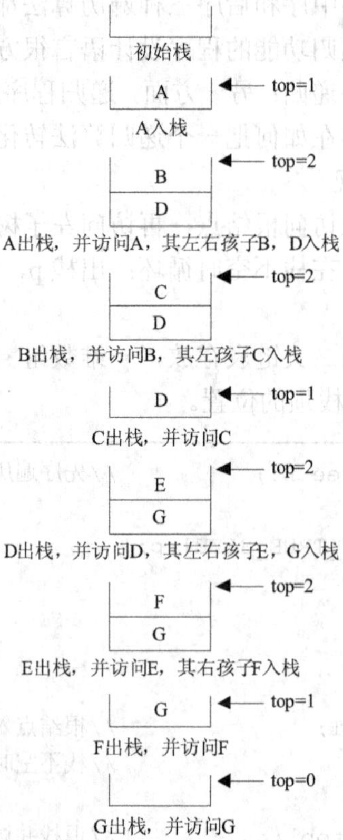
初始栈
A
top=1
A入栈
B
D
top=2
A出栈，并访问A，其左右孩子B，D入栈
C
D
top=2
B出栈，并访问B，其左孩子C入栈
D
top=1
C出栈，并访问C
E
G
top=2
D出栈，并访问D，其左右孩子E，G入栈
F
G
top=2
E出栈，并访问E，其右孩子F入栈
G
top=1
F出栈，并访问F
top=0
G出栈，并访问G

图 5.7 二叉树先序非递归遍历过程

2. 中序遍历的非递归实现

由中序遍历二叉树的递归定义，转换成非递归函数时采用一个栈保存需要返回的结点指针，先扫描（并非访问）根结点的所有左结点并将它们一一入栈，然后出栈一个结点，显然该结点没有左孩子结点或左孩子结点已访问过，则访问它。然后扫描该结点的右孩子结点，将其入栈，再扫描该右孩子结点的所有左结点并一一入栈，如此这样，直到栈空为止。对应的非递归算法如算法 5.5 所示。

```
void NRInOrder(BiTree BT)        //中序遍历二叉树的非递归算法
{
    BiTree stack[MAX_TREE_SIZE],p;
    int top=0;
    p=BT;
    do
    {
        while(p!=NULL)            //扫描*p 的所有左结点并入栈
        {
            top++;
            stack[top]=p;
            p=p->lchild;
        }
        if (top>0)
        {
            p=stack[top];         //出栈*p 结点
            top--;
            printf(p->data);      //访问 p 结点
            p=p->rchild;          //扫描*p 的右孩子结点
        }
    }while(p!=NULL||top>0);
}
```

算法 5.5

3. 后序遍历的非递归实现

由后序遍历二叉树的递归定义，转换成非递归函数时采用一个栈保存需要返回的结点指针，先扫描根结点的所有左结点并入栈，出栈一个结点，然后扫描该结点的右结点并入栈，再扫描该右结点的所有左结点并入栈，当一个结点的左右子树均访问后再访问该结点，如此这样，直到栈空为止。在访问根结点的右子树后，当指针 p 指向右子树树根时，必须记下根结点的位置，以便在遍历右子树之后正确返回，这就产生了一个问题：在出栈回到根结点时如何区别是从左子树返回还是从右子树返回。这里采用两个栈 stack 和 tag，并用一个共同的栈顶指针，一个存放指针值，另一个存放左右子树标志（0 为左子树，1 为右子树）。退栈时在退出结点指针的同时区别是遍历左子树返回的还是遍历右子树返回的，以决定下一步继续遍历右子树还是访问根结点。对应的非递归算法如算法 5.6 所示。

```
void NRPostOrder(BiTree BT)              //后序遍历二叉树的非递归算法
{
    BiTree stack[MAX_TREE_SIZE],p;
    int tag[MAX_TREE_SIZE];
    int top=0;
    p=BT;
    do
    {
        while(p!=NULL)                   //扫描*p 的所有左结点并入栈
        {
            top++;
            stack[top]=p;
            p=p->lchild;
            tag[top]=0;                  //表示当前结点的左子树已访问过
        }
        if (top>0)
        {
            if(tag[top]==1)              //左右结点均已访问过,则访问该结点
            {
                printf(stack[top]->data);    //访问该结点
                top--;
            }
            else
            {
                p=stack[top];
                p=p->rchild;         //扫描右结点
                tag[top]=1;          //表示当前结点的右子树已访问过
            }
        }
    }while(p!=NULL||top>0);
}
```

算法 5.6

5.3.3 遍历算法的应用

“遍历”是二叉树各种操作的基础，可以在遍历过程中对结点进行各种操作。

1. 创建二叉树

根据输入的某种遍历序列串，建立一棵唯一的二叉树。为此引入扩展的二叉树，将二叉树补充成正则二叉树，即当结点无左右孩子结点时，补充一个虚结点，用矩形框表示，使原二叉树的结点都成为分支结点，这种补充称为二叉树的正则化扩展。如图 5.8 是对图 5.6 所示的二叉树正则化扩展后得到的正则二叉树。

对扩展的正则二叉树按先序遍历算法进行遍历，当遇到虚结点时，用空格符 φ 表示，得到遍历序列：A B C φ φ φ D E φ F φ φ G φ φ。由此遍历序列可唯一确定一棵二叉树。以下算法，就是按输入的扩展正则二叉树的先序遍历序列来构造给定的二叉树。与先序递归遍历二叉树算法类似，先建立根结点，再建立左子树，后建立右子树，具体实现如算法 5.7 所示。

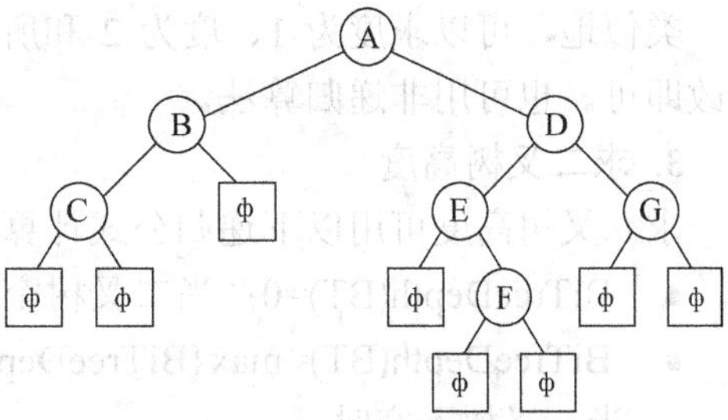

图 5.8 扩充后的正则二叉树

```
Status CreateBiTree(BiTree &BT)
{
    //按先序次序输入扩展的正则二叉树中结点的值(一个字符)
    //构造二叉链表表示的二叉树 BT
    scanf("%c",&ch);
    if (ch==' ') BT=NULL;                 //当读到空格符时建立空二叉树
    else
    {
        if(!(BT=(BiTree)malloc(sizeof(BiTNode))))exit(OVERFLOW);
        BT->data=ch;                      //建立根结点
        CreateBiTree(BT->lchild);         //建立左子树
        CreateBiTree(BT->rchild);         //建立右子树
    }
    return OK;
}
```

算法 5.7

2. 统计二叉树中叶子结点个数

只要将递归遍历算法中的访问结点的操作修改为叶结点计数即可。当结点的左、右孩子指针都为空时，叶结点个数加 1。具体实现如算法 5.8 所示。

```
void CountLeaves(BiTree BT, int &count)  //统计二叉树中叶子结点个数
{
    if (BT)
    {
        if (!BT->lchild&&!BT->rchild) count++;
                                   //左、右子树均为空,叶结点个数加 1
        CountLeaves(BT->lchild, count);      //统计左子树中叶结点个数
        CountLeaves(BT->rchild, count);      //统计右子树中叶结点个数
    }
}
```

算法 5.8

类似地，可以求度为 1、度为 2 和所有结点个数，只需要将上述算法中的语句稍作修改即可。也可用非递归算法。

3. 求二叉树高度

求二叉树高度可用以下递归公式计算，具体实现如算法 5.9 所示。

- BiTreeDepth(BT)=0；当二叉树空时（BT==NULL）。
- BiTreeDepth(BT)=max{BiTreeDepth(BT->lchild), BiTreeDepth(BT->rchild)}+1；当二叉树不空时。

```
int BiTreeDepth(BiTree BT)
{
  int lchilddep, rchilddep;
  if (!BT) return 0;                        //空树的高度为 0
  else
  {
    lchilddep=BiTreeDepth(BT->lchild); //求左子树的高度为 lchild
    rchilddep=BiTreeDepth(BT->rchild); //求右子树的高度为 rchild
    return (lchilddep>rchilddep)? (lchilddep+1):(rchilddep+1);
  }
}
```

算法 5.9

4. 求根结点到指定结点之间的路径

采用非递归后序遍历树 BT，当后序遍历访问到 p 所指结点时，此时 stack 中所有结点均为 p 所指结点的祖先，由这些祖先便构成了一条从根结点到 p 所指结点之间的路径，具体实现如算法 5.10 所示。

```
void Path(BiTree BT, BiTree p)
{
    //求根结点 BT 到指定结点 p 之间的路径
    BiTree stack[MAX_TREE_SIZE],s;
    int tag[MAX_TREE_SIZE];
    int top=0,i;
    s=BT;
    do
    {
        while(s!=NULL)              //扫描左结点，入栈
        {
            top++;
            stack[top]=s;
            s=s->lchild;
```

算法 5.10

```
            tag[top]=0;              //表示当前结点的左子树已访问过
        }
        if (top>0)
        {
            if(tag[top]==1)      //左右结点均已访问过,则要访问该结点
            {
                if (stack[top]==p)  //该结点就是要找的结点p
                {
                    printf("路径: ");//输出从栈底到栈顶的元素构成路径
                    for(i=1;i<=top;i++)
                        printf(stack[i]->data);   //输出结点元素
                    break;
                }
                top--;
            }
            else
            {
                s=stack[top];
                s=s->rchild;     //扫描右结点
                tag[top]=1;      //表示当前结点的右子树已访问过
            }
        }
    }while(s!=NULL||top>0);
}
```

算法 5.10（续）

5.3.4 由遍历序列构造二叉树

从前面讨论的二叉树的遍历知道，任意一棵二叉树结点的先序序列和中序序列都是唯一的。反过来，若已知结点的先序序列和中序序列，能否确定这棵二叉树呢？这样确定的二叉树是否是唯一的呢？回答是肯定的。

根据定义，二叉树的先序遍历是先访问根结点，其次再按先序遍历方式遍历根结点的左子树，最后按先序遍历方式遍历根结点的右子树。这就是说，在先序序列中，第一个结点一定是二叉树的根结点。另一方面，中序遍历是先遍历左子树，然后访问根结点，最后再遍历右子树。这样，根结点在中序序列中必然将中序序列分割成两个子序列，前一个子序列是根结点的左子树的中序序列，而后一个子序列是根结点的右子树的中序序列。根据这两个子序列，在先序序列中找到对应的左子序列和右子序列。在先序序列中，左子序列的第一个结点是左子树的根结点，右子序列的第一个结点是右子树的根结点。这样，就确定了二叉树的三个结点。同时，左子树和右子树的根结点又可以分别把左子

序列和右子序列划分成两个子序列，如此递归下去，当取尽先序序列中的结点时，便可以得到一棵二叉树。

同样的道理，由二叉树的后序序列和中序序列也可唯一地确定一棵二叉树。因为，依据后序遍历和中序遍历的定义，后序序列的最后一个结点，就如同先序序列的第一个结点一样，可将中序序列分成两个子序列，分别为这个结点的左子树的中序序列和右子树的中序序列，再拿出后序序列的倒数第二个结点，并继续分割中序序列，如此递归下去，当倒着取尽后序序列中的结点时，便可以得到一棵二叉树。

下面通过一个例子，来给出由二叉树的先序序列和中序序列构造唯一的一棵二叉树。

例 5-1 已知一棵二叉树的先序序列与中序序列分别为：

先序序列：A B C D E F G

中序序列：C B E D A F G

则可按上述分解求得整棵二叉树。其构造过程如图 5.9 所示。首先由先序序列得知二叉树的根为 A，则其左子树的中序序列为（CBED），右子树的中序序列为（FG）。反过来得知其左子树的先序序列必为（BCDE），右子树的先序序列为（FG）。类似地，可由左子树的先序序列和中序序列构造求得 A 的左子树，由右子树的先序序列和中序序列构造求得 A 的右子树。

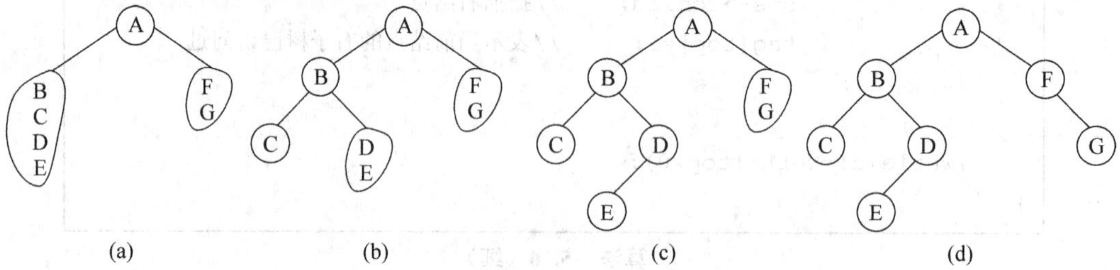

图 5.9 由先序和中序序列构造一棵二叉树的过程

上述构造过程说明了给定结点的先序序列和中序序列可确定一棵二叉树。至于它的唯一性，读者可试用归纳法证明。

5.3.5 线索二叉树

按照某种遍历方式对二叉树进行遍历，可以把二叉树中所有结点排列为一个线性序列。在该序列中，除第一个结点外，每个结点有且仅有一个直接前驱结点；除最后一个结点外，每个结点有且仅有一个直接后继结点。但是，二叉树中每个结点在这个序列中的直接前驱结点和直接后继结点是什么，二叉树的存储结构中并没有反映出来，只能在对二叉树遍历的动态过程中得到这些信息。为了保留结点在某种遍历序列中直接前驱和直接后继的位置信息，可以利用二叉树的二叉链表存储结构中的那些空指针域来指示。

具有 n 个结点的二叉树，有 n–1 条边，正是这些边指向其左、右孩子。这意味着在二叉链表中的 2n 个孩子指针域中只用到了 n–1 个域，还有另外 n+1 个指针域为空，被闲置。现设法把这些空闲的指针域利用起来。当某结点无左孩子时，令左指针 lchild 指向它的直接前趋结点；当该结点无右孩子时，令右指针 rchild 指向它的直接后继结点。为了严格区分结点的孩子指针域究竟指向孩子结点还是指向前趋或后继结点，需在原结点结构中增加两个标志域：

lchild	LTag	data	RTag	rchild

其中：

$$LTag=\begin{cases}0 & \text{lchild指向结点的左孩子}\\1 & \text{lchild指向结点的前驱结点}\end{cases}$$

$$RTag=\begin{cases}0 & \text{rchild指向结点的右孩子}\\1 & \text{rchild指向结点的后继结点}\end{cases}$$

二叉树的二叉线索链表存储表示：

```
typedef struct BiThrNode {
  TElemType  data;
  struct BiThrNode  *lchild, *rchild;        //左右孩子指针
  int  LTag, RTag;                             //左右标志
} BiThrNode, *BiThrTree;
```

通常把指向直接前趋或直接后继的指针称为**线索**（Thread）。对二叉树以某种次序进行遍历并且加上线索的过程称为**线索化**。经过线索化之后生成的二叉链表表示称为**线索二叉树**。如图 5.10(a)所示为中序线索二叉树，图 5.10(b)所示为后序后继线索二叉树。其中实线为指针（指向左、右子树），虚线为线索（指向前驱、后继）。

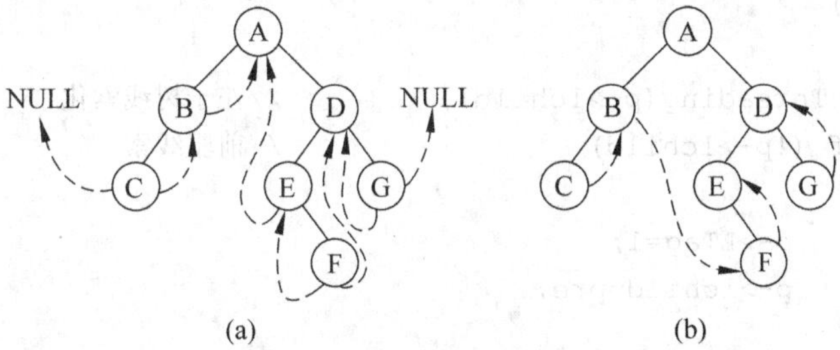

图 5.10 线索二叉树

建立线索二叉树，或者说对二叉树线索化，实质上就是遍历一棵二叉树。在遍历过程中，访问结点的操作是检查当前结点的左、右指针域是否为空，如果为空，将它们改为指向前驱结点或后继结点的线索。为实现这一过程，设指针 pre 始终指向刚刚访问过的结点，即若指针 p 指向当前结点，则 pre 指向它的前驱，以便增设线索。

另外，在对一棵二叉树加线索时，必须首先申请一个头结点，建立头结点与二叉树的根结点的指向关系，对二叉树线索化后，还需建立最后一个结点与头结点之间的线索。

下面是建立中序线索二叉树的递归算法 5.11 和算法 5.12，其中 pre 为全局变量，Thrt 指向头结点，其 lchild 域的指针指向二叉树的根结点，其 rchild 域的指针指向中序遍历时访问的最后一个结点；同时，令二叉树中序序列中的第一个结点 lchild 域指针和最后

一个结点 rchild 域的指针均指向头结点，这就像为二叉树建立了一个双向线索链表。

```
Status  InOrderThr(BiThrTree &Thrt, BiThrTree BT)
{    //中序遍历二叉树 BT,并将其中序线索化,Thrt 指向头结点
     if(!(Thrt=(BiThrTree)malloc(sizeof(BiThrNode))))
     exit(OVERFLOW);
     Thrt->LTag=0; Thrt->RTag=1;           //建立头结点
     Thrt->rchild=Thrt;                    //右指针回指
     if (!BT) Thrt->lchild=Thrt;           //若二叉树为空,则左指针回指
     else
     {
         Thrt->lchild=BT; pre=Thrt;
         InThreading(BT);                  //中序遍历进行中序线索化
         pre->rchild=Thrt;
         pre->RTag=1;                      //最后一个结点线索化
         Thrt->rchild=pre;
     }
     return OK;
}
```

算法 5.11

```
void InTreading(BiThrTree  p)
{    //中序遍历进行中序线索化
     if (p)
     {
         InThreading(p->lchild);           //左子树线索化
         if (!p->lchild)                   //前驱线索
         {
             p->LTag=1;
             p->lchild=pre;
         }
         if (!pre->rchild)                 //后继线索
         {
             pre->RTag=1;
             pre->rchild=p;
         }
         pre=p;                            //保持 pre 指向 p 的前驱
         InThreading(p->rchild);           //右子树线索化
     }
}
```

算法 5.12

在线索树上进行遍历，只要先找到序列中的第一个结点，然后依次找到结点后继直到其后继为空时为止。

在先序线索树中找结点的后继比较容易，若结点 p 存在左子树，则 p 的左孩子结点即为 p 的后继；若结点 p 没有左子树，但有右子树，则 p 的右孩子结点即为 p 的后继；若结点 p 既没有左子树，也没有右子树，则结点 p 的 rchild 指针域所指的结点即为 p 的后继。

在中序线索二叉树中找结点后继：对于结点 p，当 p 没有右子树时，p 的 rchild 指针域所指的结点即为 p 的后继；当 p 有右子树，此时 p 的后继结点应是遍历其右子树时访问的第一个结点（右子树中最左下的结点）。

在后序线索树中找结点的后继较复杂，若结点 p 是二叉树的根，则 p 的后继为空；若 p 是其双亲的右孩子或是其双亲的左孩子且其双亲无右子树，则 p 的后继是 p 的双亲结点；若 p 是双亲的左孩子且其双亲有右子树，则 p 的后继是其双亲的右子树上按后序遍历列出的第一个结点。

5.4 树 和 森 林

树结构是二叉树的扩充，其存储结构和操作算法要比二叉树更为复杂，但是，由于在树和森林与二叉树之间存在着一对一的对应关系，之间可以进行相互转化，因此，关于树和森林的一些操作完全可以借助二叉树的算法来实现。

5.4.1 树的存储结构

树的存储有多种方式，既可以采用顺序存储结构，也可以采用链式存储结构，但无论采用何种存储结构，都要求其存储结构不但能存储各结点本身的数据信息，还要唯一地反映树中各结点之间的逻辑关系。森林的存储结构与树的存储结构相同。下面主要介绍 3 种基本的树的存储结构。

1. 双亲表示法

用一组连续的存储空间（一维数组）存储树中各个结点，数组中的每个元素表示树的一个结点，数组元素为结构体类型，其中包括结点本身的信息以及结点的双亲结点在数组中的序号，其形式说明如下：

```
#define  MAX_TREE_SIZE  100
typedef struct PTNode {              //结点结构
  TElemType  data;
  int  parent;                       //双亲位置域
} PTNode;
typedef  struct{                     //树结构
  PTNode  nodes[MAX_TREE_SIZE];
  int  r, n;                         //根的位置和结点数
} PTree;
```

例如，图 5.11 所示为一棵树及其双亲表示的存储结构。这种表示法利用了每个结点（除根以外）只有唯一的双亲的性质。在这种表示中，涉及双亲的操作非常方便，但求结点的孩子时需要遍历整棵树。

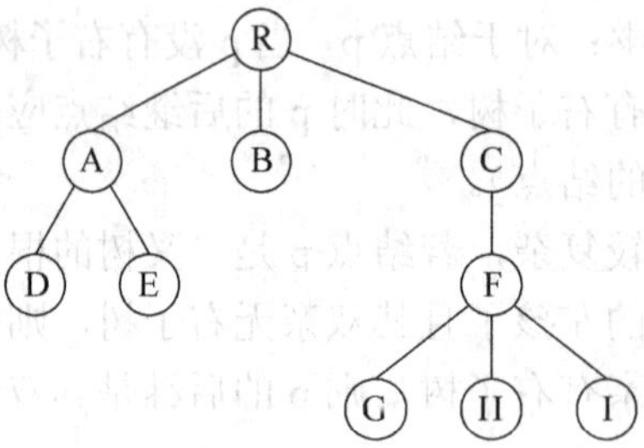

数组下标		
0	R	−1
1	A	0
2	B	0
3	C	0
4	D	1
5	E	1
6	F	3
7	G	6
8	H	6
9	I	6

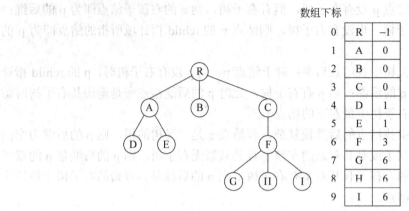

图 5.11　树的双亲表示法示例

2. 孩子链表表示法

把每个结点的孩子结点排列起来，看成是一个线性表，且以单链表作存储结构，则 n 个结点有 n 个孩子链表（叶子结点的孩子链表为空表），而 n 个头指针又组成一个线性表。其形式说明如下：

```
typedef struct CTNode{                    //孩子结点
  int  child;
  struct CTNode  *next;
} *ChildPtr;
typedef struct {
  TElemType  data;
  ChildPtr  firstchild;                   //孩子链表头指针
} CTBox;
typedef struct {
  CTBox nodes[MAX_TREE_SIZE];
  int  r, n;                              //根的位置和结点数
} CTree;
```

图 5.12(a)是图 5.11 中树的孩子链表表示法。这种存储结构下，可便于那些涉及孩子的操作实现，但不适合涉及双亲的操作。我们可以把双亲表示法和孩子链表表示法结合起来，即将双亲表示和孩子链表合在一起。图 5.12(b)就是这种存储结构的一例，它和图 5.12(a)表示的是同一棵树。

3. 孩子兄弟表示法

又称二叉树表示法，或二叉链表表示法。即以二叉链表作为树的存储结构。链表中结点的两个链域分别指向该结点的第一个孩子结点和下一个兄弟结点，分别命名为

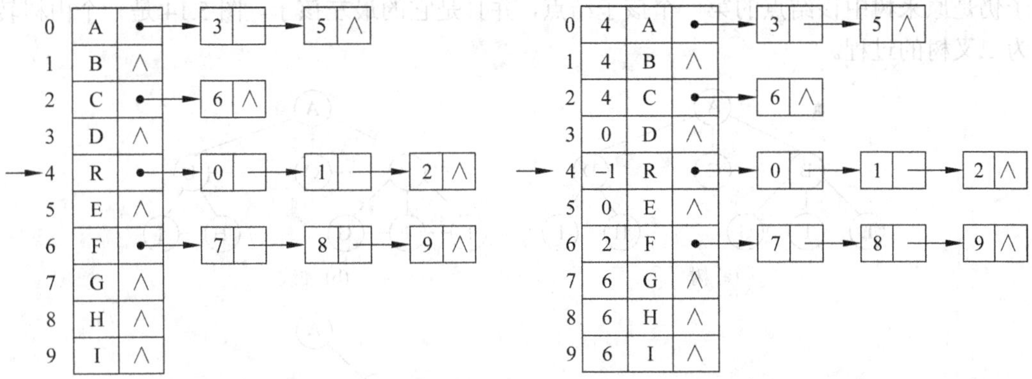

(a) 孩子链表　　(b) 带双亲的孩子链表

图 5.12　图 5.11 的树的另外两种表示法

firstchild 域和 nextsibling 域。

树的二叉链表(孩子—兄弟)存储表示：

```
typedef struct CSNode {
  TELemType  data;
  struct CSNode  *firstchild, *nextsibling;
}CSNode,  *CSTree;
```

图 5.13 是图 5.11 中的树的孩子兄弟表示的存储结构。利用这种存储结构便于实现各种树的操作。

5.4.2　树与二叉树的转换

1. 树转化为二叉树

由于二叉树的存储结构比较简单，处理起来也比较方便，所以有时需要把复杂的树，转换为简单的二叉树后再做处理。将树转化为二叉树的思路，主要根据树的孩子兄弟存储方式而来，步骤如下所示：

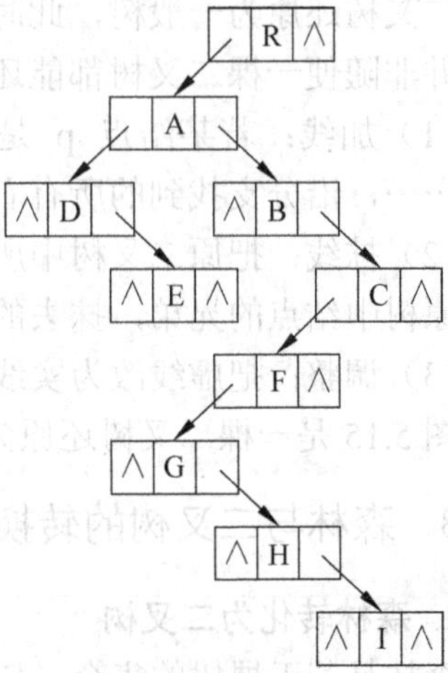

图 5.13　图 5.11 中树的二叉链表表示法

（1）加线：在各兄弟结点之间用虚线相连。可理解为每个结点的兄弟指针指向它的一个兄弟。

（2）抹线：对每个结点仅保留它与其最左一个孩子的连线，抹去该结点与其他孩子之间的连线。可理解为每个结点仅有一个孩子指针，让它指向自己的第一个孩子结点。

（3）旋转：把新加的虚线改为实线，以树的根结点为轴心，将整树顺时针转 45°，成右斜下方向，原树中实线成左斜下方向。这样就形成一棵二叉树。

由于二叉树中各结点的右孩子都是原树中该结点的兄弟，而树的根结点又没有兄弟结点，因此所生成的二叉树的根结点没有右子树。在所生成的二叉树中某一结点的左孩子仍是原来树中该结点的第一个孩子结点，并且是它的最左孩子。图 5.14 是一个由树转为二叉树的过程。

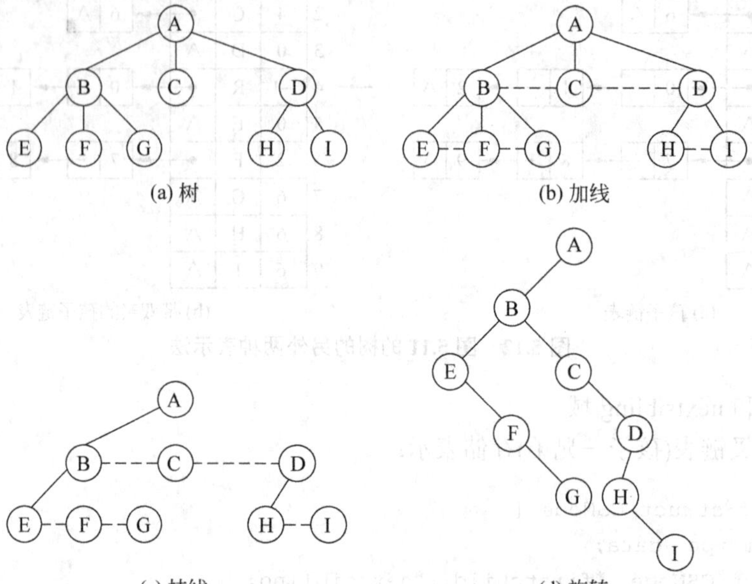

图 5.14　树转化为二叉树的过程

2. 二叉树还原为树

二叉树还原为一般树，此时的二叉树必须是由某一树转换而来的没有右子树的二叉树。并非随便一棵二叉树都能还原成一般树。其还原过程也分为以下 3 步：

（1）加线：若某结点 p 是双亲结点的左孩子，则将 p 的右孩子，右孩子的右孩子，……，沿分支找到的所有右孩子，都与 p 的双亲结点用虚线连起来。

（2）抹线：把原二叉树中所有双亲结点与其右孩子的连线抹去。这里的右孩子实质上是原树中结点的兄弟，抹去的连线是兄弟间的关系。

（3）调整：把虚线改为实线，结点按层次排列，形成树结构。

图 5.15 是一棵二叉树还原为树的过程。

5.4.3　森林与二叉树的转换

1. 森林转化为二叉树

森林是若干棵树的集合。树可以转换为二叉树，森林同样也可以转换为二叉树。因此，森林也可以方便地用孩子兄弟链表表示。森林转换为二叉树的方法如下：

（1）将森林中的每棵树转换成相应的二叉树。

（2）第一棵二叉树不动，从第二棵二叉树开始，依次把后一棵二叉树的根结点作为前一棵二叉树根结点的右孩子，当所有二叉树连在一起后，所得到的二叉树就是由森林转换得到的二叉树。

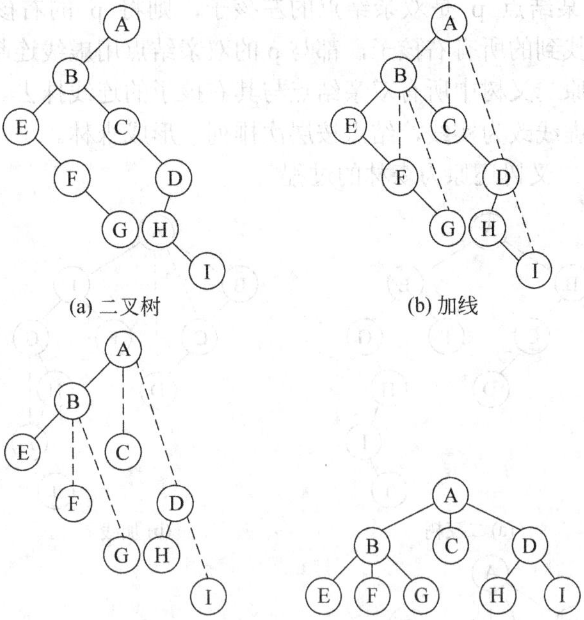

(a) 二叉树　　(b) 加线

(c) 抹线　　(d) 调整

图 5.15　二叉树还原为树的过程

图 5.16 展示了森林转换为二叉树的过程。

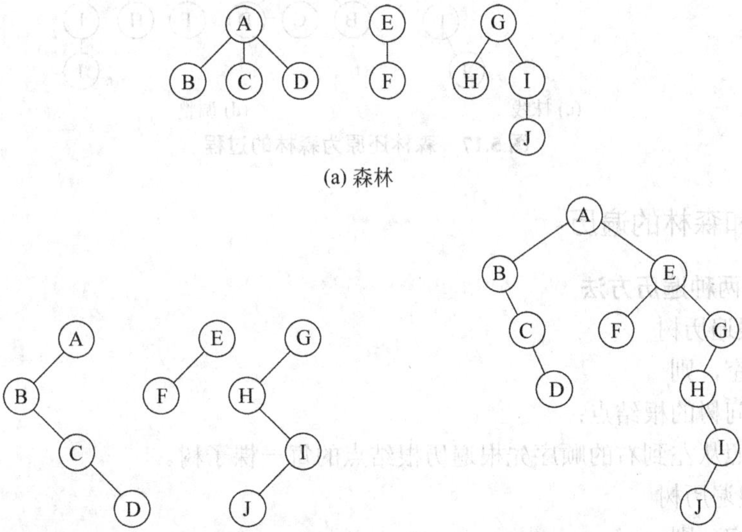

(a) 森林

(b) 森林中每棵树对应的二叉树　　(c) 森林对应的二叉树

图 5.16　森林转换为二叉树的过程

2. 二叉树还原为森林

二叉树还原为森林，此时的二叉树必须是有右子树的二叉树。将一棵二叉树还原为森林，具体方法如下：

（1）加线：若某结点 p 是双亲结点的左孩子，则将 p 的右孩子，右孩子的右孩子，……，沿分支找到的所有右孩子，都与 p 的双亲结点用虚线连起来。

（2）抹线：把原二叉树中所有双亲结点与其右孩子的连线抹去。

（3）调整：把虚线改为实线，结点按层次排列，形成森林。

图 5.17 展示了二叉树还原为森林的过程。

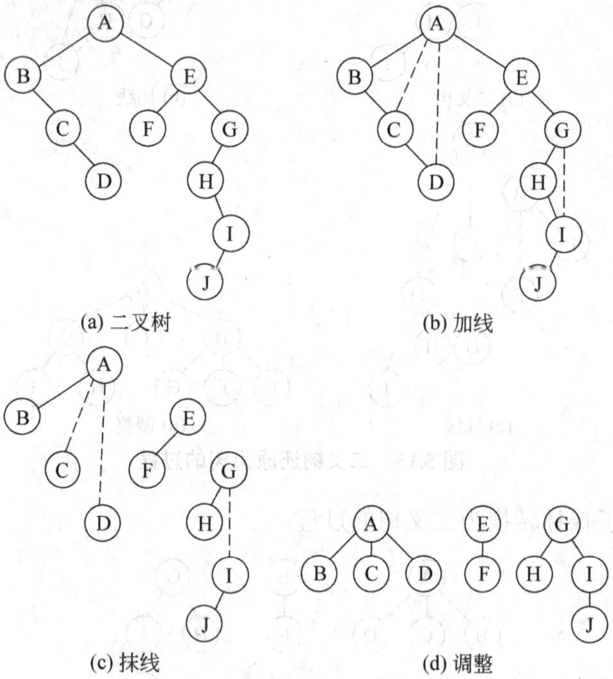

图 5.17　森林还原为森林的过程

5.4.4　树和森林的遍历

1. 树的两种遍历方法

1）先根遍历树

若树非空，则

（1）访问树的根结点；

（2）按照从左到右的顺序先根遍历根结点的每一棵子树。

2）后根遍历树

若树非空，则

（1）按照从左到右的顺序后根遍历根结点的每一棵子树；

（2）访问树的根结点。

例如，对图 5.11 中的树进行先根遍历，可得树的先根序列为：

R A D E B C F G H I

若对此树进行后根遍历，则得到树的后根序列为：

D E A B G H I F C R

根据树与二叉树的转换关系以及树和二叉树的遍历定义可以推出，树的先根遍历与其转换后相应的二叉树的先序遍历结果相同；树的后根遍历与其转换后的二叉树的中序遍历结果相同。因此，对树的遍历算法是可以采用相应二叉树的遍历算法来实现的。

2. 森林的两种遍历方法

按照森林和树相互递归的定义，可以推出森林的两种遍历方法：

1）先序遍历森林

若森林非空，则

（1）访问森林中第一棵树的根结点；

（2）先序遍历第一棵树的根结点的子树森林；

（3）先序遍历除去第一棵树之后剩余的树构成的森林。

即依次从左至右对森林中的每一棵树进行先根遍历。

2）中序遍历森林

若森林非空，则

（1）中序遍历第一棵树的根结点的子树森林；

（2）访问森林中第一棵树的根结点；

（3）中序遍历除去第一棵树之后剩余的树构成的森林。

即依次从左至右对森林中的每一棵树进行后根遍历。

若对图 5.16 中森林进行先序遍历和中序遍历，则分别得到森林的先序序列为：

A B C D E F G H I J

中序序列为：

B C D A F E H J I G

根据森林与二叉树的转换关系以及森林和二叉树的遍历定义可以推出，森林的先序和中序遍历与所转换后对应的二叉树的先序和中序遍历结果相同。

5.5 哈夫曼树

哈夫曼（Huffman）树，又称为最优二叉树，是一类带权路径长度最短的树，有着广泛的应用。

5.5.1 哈夫曼树的基本概念

首先介绍路径和路径长度的概念。从树中一个结点到另一个结点之间的分支构成这两个结点之间的路径，路径上的分支数目称为**路径长度**。**树的路径长度**从树根到每一个结点的路径长度之和。

若将上述概念推广到一般情况，考虑带权的结点。**结点的带权路径长度**为从该结点到树根之间的路径长度与结点上权的乘积。**树的带权路径长度**为树中所有叶子结点的带权路径长度之和，通常记作 $WPL=\sum_{k=1}^{n} w_k l_k$。其中 w_k 为第 k 个叶结点的权值，l_k 为第 k 个叶结点的路径长度。

一般来说，用n（n>1）个带权值的叶子结点来构造二叉树，限定树中除了这n个叶子外只能出现度为2的结点，那么，符合这样条件的二叉树往往可以构造出许多棵，其中带权路径长度最小的二叉树就称为**哈夫曼树或最优二叉树**。

例如，图5.18所示的3棵二叉树都没有度为1的结点，并且都含有5个叶子结点A、B、C、D、E，分别带权值28、10、20、7、35，3棵树的带权路径长度分别为：

（a）WPL=28×3+10×3+20×3+7×3+35×1＝230

（b）WPL=28×2+10×4+20×3+7×4+35×1＝219

（c）WPL=28×2+10×3+20×2+7×3+35×2＝217

其中以(c)树的WPL最小。可以验证，它恰好是哈夫曼树。

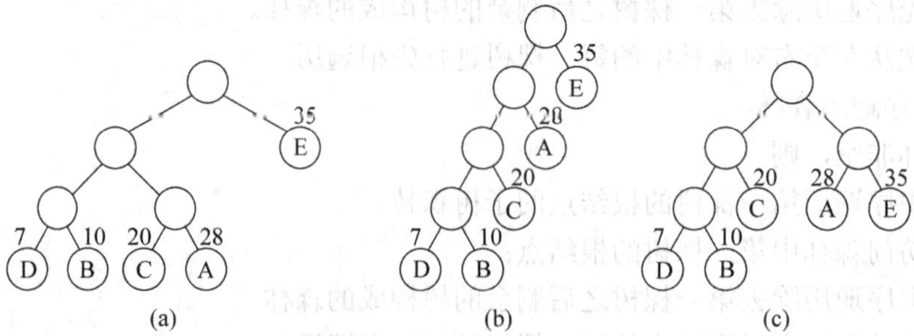

图5.18　具有不同带权路径长度的二叉树

5.5.2　哈夫曼树的构造方法

由相同权值的一组叶子结点所构成的二叉树有不同的形态和不同的带权路径长度，那么如何找到带权路径长度最小的二叉树（即哈夫曼树）呢？根据哈夫曼树的定义，一棵二叉树要使其WPL值最小，必须使权值越大的叶结点越靠近根结点，而权值越小的叶结点越远离根结点。哈夫曼依据这一特点提出了一种方法，基本思想如下。

（1）根据给定的n个权值$\{w_1, w_2, \cdots, w_n\}$构造n棵只有一个叶结点的二叉树，从而得到一个二叉树的集合F＝$\{T_1, T_2, \cdots, T_n\}$；

（2）在F中选取根结点的权值最小和次小的两棵二叉树作为左、右子树构造一棵新的二叉树，这棵新的二叉树根结点的权值为其左、右子树根结点权值之和；

（3）在集合F中删除作为左、右子树的两棵二叉树，并将新建的二叉树加入到集合F中；

（4）重复（2）、（3），直到F只含有一棵二叉树为止，这棵二叉树便是要建立的哈夫曼树。

图5.19展示了图5.18(c)的哈夫曼树的构造过程。其中，根结点上标注的数字是所赋的权。

下面讨论实现构造哈夫曼树的算法。

在构造哈夫曼树时，可以设置一个结构体数组HuffNode保存哈夫曼树中各结点的信息，根据二叉树的性质可知，具有n个叶子结点的哈夫曼树共有2n−1个结点，所以

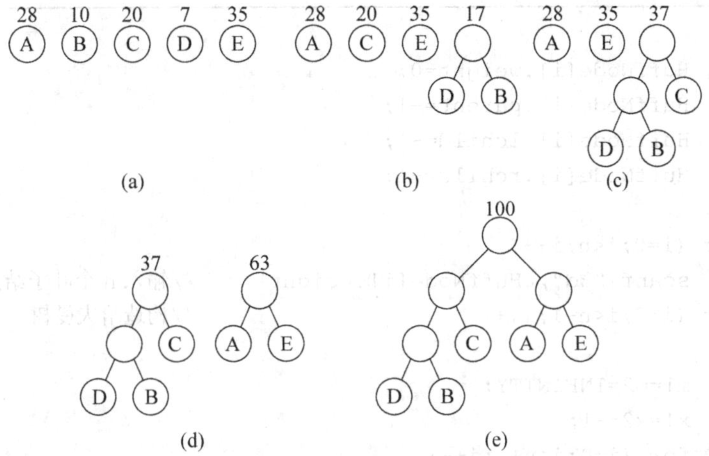

图 5.19 哈夫曼树的构造过程

数组 HuffNode 的大小设置为 2n–1，数组元素的结构形式如下：

weight	lchild	rchild	parent

其中，weight 域保存结点的权值，lchild 和 rchild 域分别保存该结点的左、右孩子结点在数组 HuffNode 中的序号，从而建立起结点之间的关系。为了判定一个结点是否已加入到要建立的哈夫曼树中，可通过 parent 域的值来确定。初始时 parent 的值为–1，当结点加入到树中时，该结点 parent 的值为其双亲结点在数组 HuffNode 中的序号，就不会是–1 了。

构造哈夫曼树时，首先将由 n 个字符形成的 n 个叶结点存放到数组 HuffNode 的前 n 个分量中，然后根据前面介绍的哈夫曼方法的基本思想，不断将两个小子树合并为一个较大的子树，每次构成的新子树的根结点顺序放到 HuffNode 数组中的前 n 个分量的后面。具体实现如算法 5.13 所示。

```
#define INFINITY INT_MAX                        //定义最大权值
#define MAXLEAF 30                              //定义哈夫曼树中叶子结点个数
#define MAXNODE  MAXLEAF*2-1
typedef struct {
    int weight;
    int parent, lchild, rchild;
} HTNode;

void  HuffmanTree(HTNode HuffNode[], int n)    //哈夫曼树的构造算法
{
    int i,j,m1,m2,x1,x2;
    for (i=0;i<2*n-1;i++)                       //数组 HuffNode[]初始化
```

算法 5.13

```
    {
        HuffNode[i].weight=0;
        HuffNode[i].parent=-1;
        HuffNode[i].lchild=-1;
        HuffNode[i].rchild=-1;
    }
    for (i=0;i<n;i++)
        scanf("%d",&HuffNode[i].weight);     //输入n个叶子结点的权值
    for (i=0;i<n-1;i++)                       //构造哈夫曼树
    {
        m1=m2=INFINITY;
        x1=x2=-1;
        for (j=0;j<n+i;j++)
        {
            if (HuffNode[j].weight<m1 && HuffNode
            [j].parent==-1)
            {
                m2=m1;
                x2=x1;
                m1=HuffNode[j].weight;
                x1=j;
            }
            else if (HuffNode[j].weight<m2 && HuffNode
             [j].parent==-1)
            {
                m2=HuffNode[j].weight;
                x2=j;
            }
        }
        //将找出的两棵子树合并为一棵子树
        HuffNode[x1].parent=n+i;
        HuffNode[x2].parent=n+i;
        HuffNode[n+i].weight= HuffNode[x1].weight+HuffNode
        [x2].weight;
        HuffNode[n+i].lchild=x1;  HuffNode[n+i].rchild=x2;
    }
}
```

算法 5.13（续）

按照这种算法对图 5.19 中 5 个字符 A、B、C、D、E 及其对应权值 28、10、20、7、35 来构造哈夫曼树时，存储哈夫曼树的数组 HuffNode 的终止状态如图 5.20 所示。

5.5.3 哈夫曼编码

在数据通信中，经常需要将传送的文字转换成由二进制字符 0，1 组成的二进制串，我们称为编码。例如，假设要传送的电文为'ABACCDA'，电文中只含有 A，B，C，D 四种字符，只需要两个字符的串便可分辨。假设 A、B、C、D 的编码分别为 00、01、10 和 11，则上述 7 个字符的电文便为'00010010101100'，总长 14 位，对方接收时，可按二位一分进行译码。在这种编码方案中，四个字符的编码长度均为 2，是一种等长编码。如果在编码时考虑字符在要传送的电文中出现的次数，让出现次数越高的字符采用越短的编码，构造一种不等长编码，则可使要传送的电文的代码长度最短。若要设计长短不等的编码，则必须是任一个字符的编码都不是另一个字符的编码的前缀，这种编码称为**前缀编码**。

0	28	7	−1	−1
1	10	5	−1	−1
2	20	6	−1	−1
3	7	5	−1	−1
4	35	7	−1	−1
5	17	6	3	1
6	37	8	5	2
7	63	8	0	4
8	100	−1	6	7

图 5.20 存储哈夫曼树的数组终止状态

哈夫曼树可用于构造使电文编码的代码长度最短的编码方案。具体构造方法如下：设需要编码的字符集合为$\{d_1,d_2,\cdots,d_n\}$，各个字符在电文中出现的次数集合为$\{w_1,w_2,\cdots,w_n\}$，以 $d_1,d_2,\cdots,d_n$ 作为叶结点，以 $w_1,w_2,\cdots,w_n$ 作为各叶结点的权值构造一棵二叉树，约定哈夫曼树中的左分支表示字符'0'，右分支表示字符'1'，则从根结点到每个叶结点所经过的分支对应的 0 和 1 组成的序列便为该结点对应字符的编码。这样的编码称为**哈夫曼编码**。

在哈夫曼编码树中，树的带权路径长度的含义是各个字符的码长与出现次数乘积之和，即电文的代码总长，所以采用哈夫曼树构造的编码是一种能使电文码总长最短的不等长编码。

采用哈夫曼树进行编码，不会产生二义性问题。因为，在哈夫曼树中，每个字符结点都是叶结点，它们不可能在根结点到其他字符结点的路径上，所以一个字符的哈夫曼编码不可能是另一个字符的哈夫曼编码的前缀，从而保证了译码的非二义性。

下面讨论实现哈夫曼编码的算法。实现哈夫曼编码的算法可分为两大部分：

（1）构造哈夫曼树；

（2）在哈夫曼树上求叶结点的编码。

求哈夫曼编码，实质上就是在已建立的哈夫曼树中，从叶结点开始，沿结点的双亲链域回退到根结点，每回退一步，就走过了哈夫曼树的一个分支，从而得到一位哈夫曼码值，由于一个字符的哈夫曼编码是从根结点到相应叶结点所经过的路径上各分支所组成的 0，1 序列，因此先得到的分支代码为所求编码的低位码，后得到的分支代码为所求编码的高位码。我们可以设置一结构数组 HuffCode 用来存放各字符的哈夫曼编码信息，数组元素的结构如下：

bit	start

其中，分量 bit 为一维数组，用来保存字符的哈夫曼编码，start 表示该编码在数组

bit 中的开始位置。所以，对于第 i 个字符，它的哈夫曼编码存放在 HuffCode[i].bit 中的从 HuffCode[i].start 到 n–1 的分量上。

哈夫曼编码算法描述如算法 5.14 所示。

```
#define MAXBIT 10                           //定义哈夫曼编码的最大长度
typedef struct {
    int bit[MAXBIT];
    int start;
} HTCode;
void HuffmanCode()                          //生成哈夫曼编码
{
    HTNode HuffNode[MAXNODE];
    HTCode HuffCode[MAXLEAF],cd;
    int i,j,c,p,n;
    scanf("%d",&n);                         //叶子结点个数
    HuffmanTree(HuffNode,n);                //建立哈夫曼树
    for (i=0;i<n;i++)                       //求每个叶子结点的哈夫曼编码
    {
        cd.start=n-1;
        c=i;
        p=HuffNode[c].parent;
        while(p!=-1)                        //由叶结点向上直到树根
        {
            if (HuffNode[p].lchild==c)
                cd.bit[cd.start]=0;
            else
                cd.bit[cd.start]=1;
            cd.start--;
            c=p;
            p=HuffNode[c].parent;
        }
      for (j=cd.start+1;j<n;j++)
                          //保存求出的每个叶结点的哈夫曼编码和编码的起始位
            HuffCode[i].bit[j]=cd.bit[j];
      HuffCode[i].start=cd.start+1;
    }
    for(i=0;i<n;i++)                        //输出每个叶子结点的哈夫曼编码
     {
       for (j=HuffCode[i].start;j<n;j++)
          printf("%d",HuffCode[i].bit[j]);
       printf("\n");
     }
}
```

算法 5.14

按照这种算法求得图 5.19 中 5 个字符 A、B、C、D、E 的哈夫曼编码为：

A：10，B：001，C：01，D：000，E：11

习 题 5

一、填空题

1. 设树 T 的度为 4，其中度为 1，2，3 和 4 的结点个数分别为 4，2，1，1，则 T 中的叶子数为________。

2. 如果结点 A 有 3 个兄弟，B 是 A 的双亲，则结点 B 的度是________。

3. 对于一棵具有 n 个结点的树，该树中所有结点的度数之和为________。

4. 一棵完全二叉树上有 1001 个结点，其中叶子结点的个数是________。

5. 深度为 k 的完全二叉树至少有________个结点，至多有________个结点，若按自上而下，从左到右次序给结点编号（从根结点 1 开始），则编号最小的叶子结点的编号是________。

6. 若对一棵完全二叉树从 0 开始进行结点编号，并按此编号把它顺序存储到一维数组 a 中，即编号为 0 的结点存储到 a[0]中，其余类推，则 a[i]元素的左孩子元素为________，右孩子元素为________。

7. 一棵具有 n 个结点的二叉树，对应二叉链表中指针总数为______个，其中______个用于指向子女结点，________个指针空闲着。

8. 任何一棵二叉树的叶子结点在先序、中序和后序遍历序列中的相对次序________。

9. n 个结点的线索二叉树上含有的线索数为________。

10. 如果 T2 是由有序树 T 转换而来的二叉树，那么 T 中结点的后根遍历序列就是 T2 中结点的________。

11. 在哈夫曼编码中，若编码长度只允许小于等于 4，则除了已对两个字符编码为 0 和 10 外，还可以最多对________个字符编码。

二、解答题

1. 如果一棵树有 n_1 个度为 1 的结点，有 n_2 个度为 2 的结点，⋯ ，n_m 个度为 m 的结点，试问有多少个度为 0 的结点？试推导它。

2. 试分别画出具有 3 个结点的树和 3 个结点的二叉树的所有不同形态。

3. 试分别找出满足以下条件的所有二叉树：

（1）二叉树的前序序列与中序序列相同；

（2）二叉树的中序序列与后序序列相同；

（3）二叉树的前序序列与后序序列相同。

4. 假设一棵二叉树的前序序列为 EBADCFHGIKJ，中序序列为 ABCDEFGHIJK。试画出此二叉树。

5. 假设一棵二叉树的中序序列为 DCBGEAHFIJK，后序序列为 DCEGBFHKJIA。请画出该树。

6. 将图 5.21 所示森林转换为相应的二叉树，并将其分别先序前驱线索化，中序线索化，后序后继线索化。

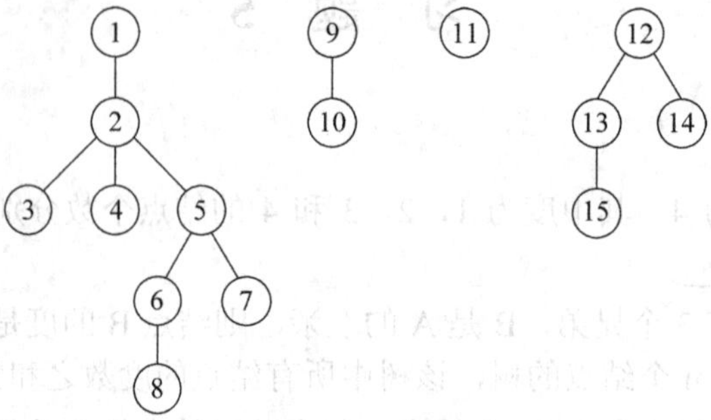

图 5.21　森林

7. 假设用于通信的电文仅由 a，b，c，d，e，f，g，h 等 8 个字母组成，字母在电文中出现的频率分别为 0.07，0.19，0.02，0.06，0.32，0.03，0.21，0.10。试为这 8 个字母设计哈夫曼编码。

三、算法设计题

1. 已知二叉树采用二叉链表储存结构，设计一个算法把树 BT 的左、右子树进行交换。算法描述函数的函数原型要求是 void BTreeExchangeChild(BiTree BT)。

2. 已知两棵二叉树均采用二叉链表储存结构，编写判断这两棵二叉树是否相似的算法。所谓两棵二叉树 T1 与 T2 相似，即要么它们都为空树或都只有一个根结点，要么它们的左右子树均相似。算法描述函数的函数原型要求是 int Similar(BiTree T1, BiTree T2)。

3. 已知二叉树采用二叉链表储存结构，且数据域均为正整数，写一个算法求数据域的最大值。算法描述函数的函数原型要求是 int FindMaxValue (BiTree BT)。

4. 已知二叉树采用二叉链表储存结构，设计一个算法计算二叉树所有结点数。算法描述函数的函数原型要求是 int Nodes(BiTree BT)。

5. 已知二叉树采用二叉链表储存结构，且数据域均为整数，设计一个算法，查找给定的数据元素 x，查找成功时返回该结点的指针，查找失败时返回空指针。算法描述函数的函数原型要求是 BiTree Search (BiTree BT, int x)。

第6章 图

本章知识要点：

- 图的定义及基本术语。
- 图的存储结构。
- 深度优先和广度优先搜索算法。
- 最小生成树。
- 拓扑排序。
- 关键路径。
- 最短路径。

6.1 图的基本概念

6.1.1 图的定义

现实世界中许多现象都能用由点和连接两点间的连线组成的图形来表示。例如，可用图形来表示一个城市中各学校间的学术交流关系，以点来代表学校，以连接两点的连线代表这两所学校间有学术交流。对于这种图形，我们感兴趣的是有多少个点和哪些点之间有线连接，至于线的长短曲直和点的位置则无关紧要。通常，把这类具体领域的问题抽象的描述为图结构。

一个**图** G=(V, E)是由一个非空的有限顶点集 V 和一个边集 E 所组成的二元组。

根据顶点间的关系是否有向而引入有向图和无向图。若 E 中的每条边都是顶点的有序对< V_i, V_j >，则称该图为**有向图**。有向图中的边通常称为**弧**或**有向边**。图 6.1 所示 G_1 就是一个有向图。若有向图中存在弧< V_i, V_j >，则称 V_i 为< V_i, V_j >的**弧尾**，V_j 为< V_i, V_j >的**弧头**。

若 E 中的每条边都是两个不同顶点的无序对(V_i, V_j)，则称该图为**无向图**。图 6.2 所示 G_2 是一个无向图。若无向图中存在边(V_i, V_j)，则称顶点 V_i 和 V_j 相邻接，同时称边(V_i, V_j)与顶点 V_i 和 V_j 相关联。

若在图中每条边（或弧）上附加一个值作为权，则称这样的带权图为**网**。图 6.3 所示 G_3 就是一个网。

对图的讨论我们做一些限制：第一，图中不能有从顶点自身到自身的边，就是说不应该存在形如(V_i, V_i)的边或 < V_i, V_i> 的弧。第二，两个顶点 V_i 和 V_j 之间相关联的边不能多于一条。

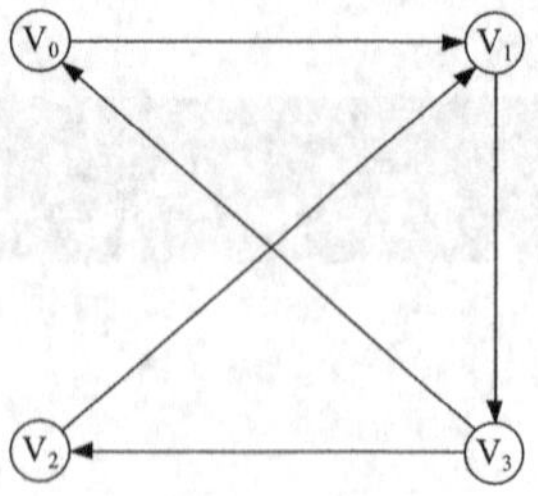

图 6.1　有向图 G_1

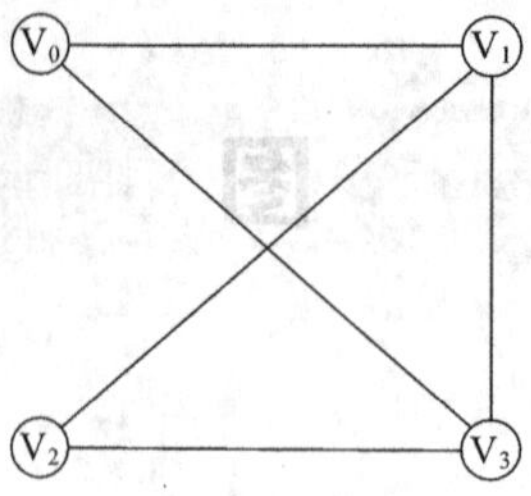

图 6.2　无向图 G_2

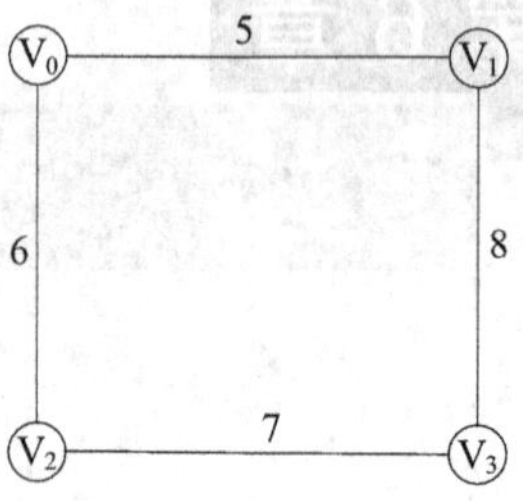

图 6.3　网 G_3

6.1.2　图的基本术语

出度、入度、度：在有向图中，进入一个顶点 V 的弧数称为该顶点的**入度**，记为 ID(V)。从一个顶点 V 发出的弧数称为一个顶点的**出度**，记为 OD(V)，将入度和出度之和作为该顶点 V 的**度**，记为 D(V)，即 D(V)= ID(V)+ OD(V)。

例如，在图 G_1 中，顶点 V_1 的入度为 2，出度为 1，因而其度为 3。

无论是有向图还是无向图，顶点数 n、边（或弧）数 e 和度数之间的关系都为：

$$e = \frac{1}{2}\sum_{i=1}^{n} D(V_i)$$

完全图：在 n 个顶点的无向图 G=(V，E)中，如果任意两顶点间都有一条边，即整个图有 n(n−1)/2 条边，则称图 G 为**无向完全图**。例如，图 6.4 所示图 G_4 就是有 4 个顶点的无向完全图。

在 n 个顶点的有向图 G=(V，E)中，如果任意两个不同顶点间都恰有一条边，即整个图有 n(n−1)条边，则称图 G 为**有向完全图**。例如，图 6.5 所示图 G_5 就是有 4 个顶点的有向完全图。

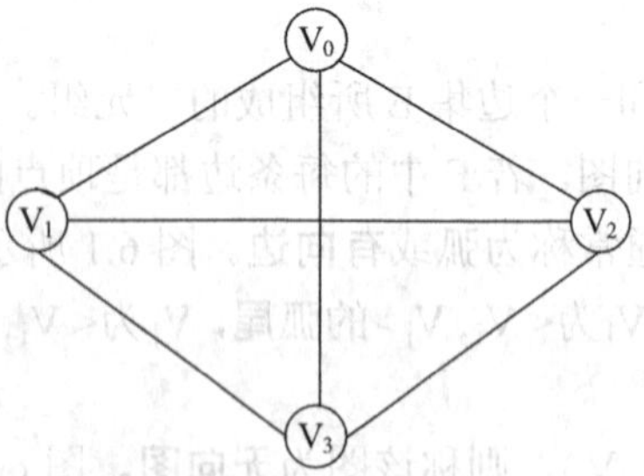

图 6.4　无向完全图 G_4

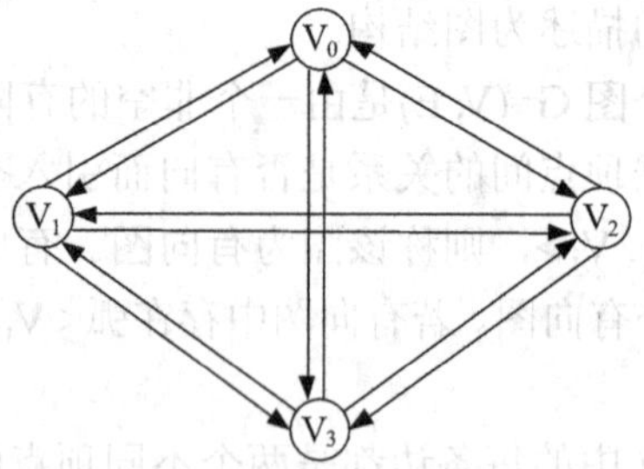

图 6.5　有向完全图 G_5

子图：设 G=(V, E)和 G′=(V′，E′)是两个图，如果 $V' \subseteq V$ 且 $E' \subseteq E$,则称 G′是 G 的**子图**。

路径：无向图 G 中从顶点 V_i 到 V_j 的一条路径是顶点的序列(V_i ,V_{i1}, V_{i2}, V_{i3}，⋯ ，V_{in}, V_j)，且(V_i ,V_{i1})，(V_{i1}, V_{i2})，(V_{i2}, V_{i3})，⋯，(V_{in}, V_j)均是图中的边。若是有向图，其路径也是有向的。路径上的边或弧的数目称为该**路径的长度**。

例如，顶点序列(V_0, V_1, V_3)是 G_2 中顶点 V_0 到顶点 V_3 之间的一条路径。顶点序列(V_0,

V_1, V_3, V_2, V_1, V_0)是顶点 V_0 到顶点 V_0 的一条路径。

在图中主要讨论以下 3 种特殊路径：

① 简单路径：除始点和终点外，其余各顶点均不相同的路径。

② 回路：始点和终点相同的路径。

③ 简单回路：始点和终点相同的简单路径。

连通图、不连通图：在无向图中，若从顶点 V_i 到 V_j 有路径，则称 V_i 与 V_j 是连通的。若图中任意两顶点都是连通的，则称该无向图是**连通图**。否则称非连通图，但存在若干连通分量。例如 G_2 是连通的，而图 6.6 所示的图 G_6 则不连通，共有两个连通分量。

强连通图、强连通分量：若在有向图中，任意两顶点可以互相到达，则称为**强连通图**。有向图中的极大强连通子图称为**强连通分量**。

无向树：连通且无简单回路的无向图称为**无向树**，简称为树。图 6.7 所示的图 G_7 就是一棵树。

树的概念有以下 3 种等价描述：

① 无简单回路且 e=n−1（e 为边数，n 为顶点数）；

② 连通且 e=n−1；

③ 连通，但删除任一边，图便不连通。

有向树：若有向图中仅有一个顶点的入度为 0，其余顶点的入度为 1，则称此图为**有向树**。图 6.8 所示的图 G_8 是一棵以顶点 V_0 为根的有向树。

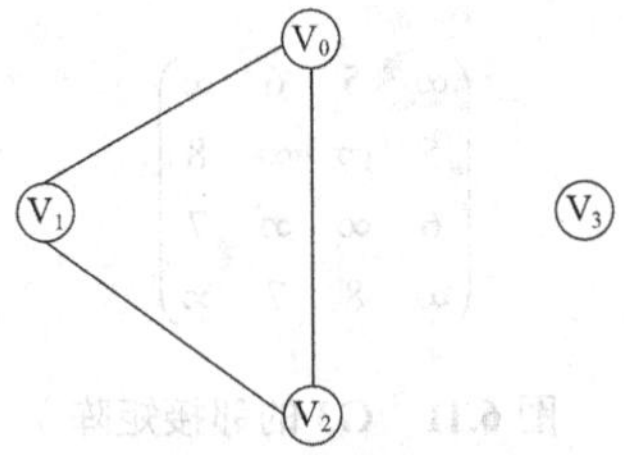

图 6.6 不连通图 G_6

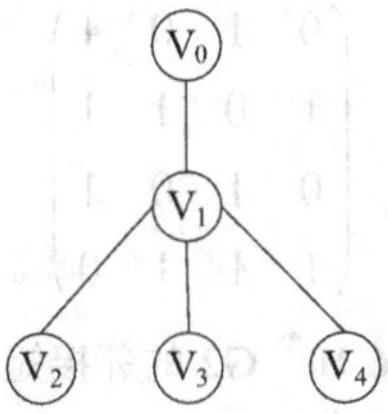

图 6.7 树 G_7

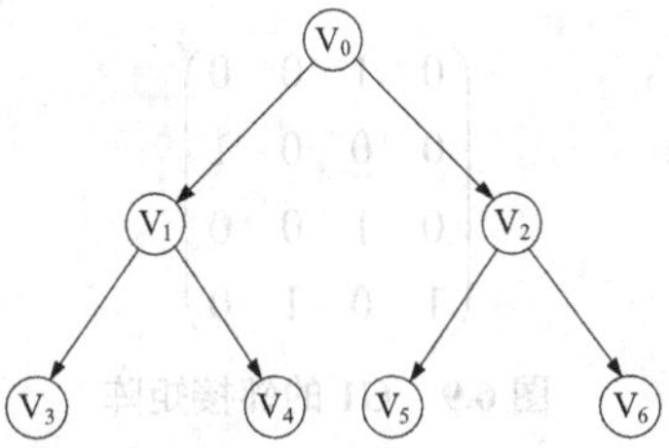

图 6.8 有向树 G_8

6.2 图的存储结构

图是一种典型的复杂结构，任意两个顶点之间都可能存在联系。为了能在计算机上实现图的有关运算，首先要将图的顶点信息以及所有的边或弧的信息存储到计算机中。图有两种常用的存储结构：邻接矩阵和邻接表。

6.2.1 邻接矩阵

邻接矩阵是表示图中顶点之间邻接关系的矩阵，即表示各顶点之间是否有边或弧关系的矩阵。

图的邻接矩阵存储结构形式描述如下：

```
#define  INFINITY  INT_MAX                                  //最大值∞
#define  MAX_VERTEX_NUM   20                                //最大顶点个数
typedef  enum{DG, DN, UDG, UDN} GraphKind;  //{有向图,有向网,无向图,无向网}
typedef struct{
     VertexType  vexs[MAX_VERTEX_NUM];                      //顶点向量
     int   arcs[MAX_VERTEX_NUM] [MAX_VERTEX_NUM];  //邻接矩阵
     int    vexnum,arcnum;                                  //图的当前顶点数和弧数
     GraphKind  kind;                                       //图的种类标志
}MGraph;
```

设图 G=(V，E)，n(n≥1)是图中的顶点个数，则图 G 的邻接矩阵是一个 n 阶方阵。在该矩阵中，位于第 i 行第 j 列的元素值为：

$$A[i][j]=\begin{cases}1 & 若(Vi,\ Vj)或<Vi,\ Vj>是图G的边或弧\\0 & 反之\end{cases}$$

如图 6.1 所示的有向图 G_1 和如图 6.2 所示的无向图 G_2，它们的邻接矩阵表示分别如图 6.9 和图 6.10 所示。两者不同之处在于，无向图的邻接矩阵是对称的，且主对角线上所有元素为 0。

当 G 为网时，用边（弧）上的权值 W_{ij} 作为邻接矩阵对应元素的值定义加权图。

$$A[i][j]=\begin{cases}W_{ij} & 若(Vi,\ Vj)或<Vi,\ Vj>是图G的边或弧\\\infty & 反之\end{cases}$$

例如，网 G3 的邻接矩阵如图 6.11 所示。

$$\begin{pmatrix}0&1&0&0\\0&0&0&1\\0&1&0&0\\1&0&1&0\end{pmatrix}$$

图 6.9　G1 的邻接矩阵

$$\begin{pmatrix}0&1&0&1\\1&0&1&1\\0&1&0&1\\1&1&1&0\end{pmatrix}$$

图 6.10　G2 的邻接矩阵

$$\begin{pmatrix}\infty&5&6&\infty\\5&\infty&\infty&8\\6&\infty&\infty&7\\\infty&8&7&\infty\end{pmatrix}$$

图 6.11　G3 的邻接矩阵

图的邻接矩阵表示非常直观，容易实现，编写算法也比较简便，因而应用较广。然而，这种方法也存在一定的局限性，如在进行顶点的插入和删除、计算图中边或弧数以及对图进行遍历操作时，比较浪费时间。因此，需要讨论另外的存储形式，即邻接表存储表示。

6.2.2　邻接表

邻接表是图的一种链式存储表示方法。在邻接表中，对图中每个顶点建立一个单链表，第 i 个单链表中的结点表示依附于顶点 V_i 的边（对有向图是以顶点 V_i 为尾的弧）。图的邻接表存储结构形式描述如下：

```
#define  MAX_VERTEX_NUM   20
typedef  struct  ArcNode {
  int    adjvex;                              //该弧所指向的顶点的位置
  struct  ArcNode  *nextarc;                  //指向下一条弧的指针
  InfoType         *info;                     //该弧相关信息的指针
```

```
}ArcNode;
typedef  struct  VNode {
  VertexType        data;                      //顶点信息
  ArcNode       *firstarc;                     //指向第一条依附该顶点的弧的指针
}VNode;
typedef  struct {
   VNode  vertexs [MAX_VERTEX_NUM];
   int      vexnum, arcnum;                    //图的当前顶点数和弧数
   GraphKind     kind;                         //图的种类标志
}ALGraph;
```

例如，图 G_1 和 G_2 的邻接表分别如图 6.12 和图 6.13 所示。

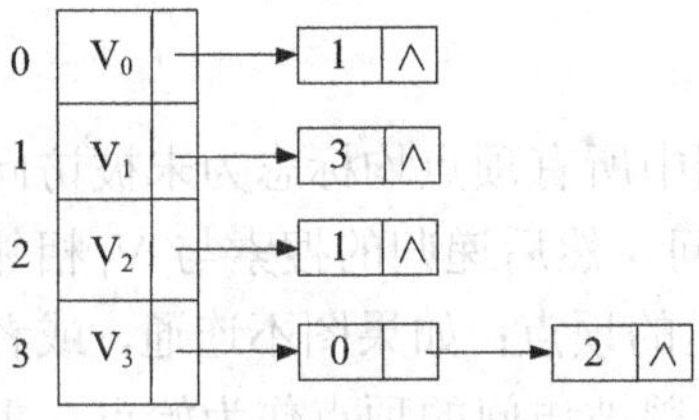

图 6.12　G_1 的邻接表

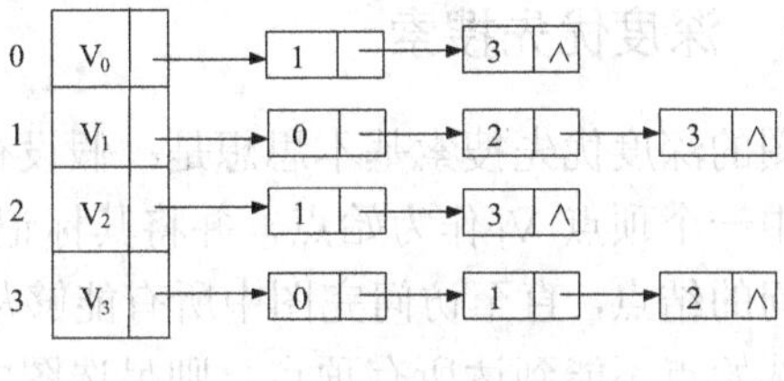

图 6.13　G_2 的邻接表

当图中顶点较多，而边数较少时，用邻接表存储可以节省大量的存储空间。图的邻接表表示不是唯一的，它与表结点的链入次序有关。

在有向图的邻接表中，求 V_i 顶点的出度非常方便。有向图的 V_i 顶点的出度等于邻接表中 V_i 链表中结点的个数。

在无向图的邻接表中，确定图中顶点的度也很容易，无向图的 V_i 顶点的度等于邻接表中 V_i 链表中结点的个数。

但求有向图中 V_i 顶点的入度比较困难，必须遍历整个表。在实际做法中，构造一个逆邻接表来实现求解。逆邻接表与邻接表结构相同，不同的是邻接表给出的是每个顶点后继邻接点，而逆邻接表给出的是各顶点的前驱邻接点。例如，图 G_1 的逆邻接表如图 6.14 所示。

在用邻接表存储网时，需增加一个字段存储各条边或者弧的权值。例如，网 G_3 的邻接表如图 6.15 所示。

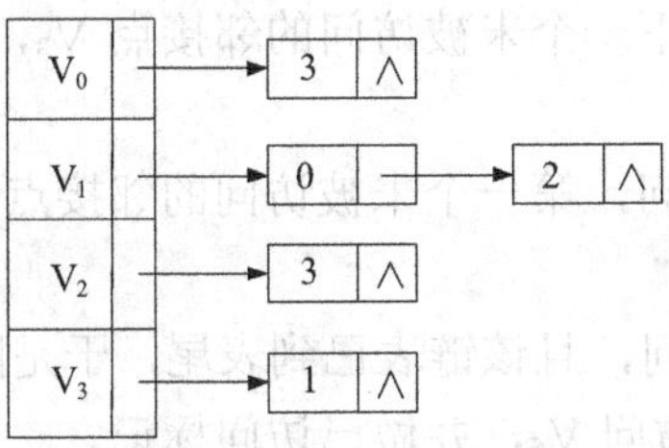

图 6.14　G_1 的逆邻接表

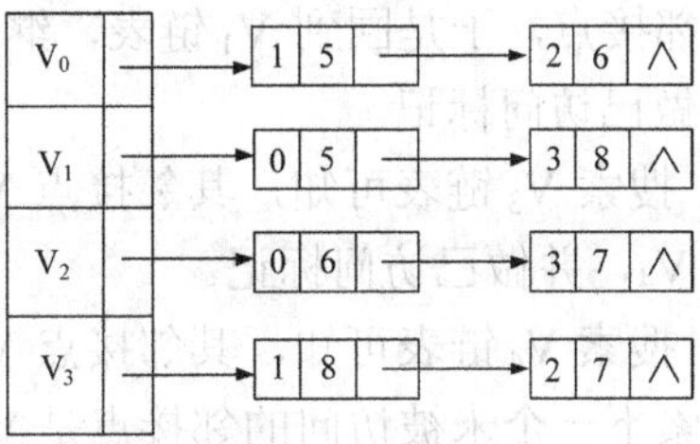

图 6.15　网 G_3 的邻接表

6.3 图 的 遍 历

从图的某个顶点出发，访问图中所有顶点，且每个顶点仅被访问一次，称为**图的遍历**（搜索）。“访问”有许多方法和策略，不同的“访问”方法和策略可导致不同的搜索算法。图的搜索算法是有关图的算法的基础。

根据搜索路径不同，图的遍历可分为深度优先搜索和广度优先搜索。这是两个基本的算法，对有向图和无向图、连通图和非连通图都适用。很多需要对图中每个顶点依次进行的操作都可以在遍历过程中完成，如拓扑排序、求关键路径等。

6.3.1 深度优先搜索

图的深度优先搜索基本思想是：假设初始时图中所有顶点均标志为未被访问，则选择图中一个顶点 V_i 作为始点，并将其标记为已访问，然后递归的搜索与 V_i 相邻但没有被访问的结点，直至访问完图中所有能够从 V_i 到达的顶点；如果图不连通，或者有向图中所选始点不能到达所有顶点，则另选图中一个未曾被访问的顶点作为始点，重复这样的操作，直到图中所有顶点都被访问到为止。

由于这种搜索方法尽可能在前进方向上搜索，能前进则前进，力求达到最远的顶点，所以称为深度优先搜索。

图的深度优先搜索虽然类似树的先序遍历，但却不像树的遍历那样有唯一的结果序列。第一，取决于开始遍历的顶点不固定；第二，由于对图所建邻接表不同因而遍历结果不同。

以图 6.16 所示无向图 G_9 为例来说明深度优先搜索的方法，假定以邻接表为存储结构，输入边的数据为(V_0, V_1)，(V_0, V_6)，(V_1, V_2)，(V_1, V_3)，(V_6, V_7)，(V_6, V_8)，(V_3, V_4)，(V_3, V_5)，(V_7, V_8)，从顶点 V_0 出发，具体过程如下：

① 首先访问 V_0，并做已访问标记，搜索邻接表的 V_0 链表可知，其第一个未被访问邻接点是 V_1，于是访问 V_1，并做已访问标记。

② 搜索 V_1 链表可知，其邻接点 V_0 已被访问，第一个未被访问的邻接点是 V_2，于是访问 V_2，并做已访问标记。

③ 搜索 V_2 链表可知，其邻接点 V_1 已被访问，且该链表已到表尾，即已不存在未被访问的邻接点，于是回到 V_1 链表，继续搜索，下一个未被访问的邻接点 V_3，于是访问 V_3，并做已访问标记。

④ 搜索 V_3 链表可知，其邻接点 V_1 已被访问，第一个未被访问的邻接点是 V_4，于是访问 V_4，并做已访问标记。

⑤ 搜索 V_4 链表可知，其邻接点 V_3 已被访问，且该链表已到表尾，于是回到 V_3 链表，搜索下一个未被访问的邻接点是 V_5，于是访问 V_5，并做已访问标记。

⑥ 搜索 V_5 链表可知，其邻接点 V_3 已被访问，且该链表已到表尾，于是回到 V_3 链表，V_3 的所有邻接点都已被访问，于是回到 V_1 链表。搜索 V_1 链表可知，其所有邻接点都已被访问，于是回到 V_0 链表。搜索 V_0 链表可知，其邻接点 V_1 已被访问，第一个未被

访问的邻接点是 V_6，于是访问 V_6，并做已访问标记。

⑦ 搜索 V_6 链表可知，其邻接点 V_0 已被访问，第一个未被访问的邻接点是 V_7，于是访问 V_7，并做已访问标记。

⑧ 搜索 V_7 链表可知，其邻接点 V_6 已被访问，第一个未被访问的邻接点是 V_8，于是访问 V_8，并做已访问标记。

⑨ 搜索 V_8 链表可知，其所有邻接点都被访问过，于是回到 V_7 链表。搜索 V_7 链表可知，其所有邻接点都被访问过，于是回到 V_6 链表。搜索 V_6 链表可知，其所有邻接点都被访问过，于是回到 V_0 链表，其所有邻接点都被访问过，至此遍历最后完成。

从 V_0 出发得到的深度优先搜索序列为 V_0，V_1，V_2，V_3，V_4，V_5，V_6，V_7，V_8。

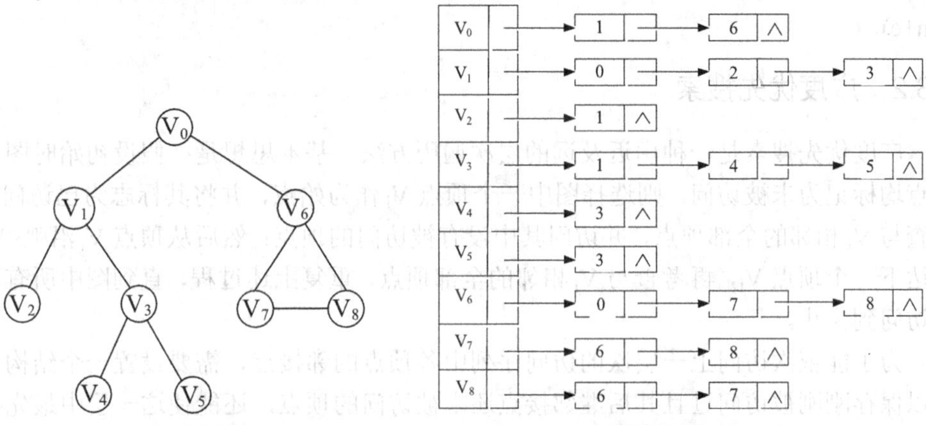

(a) 无向图 G_9　　(b) G_9 的邻接表

图 6.16　无向图 G_9 及其邻接表

图的深度优先搜索法如算法 6.1 所示。

```
int visited[MAX_VERTEX_NUM]={0};      //访问标记数组
void  DFSTraverse(ALGraph g)
{  //对图 g 进行深度优先搜索
   for(v=0;v<g.vexnum;v++)
      if(!visited[v])  DFS(g,v);      //对未访问的顶点调用 DFS
}
void  DFS(ALGraph g,  int  v)          //图 g 为邻接表类型 ALGraph
{VisitFunc(v); visited[v]=1;          //访问第 v 个顶点，并做访问标记
  p=g.vertexs[v].firstarc;
  while(p)
   {if(!visited[p->adjvex])
      DFS(g,p->adjvex);
      p=p->nextarc;
   }
  }
```

算法　6.1

算法分析：只要调用一次 DFS 函数，该顶点即被数组 visited 标志成已访问，就不再从它出发进行搜索。搜索邻接点是遍历图中花费时间最多的部分，其耗费的时间取决于所采用的存储结构。

① 当用邻接矩阵作为图的存储结构时，对每个顶点而言，搜索所有邻接点需要搜索矩阵对应的一行，所需要的时间为 O(n)，对于整个图而言，需要搜索整个矩阵，其算法复杂度是 $O(n^2)$，其中 n 为图中顶点数。

② 当以邻接表作为图的存储结构时，对每个顶点而言，搜索所有邻接点需要搜索邻接表中对应的链表各结点。对整个图的遍历所搜索的邻接点的总数是邻接表的结点数，即图的边数。因此，当用邻接表作为存储结构时，深度优先搜索遍历图的时间复杂度为 O(n+e)。

6.3.2 广度优先搜索

广度优先搜索是一种由近及远的层次遍历方法。基本思想是：假设初始时图中所有顶点均标记为未被访问，则选择图中一个顶点 V_i 作为始点，并将其标志为已访问，依次考查与 V_i 相邻的全部顶点，并访问其中没有被访问的顶点；然后从顶点 V_i 沿弧 $<V_i, V_j>$ 到达下一个顶点 V_j，再考查与 V_j 相邻的全部顶点，重复上述过程，直到图中所有顶点都被访问到为止。

为了能依次访问上一层次的访问序列中各顶点的邻接点，需要设置一个结构，不仅可以保存刚刚被访问过且其后继邻接点还未被访问的顶点，还能使这一层中最先被访问的顶点其后继也最先被检测到，上述要求用一个队列 Queue 实现；另外，遍历过程中同样需要用到标志数组 visited，以避免重复访问。

假定以邻接表为存储结构，实现广度优先搜索的操作如下：开始让出发的顶点 V_i 入队列，做访问标记，以后反复执行：只要队列不空，就出队一个顶点 V_j，访问它，然后遍历 V_j 链表，让它所有尚未做访问标记的邻接点入队并做访问标记，直到队列为空为止。

仍以图 6.16 无向图 G_9 为例来说明广度优先搜索的方法，假定以邻接表为存储结构，以顶点 V_0 为出发点开始遍历。

① 首先访问并删除队首结点 V_0，然后搜索 V_0 链表，让其所有未做访问标记的邻接点 V_1，V_6 依次入队，并做已访问标记。

② 访问并删除队首结点 V_1，然后搜索 V_1 链表，让其所有未做访问标记的邻接点 V_2，V_3 依次入队，并做已访问标记。

③ 访问并删除队首结点 V_6，然后搜索 V_6 链表，让其所有未做访问标记的邻接点 V_7，V_8 依次入队，并做已访问标记。

④ 访问并删除队首结点 V_2，然后搜索 V_2 链表，此时链表中已无未做访问标记的顶点。

⑤ 访问并删除队首结点 V_3，然后搜索 V_3 链表，让其所有未做访问标记的邻接点 V_4，V_5 依次入队，并做已访问标记。

⑥ 访问并删除队首结点 V_7，然后搜索 V_7 链表，此时链表中已无未做访问标记的顶点。

⑦ 访问并删除队首结点 V_8，然后搜索 V_8 链表，此时链表中已无未做访问标记的顶点。

⑧ 访问并删除队首结点 V_4，然后搜索 V_4 链表，此时链表中已无未做访问标记的顶点。

⑨ 访问并删除队首结点 V_5，然后搜索 V_5 链表，此时链表中已无未做访问标记的顶点，其所有邻接点都被访问过，至此遍历最后完成。

从 V_0 出发得到的广度优先搜索序列为 V_0-V_1-V_6-V_2-V_3-V_7-V_8-V_4-V_5。

图的广度优先搜索法如算法 6.2 所示。

```
void  BFSTraverse(ALGraph g,  int v0)            //广度优先搜索图 g 中 v0 所在连通子图
{
  for(v=0;v<g.vexnum;v++) visited[v]=0;         //设置未访问标记
  InitQueue(Q);                                  //初始化队列 Q
  VisitFunc(v0);  visited[v0]=1;                 //访问 v0 顶点，并做已访问标记
  EnQueue(Q,v0);                                 //  v0 进队
  while(!QueueEmpty(Q))
    { DeQueue(Q,v);                              //队头元素出队并置为 v
      p=g.vertexs[v].firstarc;
      while(p)
        { w=p->adjvex;                           //求下一个邻接点
          if (!visited(w))
           { VisitFunc(w); visited [w] =1;  //w 为 v 的尚未访问的邻接顶点
             EnQueue(Q,w);
           }
         p=p->nextarc;
        }
    }
}
```

算法 6.2

算法分析：遍历图的过程实质是通过边或弧找邻接点的过程，因此，广度优先搜索遍历图的时间复杂度和深度优先搜索相同。

6.4 最小生成树

6.4.1 最小生成树的基本概念

若从图的某顶点出发，可以访问到图中所有顶点，则遍历时经过的边和图的所有顶点所构成的子图，称为该图的**生成树**。

如果连通图是一个网，称该网中所有生成树中权值总和最小的生成树为最小代价生成树（Minimum Cost Spanning Tree）（简称为**最小生成树**）。

求连通图的最小生成树是数据结构中讨论的一个重要问题。求最小生成树不仅是图论的基本问题之一，在现实生活中也有重要意义。人们总想寻求最经济的方法将一个终端集合通过某种方式连接起来，例如将多个城市连为公路网络，设计最短的公路路线；为了解决若干居民点供水，要求设计最短自来水管线路等。这些现实中的问题，表面上看似乎有较大的差异，但如果用合适的数学模型来表示，就会使它们变成几乎相同的问题。如果用顶点表示城市，边表示两个城市之间的公路，边上的权值表示线路的长度或造价。这类问题就表现为最小生成树的构造。

最小生成树的构造算法可依据下述最小生成树的 MST 性质得到。

MST 性质：设 G=(V，E)是一个连通网，U 是顶点集 V 的一个非空子集。若(u,v)是 G 中一条一个端点在 U 中（例如：u∈U），另一个端点不在 U 中的边(例如：v∈V–U)，且(u,v)具有最小权值，则一定存在 G 的一棵最小生成树包括此边(u,v)。

用反证法证明 MST 性质：

假设 G 中任何一棵最小生成树都不包含边(u,v)。设 T 是 G 的一棵最小生成树，则它不包含边(u，v)。由于 T 是树，且是包含 G 中所有顶点的连通图，所以 T 中有一条从 u 到 v 的路径，且该路径上必有一条连接两顶点集 U 和 V–U 的边(u',v')，其中 u'∈U，v'∈V–U。否则 u 和 v 不连通。当把边(u,v)加入树 T 时，得到一个含有边(u,v)的回路。若删去边(u',v')后回路亦消除，由此可得另一生成树 T'。T'和 T 的差别仅在于 T'用边(u,v)取代了 T 中权重可能更大的边(u',v')。因为 w(u,v)≤w(u',v')，所以 w(T')=w(T)+w(u,v)–w(u',v')≤w(T)。故 T'亦是 G 的最小生成树，它包含边(u,v)，这与假设矛盾。所以，MST 性质成立。

Prim（普里姆）算法和 Kruskal（克鲁斯卡尔）算法是两个利用 MST 性质构造最小生成树的算法。

6.4.2 Prim 算法构造最小生成树

基本思想：设图 G =(V，E)是连通网，其生成树的顶点集合为 U。从指定顶点 V_0 开始将它加入集合 U 中，然后将集合 U 中的顶点与集合 V–U 中的顶点构成的所有边中选取权值最小的一条边作为生成树的边，并将 V–U 中的那个顶点加入到 U 中，表示该顶点已连通。再用 U 中的顶点与 V–U 中的顶点构成的边中找最小的边，并将相应的顶点加入 U 中，如此下去直到全部顶点都加入到 U 中，得到最小生成树。即：

① 把 V_0 放入 U。

② 在所有 u∈U，v∈V–U 的边(u,v)∈E 中找一条最小权值的边，加入生成树。

③ 把②找到的边的顶点 v 加入 U 集合。如果 U=V，则结束，否则继续执行②。

例如，对图 6.17 所示的图 G_{10} 用 Prim 算法求最小生成树求解各步骤如图 6.18 所示。

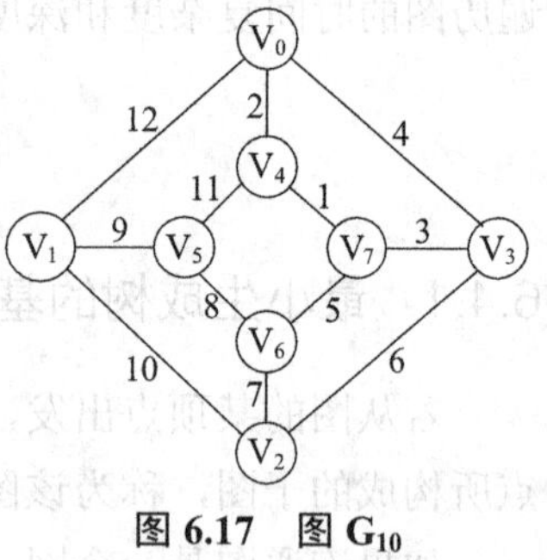

图 6.17 图 G_{10}

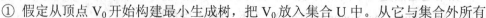

① 假定从顶点 V_0 开始构建最小生成树，把 V_0 放入集合 U 中。从它与集合外所有

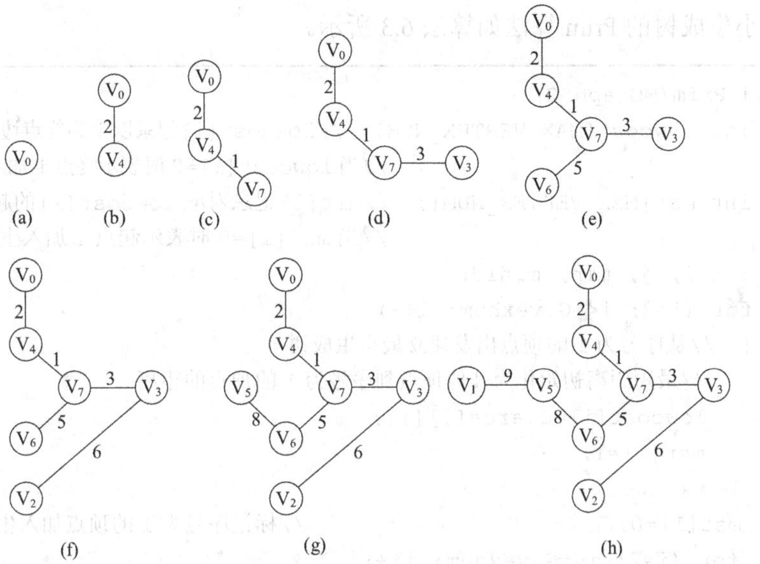

图 6.18 Prim 算法求解过程

顶点能构成的边中找最小权值的一条边，即从 (V_0, V_1)权为 12，(V_0, V_3)权为 4，(V_0, V_4)权为 2 的三条边中选择权值最小的(V_0, V_4)加入生成树。并把顶点 V_4 加入 U 中，此时 U 中有$\{V_0, V_4\}$两个顶点。算法继续。结果如图 6.18(b)所示。

② 此时集合 U 中顶点 V_0, V_4 与集合外顶点 $V_1, V_2\ V_3, V_5\ V_6, V_7$ 构成的边有(V_0, V_1), (V_0, V_3), (V_4, V_5), (V_4, V_7)，其中权值最小的为(V_4, V_7)，加入生成树。并把顶点 V_7 加入 U 中，此时 U 中有$\{V_0, V_4, V_7\}$三个顶点。算法继续。结果如图 6.18(c)所示。

③ 此时集合 U 中顶点 V_0,V_4,V_7 与集合外顶点 V_1,V_2V_3,V_5,V_6 构成的边有(V_0, V_1), (V_0, V_3), (V_4, V_5), (V_7, V_3), (V_7, V_6)，其中权值最小的边为(V_7, V_3)，加入生成树。并把顶点 V_3 加入 U 中，此时 U 中有$\{V_0, V_4, V_7, V_3\}$四个顶点。算法继续。结果如图 6.18(d)所示。

④ 此时集合 U 中顶点 V_0,V_4,V_7,V_3 与集合外顶点 V_1,V_2,V_5, V_6 构成的边有(V_0, V_1), (V_4, V_5), (V_7, V_6), (V_3, V_2)，其中权值最小的边为(V_7, V_6)，加入生成树。并把顶点 V_6 加入 U 中，此时 U 中有$\{V_0, V_4, V_7, V_3, V_6\}$五个顶点。算法继续。结果如图 6.18(e)所示。

⑤ 此时集合 U 中顶点 V_0,V_4,V_7,V_3,V_6 与集合外顶点 V_1,V_2,V_5 构成的边有(V_0,V_1), (V_4,V_5), (V_3, V_2), (V_6, V_2), (V_6, V_5)，其中权值最小的边为(V_3, V_2)，加入生成树。并把顶点 V_2 加入 U 中，此时 U 中有$\{V_0, V_4, V_7, V_3, V_6, V_2\}$六个顶点。算法继续。结果如图 6.18(f)所示。

⑥ 此时集合 U 中顶点 V_0,V_4,V_7,V_3,V_6,V_2 与集合外顶点 V_1, V_5 所构成的边有(V_0, V_1), (V_4, V_5), (V_6, V_5), (V_2, V_1)，其中权值最小的边为(V_6,V_5)，加入生成树。并把顶点 V_5 加入 U 中，此时 U 中有$\{V_0, V_4,V_7,V_3, V_6, V_2, V_5\}$七个顶点。算法继续。结果如图 6.18(g)所示。

⑦ 此时集合 U 中顶点 $V_0,V_4,V_7, V_3, V_6, V_2, V_5$ 与集合外顶点 V_1 所构成的边有(V_0, V_1), (V_2, V_1), (V_5, V_1)，其中权值最小的边为(V_5, V_1)加入生成树。并把顶点 V_1 加入 U 中，此时 U 中已有$\{V_0, V_4, V_7, V_3, V_6, V_2, V_5, V_1\}$八个顶点，算法结束。结果如图 6.18(h)所示。

求最小生成树的 Prim 算法如算法 6.3 所示。

```
void Prim(MGraph G){
    int lowcost[MAX_VERTEX_NUM]; //lowcost[i]记录以 i 为终点边最小权值
                                 //当 lowcost[i]=0 时表示终点 i 加入生成树
    int mst[MAX_VERTEX_NUM];  //mst[i]记录对应 lowcost[i]的起点
                                 //当 mst[i]=0 时表示起点 i 加入生成树
    int i, j, min, minid;
    for (i=2; i<=G.vexnum; i++)
    {  //从序号为 1 的顶点出发建立最小生成树
       //最短距离初始化为其他顶点到序号为 1 的顶点的距离
       lowcost[i]=G.arcs[1][i];
       mst[i]=1;
    }
    mst[1]=0;                          //标记序号为 1 的顶点加入生成树
    for (i=2; i<=G.vexnum; i++)
    {
       min=INFINITY; minid=0;
       for (j=2; j<=G.vexnum; j++)  //找最小权值边的结点 minid
       {
           if (lowcost[j]<min && lowcost[j]!=0)
                                     //边权值较小且不在生成树中
           {
              min=lowcost[j];
              minid=j;
           }
       }
       printf("%d-%d:%d\n", mst[minid], minid, min);
       lowcost[minid]=0;               //标记结点 minid 加入生成树
       for (j=2; j<=G.vexnum; j++)
       {
           if (G.arcs[minid][j]<lowcost[j])      //发现更小的权值
           {
                  lowcost[j]=G.arcs[minid][j]; //更新权值信息
                  mst[j]=minid;     //更新最小权值边的起点
           }

       }
    }
}
```

算法 6.3

6.4.3 Kruskal 算法构造最小生成树

Kruskal 算法的基本思想为：为使生成树上总的权值之和达到最小，应使每条边上的权值尽可能小，因此按照权值递增顺序，依次考查图中的每条边，反复在满足条件的边中选择一条权值最小的边并且和已选边不构成回路的边。

具体做法如下：首先构造一个只含 n 个顶点的森林，然后以权值从小到大的顺序从网中选取边加入到森林中，若边被选取后森林不产生回路，则保留作为一条边，若形成回路则删除，依次选够 n–1 条边，直至该森林变为一棵树，即得最小生成树。

对图 6.17 所示图 G_{10}，用 Kruskal 算法求解的过程如图 6.19 所示。

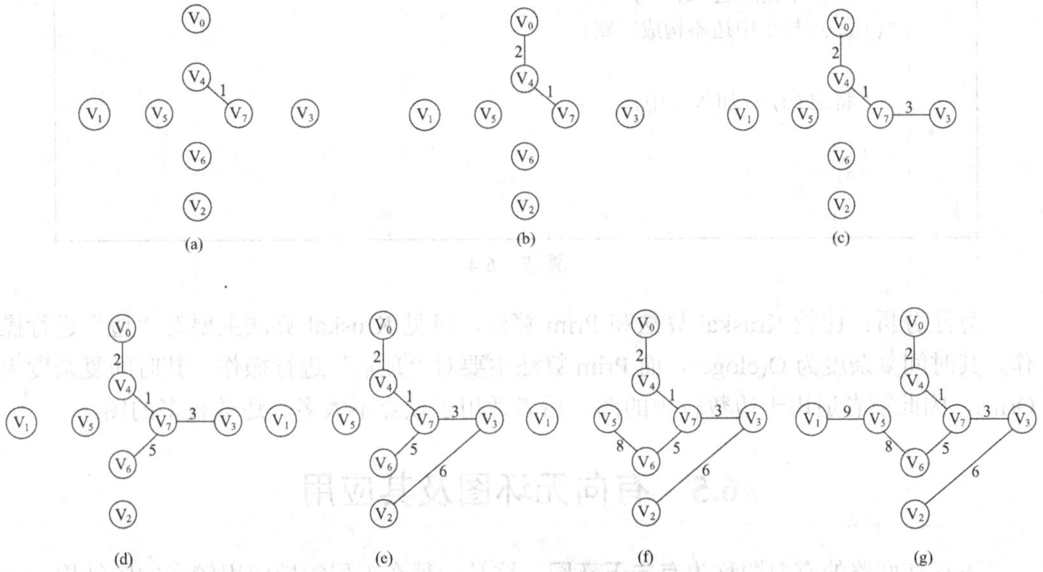

图 6.19 用 Kruskal 算法求解过程

将图中所有边按权值递增的排序如下：

$(V_4, V_7) < (V_0, V_4) < (V_3, V_7) < (V_0, V_3) < (V_6, V_7) < (V_2, V_3) < (V_2, V_6) < (V_5, V_6) < (V_1, V_5) < (V_1, V_2) < (V_5, V_4) < (V_1, V_0)$

① 首先选择权值最小为 1 的边(V_4, V_7)，结果如图 6.19(a)所示。

② 再选择权值小为 2 的边(V_0, V_4)将其加到生成树中，结果如图 6.19 (b)所示。

③ 再将权值为 3 的边(V_3, V_7)加到生成树中，结果如图 6.19(c)所示。

④ 下一条权值最小的边是(V_0, V_3)，但顶点 V_0, V_3 已在同一棵树上，加上边(V_0, V_3)将产生回路，因此改用下一条权值为 5 的边(V_6, V_7)加到生成树中，结果如图 6.19(d)所示。

⑤ 将权值为 6 的边(V_2, V_3)加到生成树中，结果如图 6.19(e)所示。

⑥ 下一条权值最小的边为(V_2, V_6)，但顶点 V_2, V_6 已在同一棵树上，加上边(V_2, V_6)会产生回路，因此改用下条边权值为 8 的边(V_5, V_6)加到生成树中，结果如图 6.19(f)所示。

⑦ 将权值为 9 的边(V_1, V_5)加到生成树中后已经连通了 $V_0, V_1, V_2, V_3, V_4, V_5, V_6, V_7$ 所有顶点，最小生成树的构造完成，结果如图 6.19(g)所示。

求最小生成树的 Kruskal 算法描述如算法 6.4 所示。

```
void Kruskal(V,E)                    //Kruskal实现,V表示顶点集,E表示边集
{
    T=(V, Ø);                        //初始化生成树T
    while(T中边数<n)
    {
         从E中选取当前最短边(u,v);
         从E中删除边(u,v);
    if((u,v)与T中边不构成回路)
    {
         将边(u,v)加入T中;
    }
    }
}
```

算法 6.4

算法分析：比较 Kruskal 算法和 Prim 算法，可见 Kruskal 算法主要对“边”进行操作，其时间复杂度为 O(eloge)，而 Prim 算法主要对“顶点”进行操作。其时间复杂度为 $O(n^2)$，因此前者适用于边数较少的图，后者适用于顶点不太多，边数较多的图。

6.5 有向无环图及其应用

不存在回路的有向图称为**有向无环图**，这是一种在工程领域应用较多的图结构。一项工程往往分解为一些具有相对独立性的子工程，通常称这些子工程为活动。子工程之间在进行的时间上有一定的制约关系。因此，在工程应用领域，最关心以下两类问题：

（1）一个工程能否进行下去？也就是说工程中各活动之间的制约关系是否会导致工程不能正常进行？

（2）完成整个工程需要多长时间？哪些活动是影响工程进度的关键活动？

有向无环图是描述一项工程进行过程的有效工具，主要进行拓扑排序和关键路径的操作。

6.5.1 拓扑排序

拓扑排序是从工程问题抽象出来的问题求解方法。常用于解决子工程之间在时间上的制约关系问题，如一个工程能否进行下去？也就是说工程中各活动之间的制约关系是否会导致工程不能正常进行？

例如，把大学的专业学习作为工程，把所需学习的每门课程作为活动，那么在制订教学计划时，要考虑到有些课程是可以直接开课的，而有些课程必须在某些课程讲完之后才能开设。例如，“数据结构”需要有“程序设计基础”和“离散数学”课程的基础，但同时又是“编译原理”和“操作系统”的先修课。

可以用有向图表示子工程及其相互制约关系，其中顶点表示活动，弧表示活动之

间先后关系，这样的有向图称为**顶点表示活动的网**(Activity On Vertex Network)，简称**AOV 网**。在 AOV 网中，判断一个工程能否顺利进行下去的问题就变成了判断 AOV 网是否存在有向回路的问题。

在 AOV 网中，不允许存在回路，因为回路的出现意味着某项活动的开始将以自己的完成为先决条件，这种情况称为死锁现象。

检测有向图中是否存在回路的方法之一是求有向图中顶点满足下列性质的排列：若在有向图中，从 u 到 v 有一条弧，则在此序列中 u 一定排在 v 之前，称有向图的这个操作为拓扑排序，所得顶点序列为拓扑有序序列。

通常顶点的拓扑有序序列不是唯一的，但若 AOV 网中存在回路就不可能得到拓扑有序序列。

拓扑排序算法：①选一个入度为 0 的顶点输出；②将该顶点所有后继顶点的入度减 1。重复这两步直到输出所有顶点或者找不到入度为 0 的顶点为止。为便于查找入度为 0 的顶点，用数组存储各顶点的入度和入度为 0 的顶点。当同时有多个入度为 0 的顶点时，它们的输出顺序取决于算法的实现方式，既可以用栈的方式，也可以用队列的方式。但用栈处理起来更为方便，通常都把 S 作为栈来处理。

图 6.20 所示的 AOV 网的拓扑序列为 $V_0, V_1, V_3, V_2, V_4, V_5, V_6$，其执行过程如图 6.21 所示。

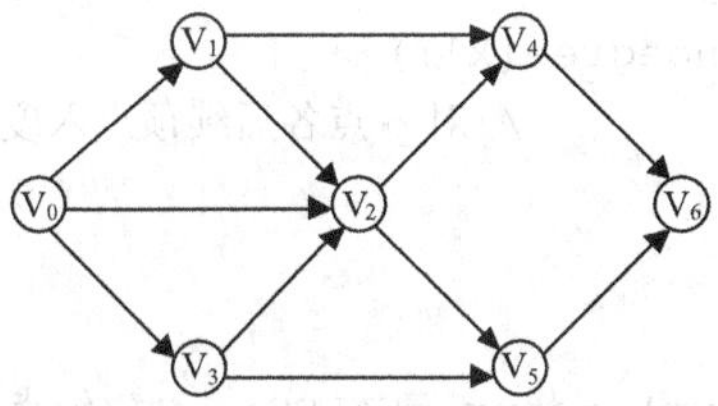

图 6.20　无回路的 AOV 网

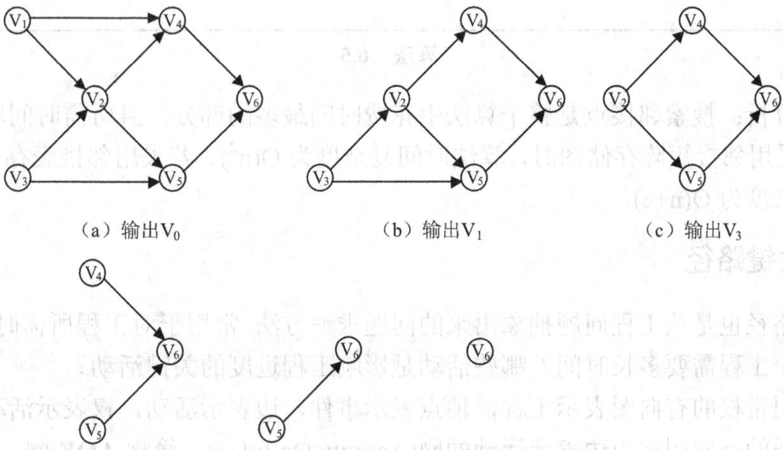

（a）输出V_0　（b）输出V_1　（c）输出V_3

（d）输出V_2　（e）输出V_4　（f）输出V_5　（f）输出V_6

图 6.21　拓扑排序求解过程示例

下面按照这种方式给出拓扑排序如算法 6.5 所示。

```
int TopologicalSort(ALGraph G)        //进行拓扑排序
{                                     //有向图 G 采用邻接表存储结构
     int indegree[MAX_VERTEX_NUM];   //定义用于保存入度的数组
     FindInDegree(G, indegree);
                                 //求各顶点的入度存放于数组 indegree 中
     InitStack(S);               //初始化栈
     count=0;                    //定义 count 用于记录输出的顶点数
     for(i=0;i<G.vexnum;i++)
        {
         if(indegree[i]==0)
              Push(S,i);         //将图中所有入度为 0 的顶点入栈
        }
     while(!StackEmpty(S))
        {
         Pop(S,n);               //取出第一个入度为 0 的顶点
         Print(n,G.vertexs[n].data);          //输出
         count++;                             //计数
         for (p = G.vertexs[n].firstarc; p != NULL; p = p->nextarc)
         {
           k = p->adjvex;                     //获得 p 点的后续顶点号
           if (!(--indegree[k]))
                               //对 p 点各后续顶点入度减 1,如果入度为 0 则入栈
          Push(S,k);
         }
        }
    if(count<G.vexnum) return FALSE;     //结点未全部输出,图中含有回路
    else return TRUE;
}
```

算法 6.5

算法分析：搜索邻接点是整个算法中花费时间最多的部分，且所需时间取决于存储结构，若采用邻接矩阵存储图时，算法时间复杂度为 $O(n^2)$。若采用邻接表存储图时，算法时间复杂度为 $O(n+e)$。

6.5.2 关键路径

关键路径也是从工程问题抽象出来的问题求解方法。常用于对工程所需时间的估算，如完成整个工程需要多长时间？哪些活动是影响工程进度的关键活动？

可以用带权的有向图表示工程，顶点表示事件，边表示活动，权表示活动持续的时间，把这样的有向图称为**边表示活动的网**(Activity On Edge)，简称 **AOE 网**。

AOE 网在工程项目的管理、计划和评估方面非常有用，利用它可以估算整个工程完工的最短时间。工程进度控制的关键在于抓住关键活动，即那些提前或者拖延完成将直接关系到整个工程的提前或者拖延完成的活动。

由于整个工程通常有唯一的一个开始时间和结束时间，因此，在 AOE 网中只有一个入度为 0 的顶点，称为源点；也只有一个出度为 0 的顶点，称为汇点。

在 AOE 网中，有些活动只能依次进行，例如，图 6.22 中只有在活动 a_1、a_3 完成之后才能使顶点 V_3 对应的事件发生。有些活动可以并行的进行，例如，活动 a_1 和 a_2 可并行进行。因此，完成整个工程所需要的最少时间不是所有活动所需时间之和，而应是从源点到汇点之间最长的一条路径，称这条最长路径为**关键路径**。图 6.22 的 AOE 网中，路径 V_1，V_2，V_4，V_6，V_7 是一条关键路径，其长度为 $a_2+a_4+a_8+a_{10}=4+3+5+1=13$。

一个 AOE 网可能不止一条关键路径，例如，图 6.22 中路径 V_1，V_2，V_3，V_7 的长度也是 13，因此这条路径也是关键路径。

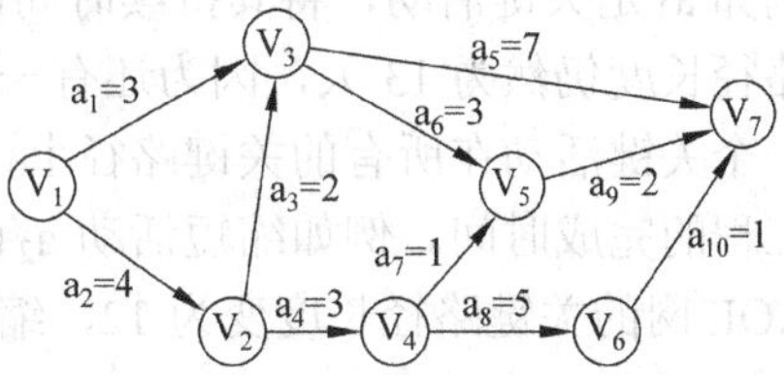

图 6.22 AOE 网示例

在 AOE 网中，找出其中的关键活动，删除非关键活动，所得到的从源点到汇点的所有路径都是关键路径。为了找出关键活动，首先要定义 4 个描述量。

（1） ve(j)：表示事件 V_j（对应于顶点）的最早发生时间，它是从起始点 V_1 到其中某一顶点 V_j 最长带权路径的长度。

$$ve(j)=\begin{cases}0 & j=1\\ \max\{ve(i)+w(V_i\to V_j)\} & j=2,3,\cdots,n\end{cases}$$

其中 $w(V_i\to V_j)$ 表示弧<V_i,V_j>的权值。对于一个特定的顶点 $V_j(2\leqslant j\leqslant n)$， ve(j) 表示对 V_j 的所有前驱结点 $V_{i1},V_{i2},\cdots,V_{ip}$，在 $ve(i1)+w(V_{i1}\to V_j),\cdots,ve(ip)+w(V_{ip}\to V_j)$ 中选取最大值。

（2） vl(i)：表示在保证不延误整个工期（即保证 V_n 在 ve(n)时刻发生）的前提下，事件 V_i 所允许的最迟发生时间。它等于 ve(n)减去 V_i 到 V_n 的最长带权路径长度。

$$vl(i)=\begin{cases}ve(n) & i=n\\ \min\{vl(j)-w(V_i\to V_j)\} & i=n-1,\cdots,2,1\end{cases}$$

对于一个特定的顶点 $V_i(1\leqslant i\leqslant n-1)$，vl(i) 表示对 V_i 的所有后继结点 $V_{j1},V_{j2},\cdots,V_{jp}$，在 $vl(j1)-w(V_i\to V_{j1}),\cdots,vl(jp)-w(V_i\to V_{jp})$ 中选取最小值。

（3） ee(k)：表示活动 a_k（活动 a_k 由弧<V_i，V_j>表示）的最早开始时间。事件 V_i 的最早发生时间 ve(i) 决定以 V_i 为起点的所有边所表示的活动的最早开始时间，即

$$ee(k)=ve(i)$$

（4） el(k)：活动 a_k（活动 a_k 由弧<V_i，V_j>表示）在保证不延误整个工期的前提下，活动 a_k 所允许的最迟开始时间。显然它应是事件 V_j 发生所允许的最晚时刻 vl(j) 减去 $w(V_i\to V_j)$，即

$$el(k)=vl(j)-w(V_i\to V_j)$$

计算 ve 和 vl 的值分两步进行：

① 前进阶段：计算 ve 时，应按顶点的拓扑次序从源点开始向下推算直至汇点；

② 回退阶段：计算 vl 时，应和 ve 的计算顺序相反，从汇点开始向回推算直至源点。

由 ee(k)和 el(k)的定义可知，如果某条弧 a_k 的 ee(k)=el(k)（1≤k≤m），则该活动为关键活动。活动 a_k 的最迟开始时间与最早开始时间之差，即 el(k) −ee(k)的值表示活动允许延缓的时间，在此范围的适度延误不影响整个工程的工期。

分析关键路径的目的是识别哪些是关键活动，以便提高关键活动的工效，缩短整个工程的完成时间。但一个 AOE 网可能不止一条关键路径，如果一个关键活动不在所有的关键路径上，那么缩短这个关键活动的持续时间，并不能缩短整个工程的完成时间。例如 a_3 是关键活动，将其持续时间由 2 天缩短为 1 天，如图 6.22 所示的 AOE 网的关键路径长度仍然为 13 天，因为还有一条关键路径 V_1，V_2，V_4，V_6，V_7，不包含 a_3。只有一个关键活动在所有的关键路径上，那么缩短这个关键活动的持续时间，才能缩短整个工程的完成时间。例如缩短活动 a_2 的持续时间，由 4 天改为 3 天，则如图 6.22 所示的 AOE 网的关键路径长度变为 12，缩短了整个工程的完成时间。

顶点	ve	vl
V_1	0	0
V_2	4	4
V_3	6	6
V_4	7	7
V_5	9	11
V_6	12	12
V_7	13	13

活动	ee	el	el-ee
a_1	0	3	3
a_2	0	0	0
a_3	4	4	0
a_4	4	4	0
a_5	6	6	0
a_6	6	8	2
a_7	7	10	3
a_8	7	7	0
a_9	9	11	2
a_{10}	12	12	0

图 6.23 AOE 网关键路径的计算结果

图 6.23 为图 6.22 所示 AOE 网中顶点的发生时间和活动的开始时间，其中有 7 个事件 V_1 ,V_2, V_3, V_4, V_5 , V_6, V_7，每个事件表示在它之前的活动已经开始，在它之后的活动可以开始。例如，V_1 表示整项工程开始，V_7 表示整项工程结束。V_3 表示 a_1 和 a_3 已经完成，a_5 和 a_6 可以开始。与每个活动相联系的数是执行该活动需要的时间，例如，活动 a_1 需要 3 天。

在图 6.22 所示的 AOE 网中，找出其中的关键活动，删除非关键活动，得到如图 6.24 所示由全部关键活动构成的有向图。

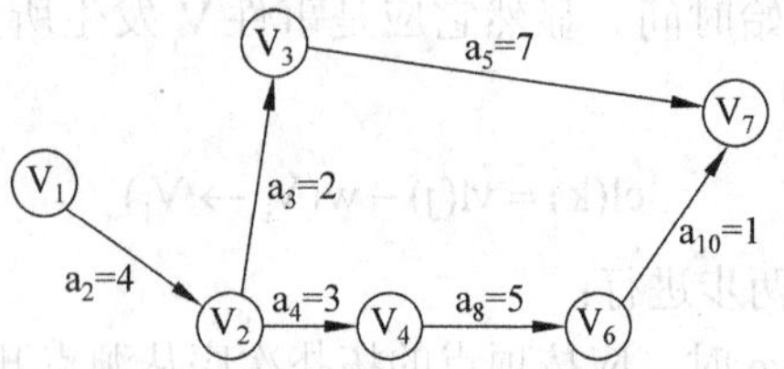

图 6.24 表示关键活动的有向图

6.6 最短路径

求解两点之间的最短路径，是实际应用中的常见问题，也是与图有关的另一类基本问题。最短路径的问题通常有如下两类：

① 从某个源点到其余各顶点的最短路径；

② 每对顶点间的最短路径。

6.6.1 单源点的最短路径

为求得从单个顶点到其余各顶点之间的最短路径问题，Dijkstra（迪杰斯特拉）提出按路径长度递增次序，逐步产生最短路径的“贪心”算法。

引入辅助向量 D，它的每个分量 D[i]表示当前所找到的从始点 V_0 到每个终点 V_i 的最短路径长度。它的初始状态为：如果从 V_0 到 V_i 有弧，则 D[i]为弧的权值；否则令 D[i]为∞。显然，长度为

$$D[j]=\min_i \{D[i] \mid V_i \in V\}$$

的路径为从 V_0 出发的长度最短的一条最短路径。此路径为(V_0，V_j)。

设下一条长度次短的路径终点为 V_k，则这条路径的可能途径为(V_0，V_k)或(V_0，V_j，V_k)。它的长度或者是弧(V_0，V_k)权值或者为 D[j]与弧(V_j，V_k)权值和。

设 S 为已求得最短路径的终点集合，则可证明：下一条最短路径（设其终点为 x）有两种可能性，或者为弧(V_0，V_x)，或者是中间只经过 S 中顶点而最后到达顶点 x 的路径。用反证法证明：设此路径上某个顶点不在 S 中，则说明存在一条终点不在 S 而长度比此路径短的路径。但是这不可能。因为我们是按照路径长度递增顺序产生最短路径，故长度比此路径短的所有路径均已产生，它们的终点必定在 S 中，即假设不成立。

根据以上分析，可以得到如下算法：

（1）假设用带权的邻接矩阵 arcs 来表示带权有向图，arcs[i][j]表示弧<V_i，V_j>上的权值。若<V_i，V_j>不存在，则置 arcs[i][j]为∞（在计算机上用允许的最大值代替）。S 为已找到从 V_0 出发的最短路径的终点集合，它的初始状态为空集。那么，从 V_0 出发到图上其余各顶点（终点）V_j 可能达到的最短路径长度的初值为：

$$D[i]=arcs[0][j] \quad V_j \in V$$

（2）选择 V_j，使得

$$D[j]=\min\{D[i] \mid V_j \in V-S\}$$

V_j 就是当前求得的一条从 V_0 出发的最短路径的终点。令

$$S=S \cup \{V_j\}$$

（3）修改从 V_0 出发到集合 V−S 上任一顶点 V_k 可达的最短路径长度。如果

$$D[j]+arcs[j][k]<D[k]$$

则修改 D[k]为

$$D[k]= D[j]+arcs[j][k]$$

（4）重复操作（2）、（3）共 n−1 次。由此求得从 V_0 到图上其余各顶点的最短路径是依路径长度递增的序列。

对图 6.25 所示的有向图应用 Dijkstra 算法求解从顶点 V_0 到其余各顶点之间的最短路径，初始 S={V_0}，D[1]= 10，D[2]=∞，D[3]=30，D[4]=100。因为 D[1]=10 为最小值，所以把 V_1 加入 S 中，然后计算：D[2]= min(∞,10+50)=60，D[3]=30 和 D[4]=100 的值保持不变。依此类推，直到 S={V_0, V_1,V_3, V_2, V_4}算法终止。整个过程概括于表 6-1 中。

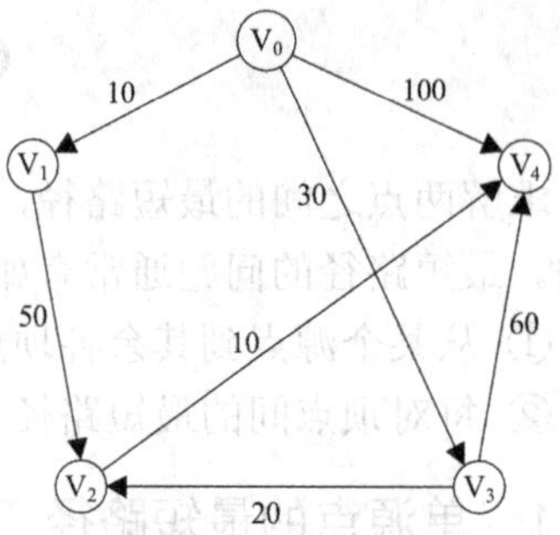

图 6.25 带权有向图 G_{11}

表 6-1 Dijkstra 算法的执行过程

终点	从 V_0 到各终点的 D 值和最短路径的求解过程			
	i=1	i=2	i=3	i=4
V_1	10 (V_0, V_1)			
V_2	∞	60 (V_0, V_1, V_2)	50 (V_0, V_3, V_2)	
V_3	30 (V_0, V_3)	30 (V_0, V_3)		
V_4	100 (V_0, V_4)	100 (V_0, V_4)	90 (V_0, V_3, V_4)	60 (V_0, V_3, V_2,V_4)
V_j	V_1	V_3	V_2	V_4
S	{V_0, V_1}	{V_0, V_1,V_3}	{V_0, V_1,V_3, V_2}	{V_0, V_1,V_3, V_2, V_4}

Dijkstra 算法如算法 6.6 所示。

```
void ShortestPath_DIJ(MGraph G,int v0,PathMatrix &P,ShortPathTable
&D)
{ //用 Dijkstra 算法求有向网 G 的 v0 顶点到其他顶点 v 的最短路径 P[v]及其带权
  //长度 D[v]，其中 P 是二维数组，行号表示终点，列号表示经过的路径，若 P[v][w]
  //为 TRUE，则 w 是从 v0 到 v 当前求得最短路径上的顶点；D 是一维数组，D[v]表示
  //顶点 v0 到 v 的路径长度；final 存放已经求得的路径结果，final[v]为 TRUE 表
  //示已经求得 v0 到 v 的最短路径。
for  (v=0;v<G.vexnum; ++v)
  {
    final[v]=FALSE;    D[v]=G.arcs[v0][v];
    for (w=0; w<G.vexnum;++w)    P[v][w]=FALSE;     //设空路径
```

算法 6.6

```
    if  (D[v]<INFINITY)  {P[v][v0]=TRUE;  P[v][v]=TRUE;}
  }
 D[v0]=0;final[v0]=TRUE;                    //初始化，v0 的顶点属于 S 集
            //开始主循环，每次求得 v0 到某个 v 顶点的最短路径，并加 v 到 S 集
 for (i=1;i<G.vexnum;++i)
  {
    min=INFINITY;                           //当前所知离 0 顶点的最近距离
    for (w=0;w<G.vexnum;++w)
      if (!final[w])                        //w 顶点在 V-S 中
        if (D[w]<min) {v=w;min=D[w];}       //w 顶点离的顶点更近
    final[v]=TRUE;                          //离 v0 顶点最近的 v 加入 S 集
    for (w=0; w<G.vexnum; ++w)              //更新当前最短路径及距离
      if (!final[w]&&(min + G.arcs[v][w]<D[w]))
      { //修改 D[w]和 P[w],w∈V-S
        D[w]=min+G.arcs[v][w];
        P[w]=P[v];                          //把一行整体赋值
         P[w][w]=TRUE;
      }
    }
}
```

算法 6.6（续）

算法分析：设有向图 G 有 n 个顶点和 e 条边，若采用邻接矩阵存储图时，内层循环所需时间为 O(n)，外循环重复 n–1 次，算法的复杂度为 $O(n^2)$，若 e 远远小于 n^2，Dijkstra 算法采用邻接表存储图效率更高。

6.6.2 每对顶点之间的最短路径

为了求出每对顶点之间的最短路径，可以令图中每个顶点作为源点，n 次重复利用 Dijkstra 算法即可求出每对顶点间的最短路径。由于要执行 n 次，所以其时间复杂度为 $O(n^3)$。

Floyd（弗洛伊德）提出了一种更直接的求解各顶点之间最短路径方法，虽然时间复杂度也是 $O(n^3)$，但由于步骤十分简洁，因此，它的实际运行时间比 n 次重复利用 Dijkstra 算法求各顶点之间的最短路径要快好几倍。

Floyd 算法的基本思想是：从顶点 V_i 到 V_j 的所有可能存在的路径中，选择一条长度最短的路径。通过递推的产生一个矩阵序列来实现求解。

$$D^{(0)},\ D^{(1)},\ D^{(2)},\ \cdots,\ D^{(k)},\ D^{(n)}$$

其中 $D^{(0)}$为图的邻接矩阵；对矩阵 $D^{(0)}$进行 k 遍处理得到矩阵 $D^{(k)}$，元素 $D^{(k)}[i][j]$是从顶点 V_i 到 V_j 的路径上所经过的所有顶点序号不大于 k 的最短路径长度。对矩阵 $D^{(0)}$进行 n 遍处理得到矩阵 $D^{(n)}$，元素 $D^{(n)}[i][j]$是从顶点 V_i 到 V_j 的路径上可以经过图中任意顶点的最短路径的长度，即为所求。

为求解矩阵，可采用递推的方式，即依次由 $D^{(k-1)}$ 求解出 $D^{(k)}$ 。这一过程需要逐个求解其中元素 $D^{(k)}[i][j]$的值。

由于从顶点 V_i 到 V_j 经过的所有顶点序号不大于 k 的最短路径或者存在，或者不存在，两者必居其一。

若存在，则表示从顶点 V_i 到 V_j 经过顶点 V_k 后得到最短路径，其中从顶点 V_i 到 V_k 以及从 V_k 到 V_j 的最短路径上的顶点序号均不大于 k–1，如图 6.26 所示，因而其最短路径长度分别为 $D^{(k-1)}[i][k]$和 $D^{(k-1)}[k][j]$，因此：

$$D^{(k)}[i][j]= D^{(k-1)}[i][k]+ D^{(k-1)}[k][j]$$

若不存在，则表示经过顶点 V_k 路径反而更远，则

$$D^{(k)}[i][j]= D^{(k-1)}[i][j]$$

将两者结合起来可得由矩阵 $D^{(k-1)}$ 求解矩阵 $D^{(k)}$中的元素 $D^{(k)}[i][j]$的值：

$$D^{(k)}[i][j]=\min(D^{(k-1)}[i][j],\ D^{(k-1)}[i][k]+ D^{(k-1)}[k][j]) \quad (1\leqslant k\leqslant n)$$

例如，如图 6.27 所示的有向图 G_{12}，按 Flody 算法求每对顶点间的最短路径的长度。图 6.27 所示的带权有向图的邻接矩阵如图 6.28 所示，下面按照 Flody 算法依次求解：

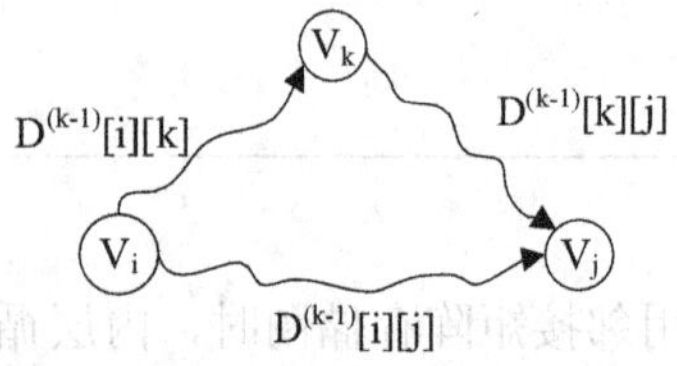

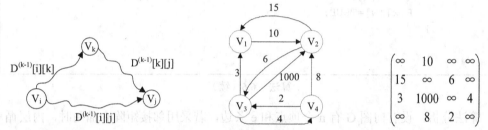

图 6.26　从 V_i 到 V_j 经过顶点 V_k 的路径

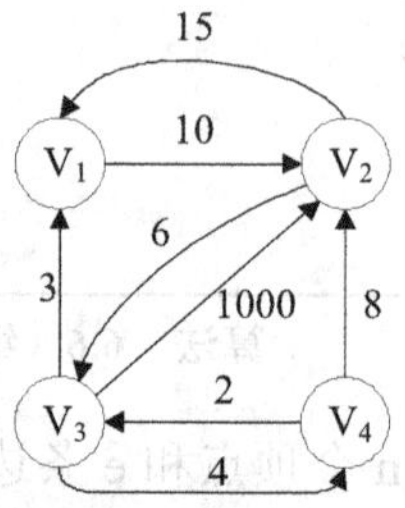

图 6.27　带权有向图 G_{12}

$$\begin{pmatrix} \infty & 10 & \infty & \infty \\ 15 & \infty & 6 & \infty \\ 3 & 1000 & \infty & 4 \\ \infty & 8 & 2 & \infty \end{pmatrix}$$

图 6.28　G_{12} 对应的邻接矩阵

① 矩阵 $D^{(1)}$ 的求解：需要分别求解矩阵中的每一个元素 $D^{(1)}[i][j]$的值，即求从 V_i 到 V_j 经过顶点 1 和不经过顶点 1 的两条路径中最短的路径长度。第 1 行表示源点是顶点 1，不必考虑，第 1 列表示从其他顶点到顶点 1，它是路径的终点，也不必考虑。只需计算剩余的顶点，即 $D^{(1)}[2][3]$、$D^{(1)}[2][4]$、$D^{(1)}[3][2]$、$D^{(1)}[3][4]$、$D^{(1)}[4][2]$、$D^{(1)}[4][3]$，其中 $D^{(1)}[2][4]$、$D^{(1)}[3][4]$、$D^{(1)}[4][2]$只经过顶点 1 无法构成路径，所以只需求解其余 3 个元素。$D^{(1)}[2][3]$经过顶点 1 后，$D^{(0)}[2][1]+D^{(0)}[1][3]=15+\infty> D^{(0)}[2][3]=6$，所以 $D^{(1)}[2][3]= D^{(0)}[2][3]$。$D^{(1)}[3][2]$经过顶点 1 后，$D^{(0)}[3][1]+D^{(0)}[1][2]=3+10< D^{(0)}[3][2]=1000$，所以将 $D^{(1)}[3][2]$的值修改为 13。$D^{(1)}[4][3]$经过顶点 1 后，$D^{(0)}[4][1]+D^{(0)}[1][3]=\infty+\infty> D^{(0)}[4][3]=2$，故 $D^{(1)}[4][3]= D^{(0)}[4][3]$，其值不加修改。$D^{(1)}$各元素的求解结果如图 6.29 所示。

② 矩阵 $D^{(2)}$ 的求解：类似地，需要分别求解矩阵中的每一个元素 $D^{(2)}[i][j]$的值。同理第 2 行第 2 列也不必考虑，只需计算 $D^{(2)}[1][3]$、$D^{(2)}[1][4]$、$D^{(2)}[3][1]$、$D^{(2)}[3][4]$、$D^{(2)}[4][1]$、$D^{(2)}[4][3]$。其中 $D^{(2)}[3][1]$、$D^{(2)}[3][4]$、$D^{(2)}[4][3]$已是最短路径，其值保持不变。$D^{(2)}[1][3]$经过顶点 2 后，$D^{(1)}[1][2]+ D^{(1)}[2][3]=10+6<\infty$，所以修改 $D^{(2)}[1][3]$为 16。$D^{(2)}[1][4]$经过顶点 2 后，$D^{(1)}[1][2]+ D^{(1)}[2][4]=10+\infty$，所以 $D^{(2)}[1][4]$的值仍是∞，保持不变。$D^{(2)}[4][1]$经过顶点 2 后，$D^{(1)}[4][2]+ D^{(1)}[2][1]=8+15< D^{(1)}[4][1]$，所以修改 $D^{(2)}[4][1]$的值为 23。$D^{(2)}$各元素的求解结果如图 6.30 所示。

③ 矩阵 $D^{(3)}$ 和 $D^{(4)}$ 的求解：类似地，可求出 $D^{(3)}$ 和 $D^{(4)}$中各元素的值。不再给出

详细步骤，结果如图 6.31 和图 6.32 所示。

Flody 算法如算法 6.7 所示。

$$\begin{pmatrix} \infty & 10 & \infty & \infty \\ 15 & \infty & 6 & \infty \\ 3 & \boxed{13} & \infty & 4 \\ \infty & 8 & 2 & \infty \end{pmatrix}$$

图 6.29 $D^{(1)}$

$$\begin{pmatrix} \infty & 10 & \boxed{16} & \infty \\ 15 & \infty & 6 & \infty \\ 3 & 13 & \infty & 4 \\ \boxed{23} & 8 & 2 & \infty \end{pmatrix}$$

图 6.30 $D^{(2)}$

$$\begin{pmatrix} \infty & 10 & 16 & \boxed{20} \\ \boxed{9} & \infty & 6 & \boxed{10} \\ 3 & 13 & \infty & 4 \\ \boxed{5} & 8 & 2 & \infty \end{pmatrix}$$

图 6.31 $D^{(3)}$

$$\begin{pmatrix} \infty & 10 & 16 & 20 \\ 9 & \infty & 6 & 10 \\ 3 & \boxed{12} & \infty & 4 \\ 5 & 8 & 2 & \infty \end{pmatrix}$$

图 6.32 $D^{(4)}$

```
void ShortestPath_Floyd(MGraph G,DistanceMatrix &D)
{
 for(i=1;i<=G.vexnum;i++)
    for(j=1;j<=G.vexnum;j++)
        D[i][j]=G.arcs[i][j];          //矩阵 D(0)的值
    for(k=1;k<=G.vexnum;k++)           //矩阵 D 求解
        for(i=1;i<=G.vexnum;i++)
          for(j=1;j<=G.vexnum;j++)
            if((i!=k)&&(j!=k)&&(i!=j)&&(D[i][k]+D[k][j]<D[i][j]))
                                       //从 i 经 k 到 j 的一条路径更短
                D[i][j]=D[i][k]+D[k][j];
}
```

算法 6.7

算法分析：由于在求得矩阵 $D^{(k)}$后，矩阵 $D^{(k-1)}$ 已经不再需要，因此编程时各矩阵共用一个数组 D 即可。算法经过三层循环，时间复杂度为 $O(n^3)$。

习 题 6

一、解答题

1. 设有一有向图为 G=(V，E)。其中，V={1, 2, 3, 4, 5}，E={<2, 1>, <3, 2>, <4, 3>, <4, 2>, <1, 4>, <4, 5>, <5, 1>}，请画出该有向图并判断是否是强连通图。

2. 对 n 个顶点的无向图 G，采用邻接矩阵表示，如何判别下列有关问题：

（1）图中有多少条边?

（2）任意两个顶点 i 和 j 是否有边相连?

（3）任意一个顶点的度是多少?

3. 已知图 G 用邻接矩阵存储，设计算法分别求解顶点 v_i 的入度，出度和度。

4. 已知图 G 用邻接表存储，设计算法输出其所有的边或弧。

5. 画出有向图 6.33 的邻接矩阵、邻接表、逆邻接表。

6. 对于如图 6.34 所示的无向图，试给出它的邻接矩阵和邻接表。

7. 分别用 Prim 算法（从顶点 V_0 开始）和 Kruskal 算法求解图 6.35 的最小生成树，标注出中间求解过程的各状态。

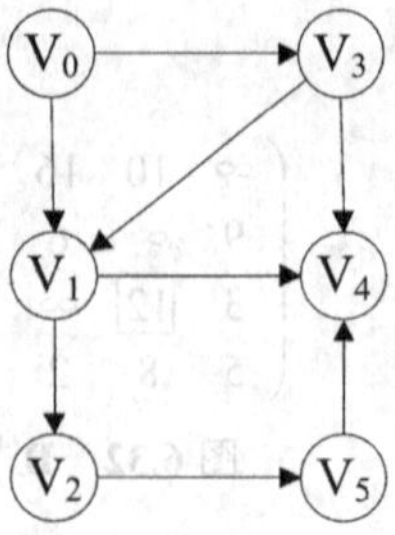

图 6.33

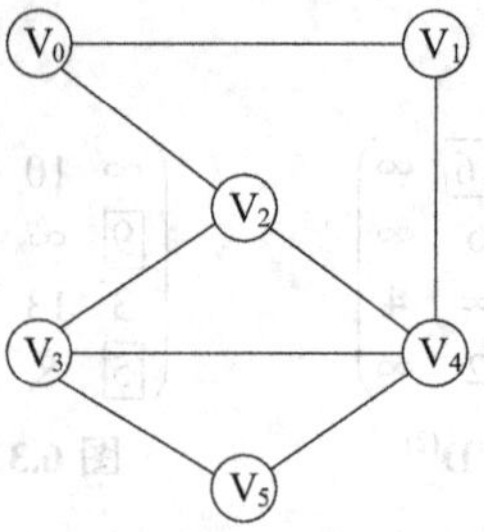

图 6.34

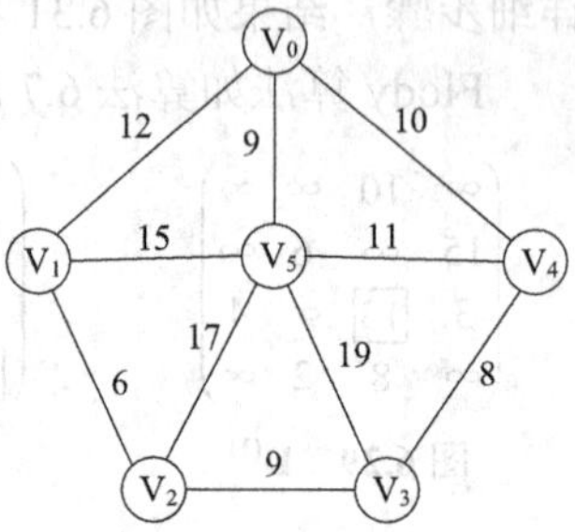

图 6.35

8. 对于图 6.36 所示的无向图，若从顶点 V_0 出发进行遍历，分别给出深度优先搜索和广度优先搜索结果。

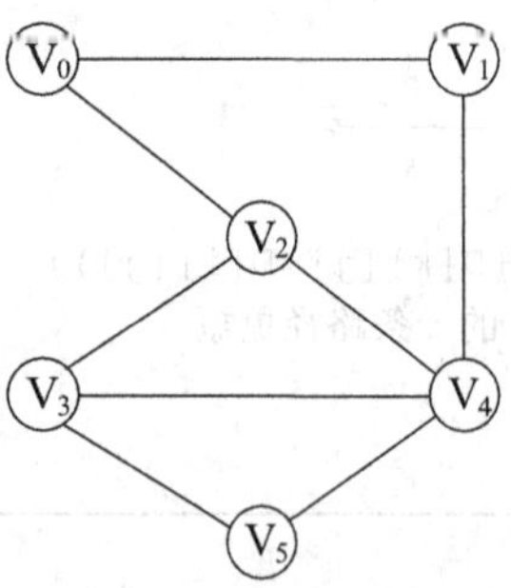

图 6.36

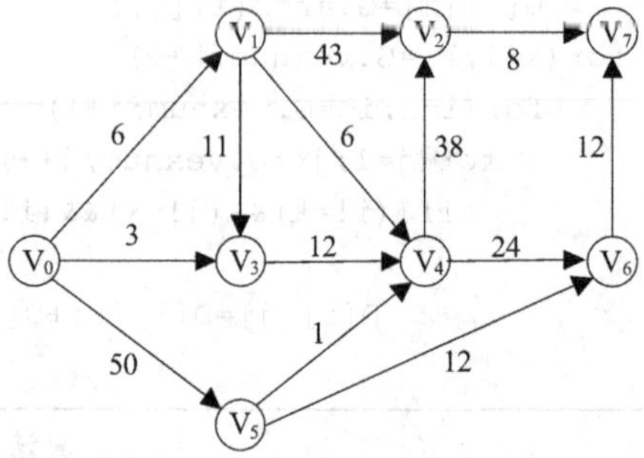

图 6.37

9. 对一个图进行遍历可以得到不同的遍历序列，导致遍历序列不唯一的因素有哪些？

10. 图 6.38 是图 6.37 所示的带权有向图 G 的邻接表表示法。从顶点 V0 出发，求出：

（1）深度遍历图 G 的遍历结果；

（2）G 的一个拓扑序列。

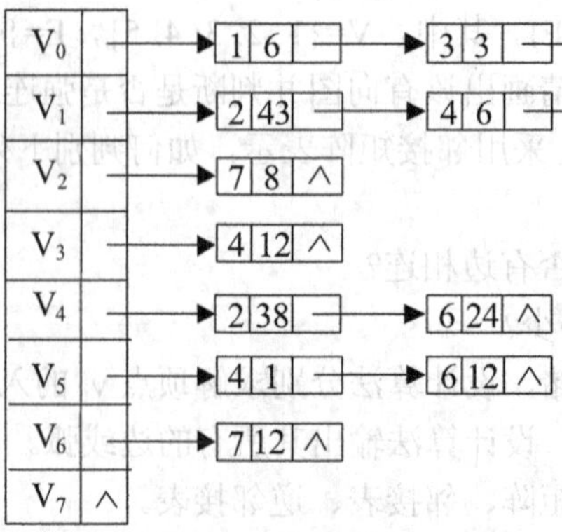

图 6.38

11. 按拓扑排序方法对图 6.39 所示 AOV 网进行拓扑排序，写出拓扑序列。

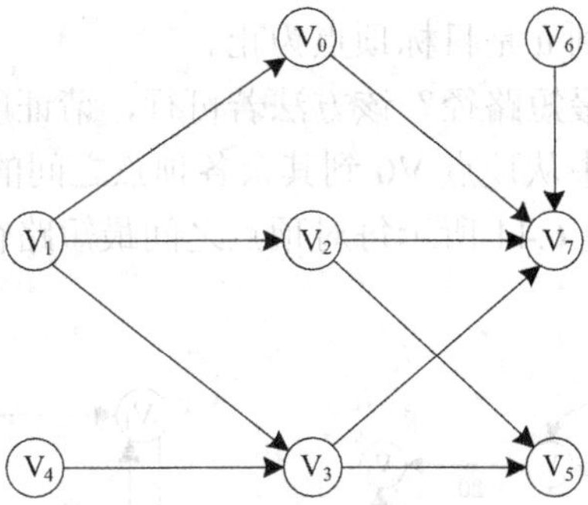

图 6.39

12. 拓扑排序的结果不是唯一的，试写出图 6.40 中任意两个不同的拓扑序列。

13. 对于图 6.41 所示的 AOE 网：

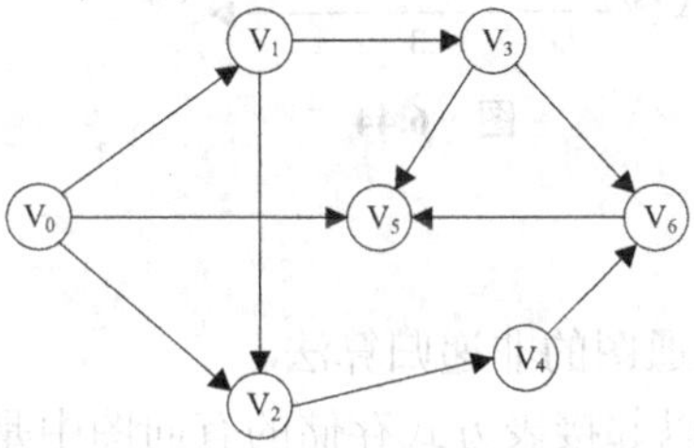

图 6.40

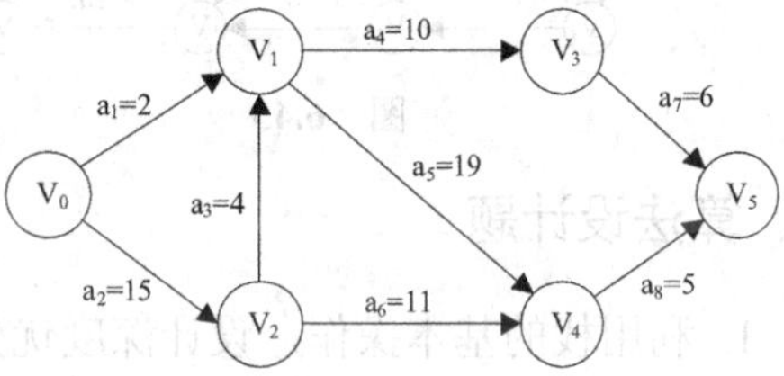

图 6.41

（1）求每个事件的最早发生时间和最迟发生时间。

（2）求每个活动的最早开始时间和最迟开始时间。

（3）这个工程最早可能在什么时间结束？

（4）确定哪些活动是关键活动。

14. 求解图 6.42 所示 AOE 网的关键路径。

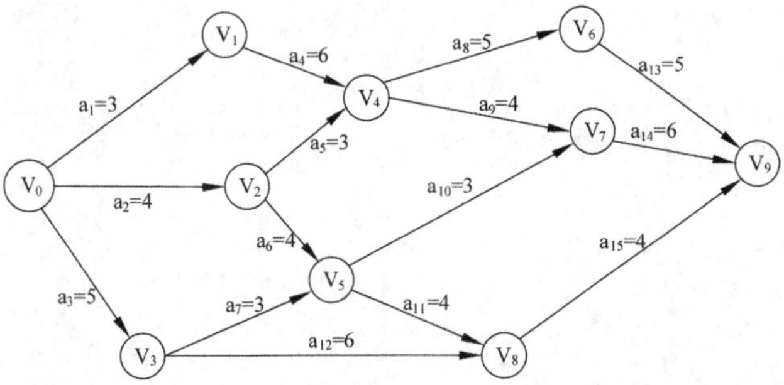

图 6.42

15. 带权图的最短路径问题是找出从初始顶点到目标顶点之间的一条最短路径，假设从初始顶点到目标顶点之间存在路径，现有一种解决该问题的方法：

（1）该最短路径初始时仅包含初始顶点，设当前顶点 u 为初始顶点；

（2）选择离 u 最近且尚未在最短路径中的一个顶点 v，加入到最短路径中，修改当前顶点 u=v；

（3）重复步骤（2），直到 u 是目标顶点为止。

请问上述方法能否求得最短路径？该方法若可行，请证明，否则请举例说明。

16. 求解图 6.43 所示图中从顶点 V0 到其余各顶点之间的最短路径。

17. 用 Floyd 算法求解图 6.44 所示每对顶点之间最短路径的长度，并给出每遍处理之后矩阵 $D^{(i)}$的值。

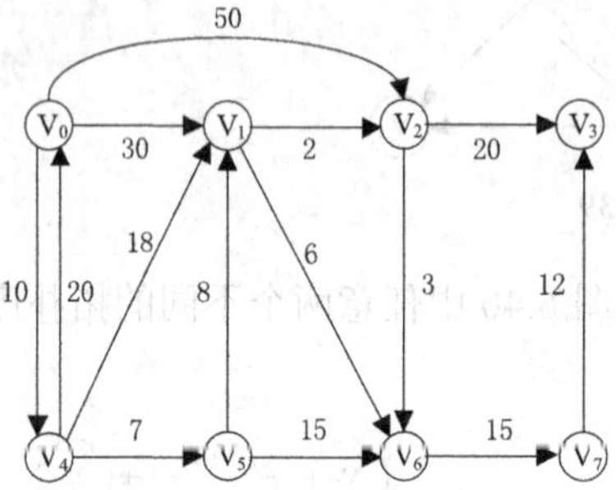

图 6.43

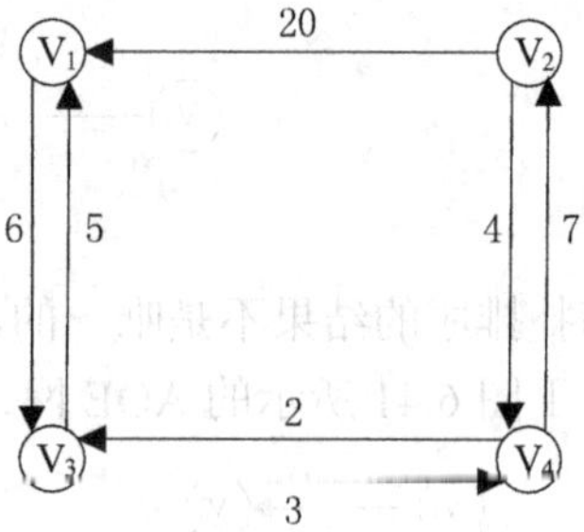

图 6.44

二、算法设计题

1. 利用栈的基本操作，设计深度优先遍历强连通图的非递归算法。

2. 基于图的深度优先搜索策略，设计算法判别以邻接表方式存储的有向图中是否存在由顶点 v_i 到顶点 v_j 的路径（i≠j）。

3. 基于图的深度优先遍历算法，设计算法判定无向图的连通性。如果连通给出相应的提示信息；如果不连通给出连通分量的个数。

第7章 查找

本章知识要点：

- 查找以及查找表的基本概念。
- 评价查找算法性能的指标。
- 顺序表、树表、散列表及其查找。
- 各查找算法的分析及应用。

7.1 查找的基本概念

查找是日常生活和软件设计中最常用、最基本的运算，所谓查找即为在数据集中寻找一个特定的数据元素（记录）。如日常生活中在电话号码簿中查某人的电话号码，在学生成绩表中查阅某个学生的成绩等。

在数据结构中，通常将由同一类型、待查找的数据元素构成的集合称为**查找表**。查找表是一种常见的数据结构，如编译程序中的符号表，数据库系统中的数据表。

对查找表进行的操作一般有以下4种：

（1）查询某个特定的数据元素是否在查找表中；

（2）检索某个特定数据元素的属性；

（3）在查找表中插入一个特定的数据元素；

（4）从查找表中删除某个特定的数据元素。

若在查找过程中不会改变查找表的内容，即只对查找表做前两种操作，则称此类查找为**静态查找**。若在查找过程中查找表的内容发生了变化，即在查找的同时插入某个特定的、查找表中不存在的数据元素，或者从查找表中删除已存在的某个特定的数据元素，则称此类查找为**动态查找**。

为了给出查找的定义，先引入关键字（或键）的概念。关键字是数据元素中某个数据项的值，它可以标识一个数据元素。若此关键字可以唯一地标识一个数据元素，如学生成绩表中，给定学号这个数据项的值，就可以唯一地标识一个数据元素（学生记录），则称此关键字为**主关键字**（Primary Key）。否则，若此关键字可以识别若干个数据元素，如学生成绩表中，给定姓名这个数据项的值，则可能因为有学生同名而标识多个数据元素（学生记录），则称此关键字为**次关键字**（Secondary Key）。

由此，可给出查找的定义：根据给定的一个值，在查找表中确定一个其关键字等于给定值的数据元素。若查找表中存在这样一个数据元素，则称查找成功，此时查找结果为该数据元素或其在查找表中的位置；若表中不存在关键字等于给定值的数据元素，则称查找失败，或称查找不成功，此时查找结果为能表示查找失败的值（如空指针或者 0）。

查找如何进行要依赖于查找表的结构，查找表有多种，本书主要介绍顺序表、树表和散列（Hash）表的查找。显然，不同形式的查找表其查找方法也不同，因而查找算法的性能也有所不同。

算法性能的评价主要包括时间性能和空间需求，对于查找算法来说，通常只需一个或几个辅助空间，本章重点讨论查找算法的时间性能。

查找算法的时间性能一般以查找长度来衡量。所谓查找长度是指为确定数据元素在查找表中的位置，所进行的关键字的比较次数。由于各元素的查找长度往往是不同的，所以常用**平均查找长度**（Average Search Length，常记作 ASL）来衡量查找算法的时间性能。

平均查找长度是为确定数据元素在查找表中的位置，给定值和关键字进行比较次数的期望值。对于含有 n 个数据元素的查找表，平均查找长度为：

$$ASL=\sum_{i=1}^{n} P_i C_i$$

其中，P_i 为查找第 i 个数据元素的概率，且 $\sum_{i=1}^{n} P_i=1$，若无特别说明，则认为各数据元素的查找概率是相同的，即 $P_1= P_2=\cdots=P_n=1/n$；C_i 为查找其关键字和给定值相等的第 i 个数据元素时，和给定值进行比较的次数。

在本章以后的各节中，仅讨论查找成功时的平均查找长度和查找不成功时的查找长度，散列表的查找例外。

7.2 顺序表的静态查找

顺序表的静态查找：在顺序表表示的查找表中，进行静态查找。

```
//顺序表的存储结构
typedef struct
{
  KeyType key;                 //关键字（数据项）
  InfoType info;               //数据元素的其他属性,为简化算法通常忽略此数据项
}ElemType;
typedef struct
{
  ElemType *elem;              //数据元素存储空间基址,0 号单元留空,从 1 号单元开始存储
  int length;                  //查找表的长度
}STable;
```

7.2.1 顺序查找

顺序查找又称线性查找，是一种最基本、最简单的查找方法。其查找方法为：从表的一端开始，向另一端逐个进行数据元素的关键字和给定值的比较，若某个数据元素的关键字和给定值相等，则查找成功，并给出数据元素在表中的位置；否则，整个表检测

完仍未有数据元素的关键字和给定值相等，则查找失败，给出失败信息。

实现查找算法时，查找方向可以从下标 1 到 n，也可以从 n 到 1。为了节省时间，采用后者，具体实现如算法 7.1 所示。

```
int SeqSearch(STable ST, KeyType key)
{//在表 ST 中顺序查找关键字为 key 的数据元素,若找到则返回该元素在表中的位置,
否则返回 0
ST.elem[0].key=key;     //设定"哨兵",从后向前查找时,不必判断表是否检测完
for(i=ST.length; ST.elem[i].key<>key; i--);  //从后向前找
return i;
}
```

算法 7.1

在算法 7.1 中，元素的存储范围为 1~n，但还是巧妙地利用了 0 号单元，ST.elem[0]起到了监视哨的作用，当查找失败时，肯定会在 ST.elem[0]中找到该元素，因而返回其下标 0 以表示查找失败。若不设此监视哨，则在每次循环中均要判断下标 i 是否越界。因此，设置监视哨可以节省约一半的比较时间。当查找方向从下标 1 到 n，监视哨可设在高下标处，读者可自行实现。

就上述算法而言，对于 n 个数据元素的查找表，比较次数 C_i 取决于所查数据元素在表中的位置。如查找表中最后一个数据元素时，仅需比较 1 次（即 $C_n=1$）；而查找表中第一个数据元素时，则需比较 n 次（即 $C_1=n$）；一般情况下 $C_i=n-i+1$。假设每个数据元素的查找概率相等，即 $P_i=1/n$。因此，查找成功时的平均查找长度 ASL 为：

$$ASL=\sum_{i=1}^{n}P_iC_i=\sum_{i=1}^{n}\frac{1}{n}(n-i+1)=\frac{n+1}{2}$$

查找不成功时，查找长度为 n+1。

顺序查找算法中的基本工作就是关键字的比较，因此，查找算法的时间复杂度就是查找长度的量级，即 O(n)。

有时，查找表中数据元素的查找概率是不相等的。为了提高查找效率，查找表需依据查找概率越高，比较次数越少，查找概率越低，比较次数越多的原则来存储数据元素。

顺序查找的优点是对表中的数据元素存储没有要求，缺点是当 n 很大时，平均查找长度较大，效率低。因此，需要讨论效率更高的查找方法。

7.2.2 折半查找

折半查找又称二分查找，其前提条件是查找表必须是有序表。所谓有序表即查找表中的数据元素按关键字升序或降序排列。

折半查找的过程为：先确定查找区域，用 low 和 high 分别表示当前查找区域低端和高端下标。将给定值 key 和该区域的中间元素（下标为 mid=(low+high)/2）的关键字进行比较，并根据比较的结果分别进行处理，步骤如下（假设有序表为升序排列，对于降序排列的有序表，读者可自行完成对应的折半查找算法）：

（1）若 key=ST.elem[mid].key：查找成功，转至(5)；

（2）若 key＜ST.elem[mid].key：待查元素只可能在左半区（下标从 low 到 mid–1），因此，下次查找时 high=mid–1，转至（4）；

（3）若 key>ST.elem[mid].key：待查元素只可能在右半区（下标从 mid+1 到 high），因此，下次查找时 low=mid+1，转至（4）；

（4）若查找区域非空（即 low≤high），计算新的 mid=(low+high)/2，转至（1），否则查找失败，mid=0；

（5）返回 mid。

具体实现如算法 7.2 所示。

```
int BinSearch(STable ST, KeyType key)
{     //在升序表 ST 中折半查找关键字等于 key 的数据元素，
      //若找到则返回该元素在表中的位置，否则返回 0
low=1; high=ST.length;                        //设置查找区域
while(low<=high)                              //查找区域非空
 {
  mid=(low+high)/2;                           //计算中间元素下标
  if(key==ST.elem[mid].key)  return mid;      //查找成功
  else if(key<ST.elem[mid].key)  high=mid-1;//调整到左半区
      else low=mid+1;                         //调整到右半区
 }
return 0;                               //查找区域无数据元素，查找失败
}
```

算法 7.2

例 7-1 已知有序表按关键字排列如下（为简单起见，数据元素只有关键字这一数据项）(3,10,15,18,21,23,29,37,50)，在表中查找关键字 23 和 30 的数据元素。

（1）查找关键字 23 的过程如图 7.1 所示。

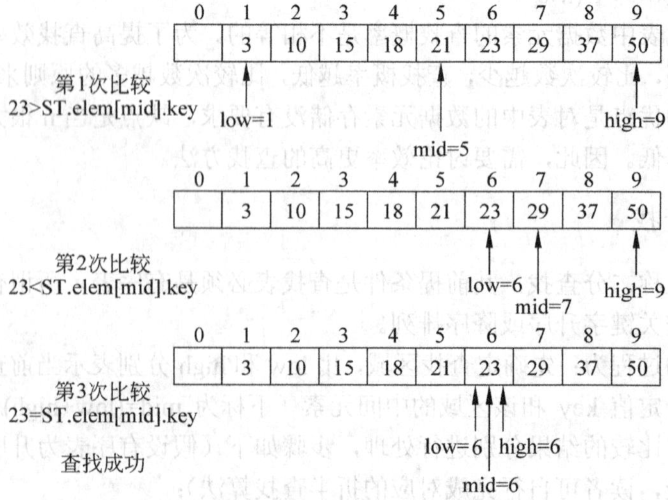

图 7.1 折半查找关键字 23 的过程图

（2）查找关键字为 30 的过程如图 7.2 所示。

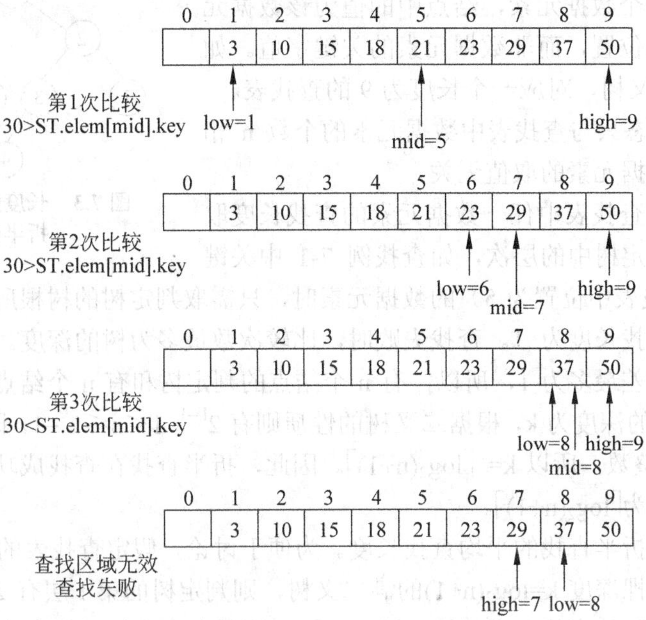

图 7.2 折半查找关键字 30 的过程图

折半查找过程中，每次折半查找的区域缩小一半，查找方法相同。因此，折半查找算法也可采用递归方法来描述。和算法 7.2 不同的是，递归算法的参数中不仅要给出查找表和给定值，还要指定查找区域。

折半查找的递归算法如算法 7.3 所示。

```
int BinSearch_Recur(STable ST,int low,int high,KeyType key)
{  //在升序表 ST 中,下标 low 至 high 区域内,递归实现折半查找关键字
   //等于 key 的数据元素,若找到则返回该元素在表中的位置,否则返回 0
  if(low>high) return 0;                      //查找区域无数据元素,查找失败
  else
   {  mid=(low+high)/2;                              //计算中间元素下标
      if(key==ST.elem[mid].key)  return mid;       //查找成功
      else
        if(key<ST.elem[mid].key)
          return BinSearch_Recur(ST,low, mid-1,key);//递归查找左半区
         else
          return BinSearch_Recur(ST,mid+1,high,key);//递归查找右半区
   }
}
```

算法 7.3

从折半查找过程来看，每次均以查找表的中间元素作比较对象，并以中间元素为界将查找表分割成左右两个子表，对子表执行相同的操作。所以，对有序表的查找过程可

用二叉树来描述，又称判定树。二叉树中每个结点对应查找表中的一个数据元素，结点中的值为该数据元素在查找表中的位置，而非数据元素的关键字值。如图 7.3 所示的二叉树，对应一个长度为 9 的查找表。

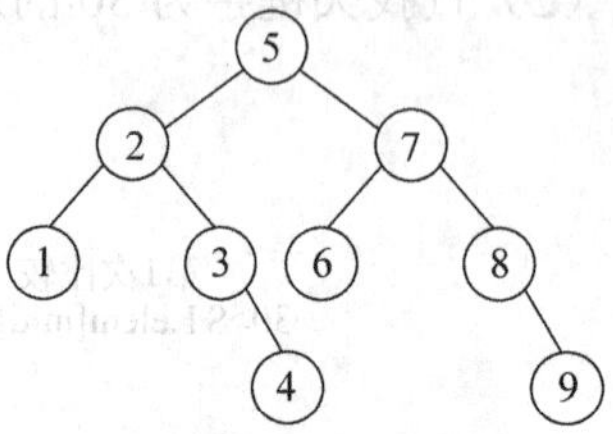

图 7.3　长度为 9 的查找表折半查找判定树

判定树的形态只与查找表中数据元素的个数 n 相关，而与每个数据元素的取值无关。

可以看出，查找表中任一数据元素的查找长度取决于该结点在判定树中的层次，如查找例 7-1 中关键字为 21（在查找表中位置为 5）的数据元素时，只需取判定树的树根所对应的数据元素比较一次，即查找长度为 1。查找失败时，比较次数最多为树的深度。由于判定树的叶结点所在层次相差最多为 1，所以，有 n 个结点的判定树和有 n 个结点的完全树具有相同的深度，设树的深度为 k，根据二叉树的性质则有 $2^{k-1}-1<n\leqslant 2^k-1$，即 $k-1<\log_2(n+1)\leqslant k$，因为 k 是整数，所以 $k=\lceil\log_2(n+1)\rceil$。因此，折半查找在查找成功或查找失败时，查找长度最多均为$\lceil\log_2(n+1)\rceil$。

接下来讨论折半查找的平均查找长度。为便于讨论，假定查找表的长度 $n=2^k-1$，其对应判定树为一棵深度 $k=\log_2(n+1)$的满二叉树，则判定树的第 i 层有 2^{i-1} 个结点。假设表中每个数据元素的查找概率相等，即 $P_i=1/n$，则折半查找的平均查找长度为：

$$ASL=\sum_{i=1}^{n}P_iC_i=\frac{1}{n}\sum_{j=1}^{k}j\cdot 2^{j-1}=\frac{n+1}{n}\log_2(n+1)-1\approx\log_2(n+1)-1$$

所以，折半查找的时间复杂度为 $O(\log_2 n)$。可见折半查找的平均效率比顺序查找高，但折半查找只能对有序表进行查找，且只限于顺序表的查找，对线性链表无法有效地进行折半查找。

7.2.3　分块查找

分块查找又称索引顺序查找，是对顺序查找的一种改进。分块查找要求将查找表分成若干块（子表），块内数据元素无序，但块与块之间是有序的，即每一块中所有数据元素的关键字均小于（或大于）其后面块中的所有元素，并对块建立索引表。查找表的每一块可以由索引表中的索引项确定。索引项包括两个部分：关键字（存放对应块中的最大（或最小）关键字）和起始地址（存放对应块的起始下标），索引表按关键字递增（或递减）排序。

以下假定索引表是递增的，存放的关键字是对应块中最大的。

分块查找的过程需分两步：

（1）用给定值 key 在索引表中检测索引项，确定待查记录所在块；

（2）在块中顺序查找。

如图 7.4 所示的索引顺序表，表中含有 14 个数据元素，被划分成 3 个块。第一块中的最大关键字值为 38，起始下标为 1；第二块中的最大关键字值为 76，起始下标为 6；第三块中的最大关键字值为 97，起始下标为 11。假设给定值 key=39，由索引表可知该元素若存在，则必定在第二块中（38<39≤76），则从下标 6 开始进行顺序查找，直到

ST.elem[8].key=key 为止。假设给定值 key=40，则从下标 6~10（由第二块及第三块对应的两个索引项中的起始地址确定）进行顺序查找，均没有任何数据元素的关键字与 key 相等，则查找失败。

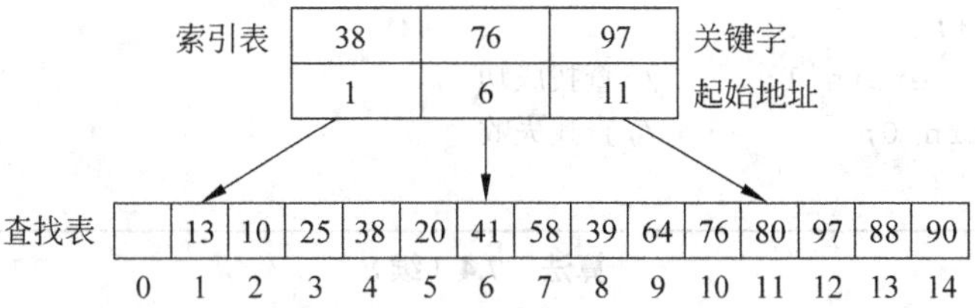

图 7.4 索引顺序表示例

分块查找的递归算法如算法 7.4 所示。

```
typedef struct
{
  KeyType index;                //索引关键字
  int indexaddr;                //对应块的起始地址
}InElemType;
typedef struct
{
  InElemType *elem;             //索引项的存储空间基址
  int length;                   //索引表的长度
}IndexTable;
int BlockSearch(STable ST,IndexTable IT, KeyType key)
{  //在表 ST(0 号单元未用)中分块查找关键字为指定值 key 的数据元素,
   //折半查找其索引表 IT
 low=1;high=IT.length;       //确定索引表的查找范围
 while(low<=high)
 {
  mid=(low+high)/2;
  if(key==IT.elem[mid].index){i=mid;break;}//找到元素对应的块
   else if(key<IT.elem[mid].index) high=mid-1;
         else low=mid+1;
 }
if(low>high) i=low;           //待找元素在 low 号索引对应的块中
if(i==IT.length) return 0;  //待找 key 大于索引表中所有索引关键字,查找失败
//在表 ST 中查找
l=IT.elem[i].indexaddr;       //查找的下界
if(i==IT.length-1)
  //若 i 对应索引表中最后一个索引项,则在最后一块中查找,故上界为 ST.length
  h=ST.length;
else
```

算法 7.4

```
  h=IT.elem[i+1].indexaddr-1;   //否则,上界为下一块起始地址减 1
while(l<=h)
  if(key==ST.elem[l].key) break;
  else l++;
if(l<=h)  return l;       //查找成功
else return 0;            //查找失败
}
```

算法 7.4（续）

分块查找由索引表查找和块查找两步完成，且索引表是有序表，则对索引表的查找可以用顺序查找，也可以用折半查找。设查找表的长度为 n，均匀地分为 m 块，每块含有 t 个数据元素（最后一块数据元素数可能少于 t），则 $m=\lceil n/t\rceil$。假定每个数据元素的查找概率相等，则每块的查找概率为 1/m，块中每个数据元素的查找概率为 1/t。分块查找的平均查找长度为：

$$ASL=ASL_{index}+ASL_{sub}$$

其中，ASL_{index} 为查找索引表的平均查找长度，ASL_{sub} 为在块中查找元素的平均查找长度。

若顺序查找索引表，则分块查找的平均查找长度为：

$$ASL=ASL_{index}+ASL_{sub}=\frac{1}{m}\sum_{j=1}^{m}j+\frac{1}{t}\sum_{i=1}^{t}i=\frac{m+1}{2}+\frac{t+1}{2}$$

$$=\frac{1}{2}\left(\left\lceil\frac{n}{t}\right\rceil+t\right)+1\approx\frac{1}{2}\left(\frac{n}{t}+t\right)+1$$

可知，此时的平均查找长度不仅和查找表的长度 n 有关，而且和每一块中的数据元素的个数 t 有关。在给定 n 的情况下，t 取 $\sqrt{n}$ 时，分块查找的平均查找长度达到最小值 $\sqrt{n}+1$。其时间性能介于顺序查找和折半查找之间。

若折半查找索引表，则分块查找的平均查找长度为：

$$ASL=ASL_{index}+ASL_{sub}=\frac{m+1}{m}\log_2(m+1)-1+\frac{t+1}{2}\approx\log_2(m+1)-1+\frac{t+1}{2}$$

$$\approx\log_2\left(\frac{n}{t}+1\right)+\frac{t+1}{2}$$

7.3 树表的动态查找

通过 7.2 节的学习可知，用线性表作为查找表的组织形式时，三种查找方法中，折半查找的效率最高。但折半查找要求查找表必须是有序表，且不能用链表作存储结构。若要在表中插入或删除元素（即动态查找）时，需要移动表中所有的后续元素以保持其有序性。若插入或删除比较频繁时，则会带来额外的空间开销，降低折半查找的时间性能。执行动态查找可采用动态链表结构。本节介绍的二叉树或树便是一种合适的表结构，称为**树表**。

7.3.1 二叉排序树

1. 二叉排序树定义

二叉排序树（Binary Sort Tree，又称二叉查找树）或是一棵空树；或者是具有下列性质的二叉树。

（1）若左子树不空，则左子树上所有结点的值均小于根结点的值；

（2）若右子树不空，则右子树上所有结点的值均大于根结点的值；

（3）左右子树也是二叉排序树。

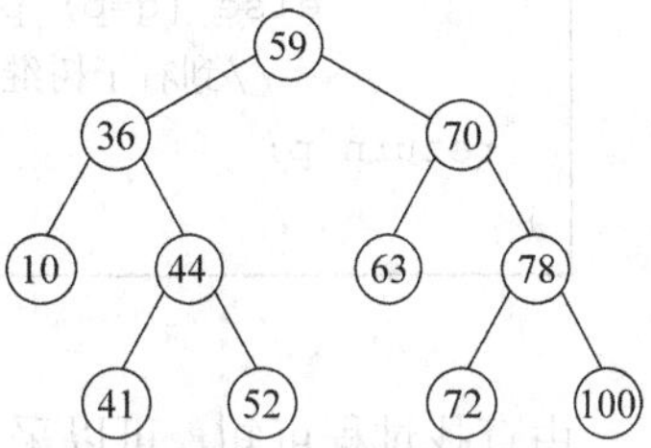

图7.5 二叉排序树示例

图7.5所示的二叉树即一棵二叉排序树。

由定义可知，二叉排序树中以任意一结点为根的子树均为二叉排序树。所以，对二叉排序树进行中序遍历，便可得到一个有序序列。一个无序序列，可通过构造一棵二叉排序树而成为有序序列。

2. 二叉排序树的查找

二叉排序树可看作一个有序表，可用类似于折半查找的方法在二叉排序树上进行查找，即逐步缩小查找范围。对于给定值key，查找过程如下：

（1）若查找树为空，查找失败，转步骤（3）；

（2）若key等于根结点的关键字，查找成功，转步骤（3）；否则：

① 若key小于根结点的关键字，在左子树上继续查找，转步骤（1）；

② 若key大于根结点的关键字，在右子树上继续查找，转步骤（1）；

（3）查找结束，返回。

通常，以二叉链表作为二叉排序树的存储结构：

```
typedef sturct BiTNode
{
  ElemType elem;                              //数据元素
  Struct BiTNode *lchild, *rchild;            //左、右孩子指针
}BiTNode, *BiTree;                            //二叉树结点、指针类型
```

二叉排序树查找算法如算法7.5所示。

```
BiTree BSTSearch(BiTree BT,KeyType key,BiTree &q)
{//在二叉排序树BT上查找关键字为key的数据元素,若查找成功,则返回指向该元素
   //结点的指针,q指向其父结点,若待查找的元素在根结点或BT为空树,则q为空;
  //否则,返回空指针,q指向查找失败前的最后一个结点
  p=BT;                                      //p一直指向待比较的结点
```

算法 7.5

```
  q=NULL;                                    //若待查元素为根结点时,q为空
  while(p)
    if(key==p->elem.key)  return p; //查找成功
    else if(key<p->elem.key) {q=p; p=p->lchild;}
               //到左子树继续查找，q指向新p结点的父结点
         else {q=p; p=p->rchild;}
               //到右子树继续查找，q指向新p结点的父结点
  return p;                                  //返回结果
}
```

算法 7.5（续）

由查找过程可知，可以采用递归的方式实现二叉排序树的查找。

二叉排序树查找的递归算法如算法 7.6 所示。

```
BiTree BSTSearch_Recur(BiTree BT,KeyType key)
{//递归实现在BT所指向的二叉排序树上查找关键字等于key的数据元素,若查找成
   功,则返回指向该数据元素所在结点的指针,否则返回空指针
   if(!BT)||key==BT->elem.key)   return BT;
                            //查找结束,前一条件表示查找失败,后者表示查找成功
    //在左子树上继续查找
      else if(key<BT->elem.key) return (BSTSearch_Recur (BT->lchild,
                                       key));
      else return(BSTSearch_Recur (BT->rchild,key));//在右子树上继续
                                                     查找
}
```

算法 7.6

显然，二叉排序树中某数据元素的查找长度等于其对应结点的层次数。

3. 二叉排序树的插入和构造

二叉排序树是一种动态树表。通常，树的结构不是一次生成的，而是在查找过程中，查找失败时进行插入逐步生成的。

二叉排序树插入结点的过程为：设待插入结点的关键字为 key，为将其插入，首先要在二叉排序树中进行查找，若查找成功，则表明待插入结点已存在，不用插入；否则，插入此结点。新插入的结点一定是一个新增加的叶结点，并且是查找失败前的最后一个结点的左孩子或右孩子结点。

从空树出发，经过一系列的查找插入操作，便可构造出一棵二叉排序树。设数据元素的关键字序列为{59,36,70,10,44,63,78,52,41,100,72}，则构造一棵二叉排序树的构造过程如图 7.6 所示。

向二叉排序树中插入一个结点的具体实现如算法 7.7 所示。

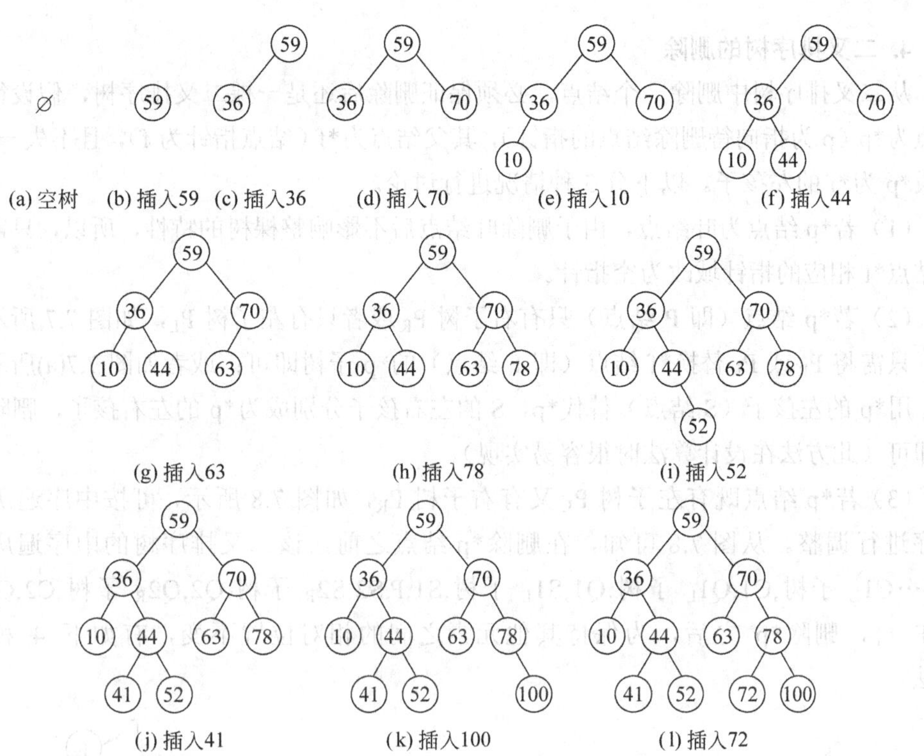

图 7.6 二叉排序树的构造过程

```
int InsertBST(BiTree &BT,ElemType e)
{//当二叉排序树 BT 中不存在关键字等于 e.key 的数据元素时,插入 e 对应的结点并
 //返回 1,否则返回 0
  flag=0;
  if(!BSTSearch(BT,e.key,q))
  {  //查找不成功, q 指向查找失败前的最后一个结点
    s=(BiTree) malloc(sizeof(BiTNode));          //申请新结点
    s->elem=e;   s->rchild=NULL;  s->lchild=NULL;
    if(!q)  BT=s;                               //原 BT 为空树
    else                          //BT 非空,q 指向查找失败前最后一个结点
    {
     if(e.key>q->elem.key) q->rchild=s;         //待插结点 s 为 q 的右孩子
     else q->lchild=s;                          //待插结点 s 为 q 的左孩子
    }
    flag=1;                                     //设置插入成功标志
  }
  return flag;
}
```

算法 7.7

4. 二叉排序树的删除

从二叉排序树中删除一个结点，必须保证删除后还是一棵二叉排序树，假设待删除结点为*p（p 为指向待删除结点的指针），其父结点为*f（结点指针为 f），且不失一般性，可设*p 为*f 的左孩子。以下分 3 种情况进行讨论。

（1）若*p 结点为叶结点，由于删除叶结点后不影响整棵树的特性，所以，只需将其父结点*f 相应的指针域改为空指针。

（2）若*p 结点（即 P 结点）只有右子树 P_R 或者只有左子树 P_L，如图 7.7 所示。此时，只需将 P_R 或 P_L 替换*f 结点（即 F 结点）的*p 子树即可；或者如图 7.7(a)所示情况中，用*p 的左孩子（S 结点）替代*p，S 的左右孩子分别成为*p 的左右孩子，删除 S 结点即可（此方法在设计算法时很容易实现）。

（3）若*p 结点既有左子树 P_L 又有右子树 P_R，如图 7.8 所示，可按中序遍历保持有序进行调整。从图 7.8 可知，在删除*p 结点之前，该二叉排序树的中序遍历序列为{…$C1_L$ 子树,C1,$Q1_L$ 子树,Q1,$S1_L$ 子树,S1,P,S2,$S2_R$ 子树,Q2,$Q2_R$ 子树,C2,$C2_R$ 子树,F…}，删除*p 之后，为保持其他元素之间的相对位置不变，有如下 4 种调整方法：

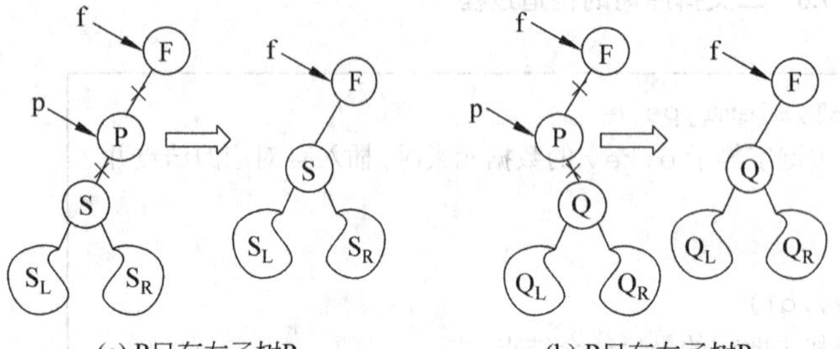

(a) P只有左子树P_L　　(b) P只有右子树P_R

图 7.7　删除只有左子树或右子树的结点*p

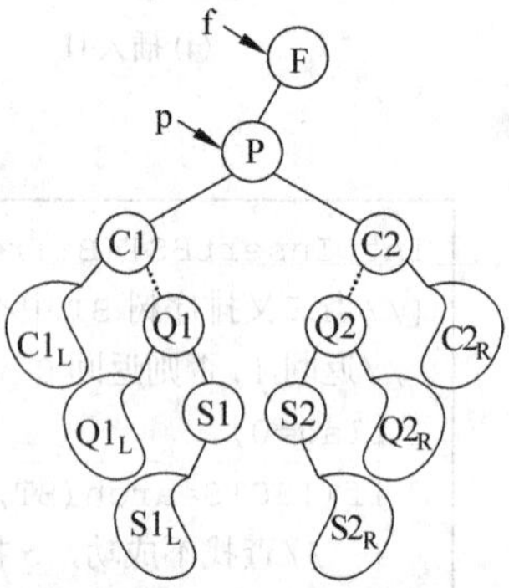

图 7.8　结点 P 的左右子树非空的一棵二叉排序树

① 令*p 的左子树为*f 的左子树，而*p 的右子树为其直接前驱（S1 结点）的右子树，如图 7.9(a)所示。

② 令*p 的直接前驱（S1 结点）替代*p，然后从二叉排序树中删除 S1 结点，令 S1 的左子树 $S1_L$（S1 没有右子树）为 S1 父结点 Q1 的右子树，如图 7.9(b)所示。

③ 令*p 的右子树为*f 的左子树，而*p 的左子树为其直接后继（S2 结点）的左子树，如图 7.9(c)所示。

④ 令*p 的直接后继（S2 结点）替代*p，然后从二叉排序树中删除 S2 结点，令 S2 的右子树 $S2_R$（S2 没有左子树）为 S2 父结点 Q2 的左子树，如图 7.9(d)所示。

二叉排序树上删除一个结点的具体实现如算法 7.8 所示。

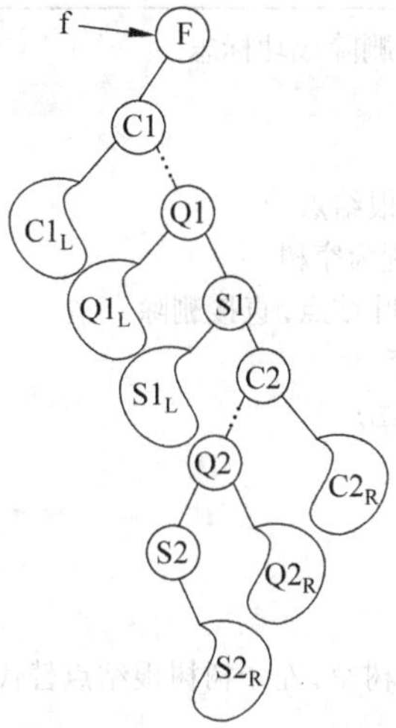

(a) 删除*p之后，以P_R作为S1的右子树

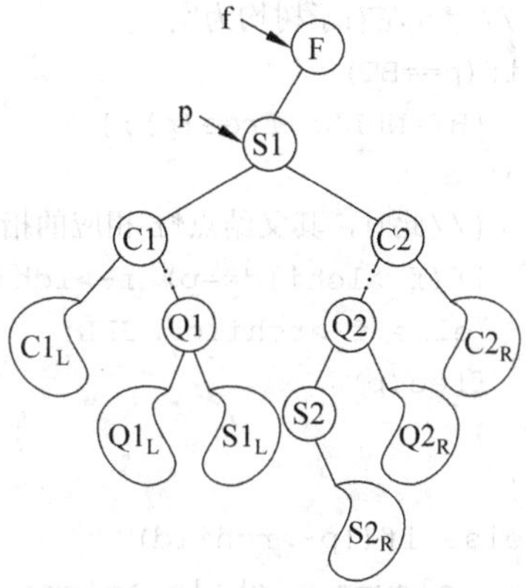

(b) 删除*p之后，以S1替代*p

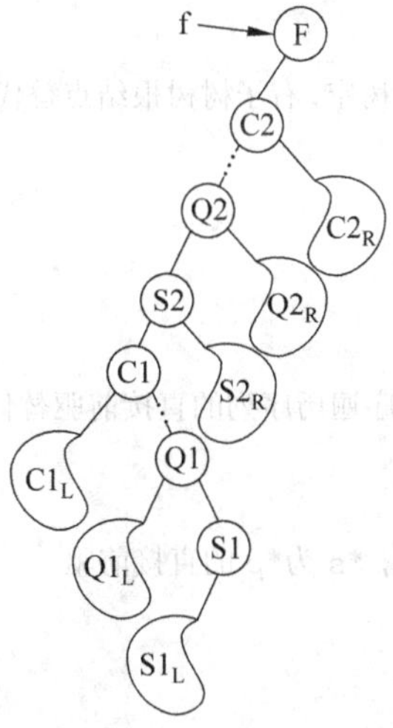

(c) 删除*p之后，以P_L作为S2的左子树

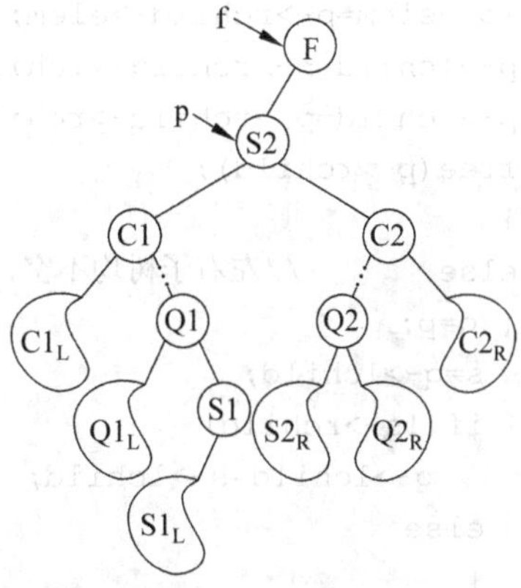

(d) 删除*p之后，以S2替代*p

图 7.9 在二叉排序树中删除*p

```
int DeleteBSTNode(BiTree &BT,KeyType key)
{//在二叉排序树 BT 上删除关键字等于 key 的结点,若存在此结点,则删除并返回 1,
 //否则返回 0
    BiTree p,f;    //p 用于指向待删除结点,f 指向*p 的父结点,当*p 为根结点时
                   //f 为空
    BiTree q;
    flag=0;                                   //设置删除标志
    p=BSTSearch(BT,key,f)
    if(p)
    {//找到待删除结点
```

算法 7.8

```
    flag=1;                          //设置删除成功标志
    if(!p->rchild&&!p->lchild)
  { // *p 左右子树均为空
    if(p==BT)                        //p 为根结点
      {BT=NULL; free(p);}            //BT 置为空树
    else                             //p 为叶结点,直接删除
      {//此时，其父结点*f 相应的指针域置空
      if(f->lchild==p) f->lchild=NULL;
       else f->rchild=NULL;
      free(p)
      }
    }
    else if(!p->rchild)              //右子树空,左子树树根结点替代*p 结点
  { p->elem=p->lchild->elem;
    p->rchild=p->lchild->rchild;
    p->lchild=p->lchild->lchild;
    free (p->lchild);}
    else if(!p->lchild)              //左子树空,右子树树根结点替代*p 结点
    {p->elem=p->rchild->elem;
    p->lchild=p->rchild->lchild;
    p->rchild=p->rchild->rchild;
    free(p->rchild);
    }
    else         //左右子树均不空,*p 的中序遍历序列的直接前驱替代*p
    { q=p;
      s=q->lchild;
      if(!s->rchild)                 //此时, *s 为*p 的直接前驱
         q->lchild=s->lchild;
      else
      {
       while(s->rchild) {q=s; s=s->rchild;}
                                     //向右走到尽头便可找到*p 的直接前驱
       q->rchild=s->lchild;    //  *q 为*s 的父结点
      }
      p->elem=s->elem;
      free(s);
      }//左右子树均不空处理完毕
    }//找到待删除结点处理完毕
    return flag;
  }
```

算法 7.8（续）

二叉排序树结构清晰，易于理解，并且在插入和删除元素时的调整操作比较省时。综上所述，在二叉排序树中查找一个元素的查找长度等于该元素在树中的层次数。对给

定 n 个关键字序列建立二叉排序树，若左右子树均匀分布，则其查找过程类似于有序表的折半查找，其平均查找长度和 $\log_2 n$ 成正比。如图 7.10(a)所示，关键字序列{59,36,44,10,70,63,78}的二叉排序树，平均查找长度 ASL(a)=(1+2+2+3+3+3+3)/7=17/7。但若给定关键字序列原本有序，则建立的二叉排序树就蜕变为单链表（在此称为单支树），其查找效率同顺序查找一样，平均查找长度为(n+1)/2。如图 7.10(b)所示，关键字序列(10,36,44,59,63,70,78)的二叉排序树，等概率查找时，平均查找长度 ASL(b)=(1+2+3+4+5+6+7)/7=4。

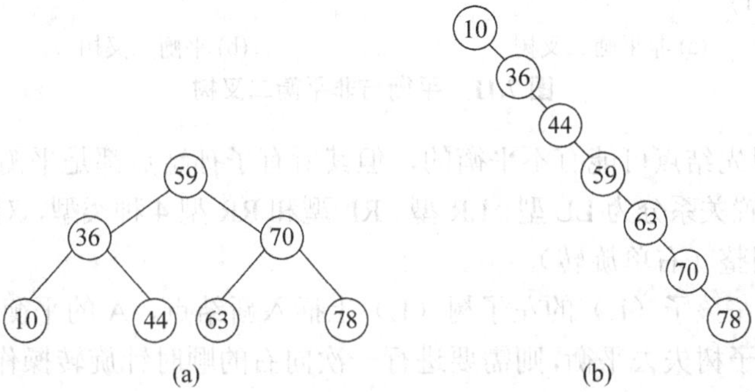

图 7.10 不同形态的二叉排序树

由此可知，含有 n 个结点的二叉排序树的平均查找长度和树的形态有关。因此，需要调整二叉排序树的形态，使其尽可能“平衡”。下面讨论的平衡二叉树便可解决这一问题。

7.3.2 平衡二叉树

为了使二叉排序树的平均查找长度更小，需要让各结点的深度尽可能地小，因此，树中每个结点的两个子树的深度不要相差太大，由此引入平衡二叉树。

1. 平衡二叉树的概念

平衡二叉树（Balanced Binary Tree）又称 AVL 树。它或者是一棵空树，或者是具有下列性质的二叉排序树：

① 左子树和右子树的深度之差的绝对值小于等于 1；

② 左子树和右子树都是平衡二叉树。

为了便于讨论，下面给出平衡因子的定义。结点的平衡因子（Balance Factor，BF）定义为该结点的左子树深度减去右子树深度，则平衡二叉树上所有结点的平衡因子只可能是−1、0 和 1。

图 7.11 中给出了两棵二叉排序树，每个结点旁边所注数字为该结点的平衡因子，图 7.11(a)所示二叉排序树，结点 59、结点 36 和结点 52 的平衡因子的绝对值大于 1，故为非平衡二叉树；图 7.11(b)所示二叉树，所有结点的平衡因子的绝对值都小于等于 1，故为平衡二叉树。

2. 平衡二叉树的构造

如何构造平衡二叉树？G.M.Adelson-Velskii 和 E.M.Landis 在 1962 年提出一种经典的调整方法。基本思想是：按照二叉排序树的构造方式逐个地插入结点，一旦出现不平衡时需要进行平衡化调整，以保持平衡二叉树的性质。设结点 A 为失去平衡的最小子树根

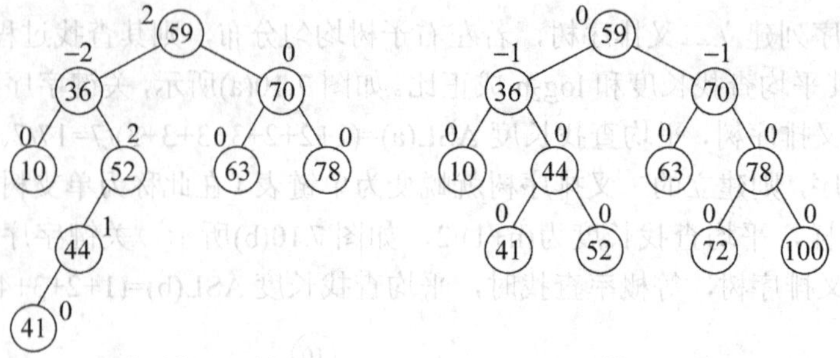

(a) 非平衡二叉树　　(b) 平衡二叉树

图 7.11　平衡与非平衡二叉树

结点（即 A 的祖先结点可能有不平衡的，但其所有子孙结点都是平衡的），根据新插入点与 A 结点的位置关系分为 LL 型、LR 型、RL 型和 RR 型 4 种类型，对应 4 种调整方法。

（1）LL 型调整（右单旋转）。

由于在 A 的左孩子（L）的左子树（L）上插入新结点，A 的平衡因子由 1 增至 2，致使以 A 为根的子树失去平衡，则需要进行一次向右的顺时针旋转操作。如图 7.12 所示，将 A 的左孩子 B 提升为新的根结点，B 右子树成为 A 的左子树，而 A 降为 B 的右孩子。右单旋转算法如算法 7.9 所示。

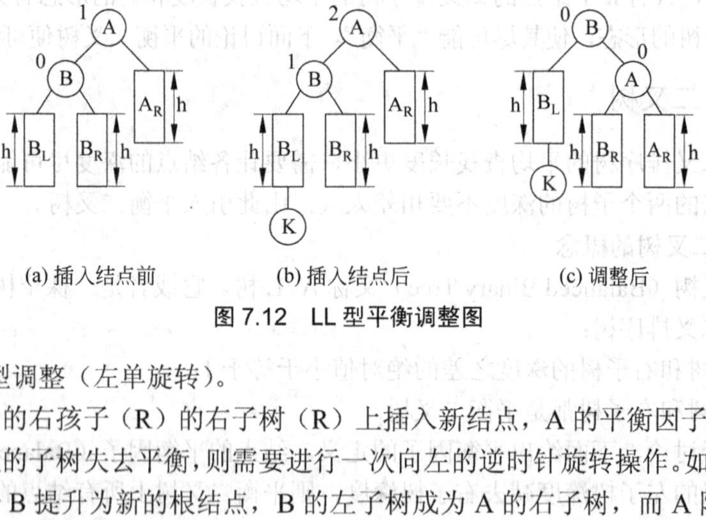

(a) 插入结点前　　(b) 插入结点后　　(c) 调整后

图 7.12　LL 型平衡调整图

（2）RR 型调整（左单旋转）。

由于在 A 的右孩子（R）的右子树（R）上插入新结点，A 的平衡因子由−1 变为−2，致使以 A 为根的子树失去平衡，则需要进行一次向左的逆时针旋转操作。如图 7.13 所示，将 A 的右孩子 B 提升为新的根结点，B 的左子树成为 A 的右子树，而 A 降为 B 的左孩子。左单旋转算法如算法 7.10 所示。

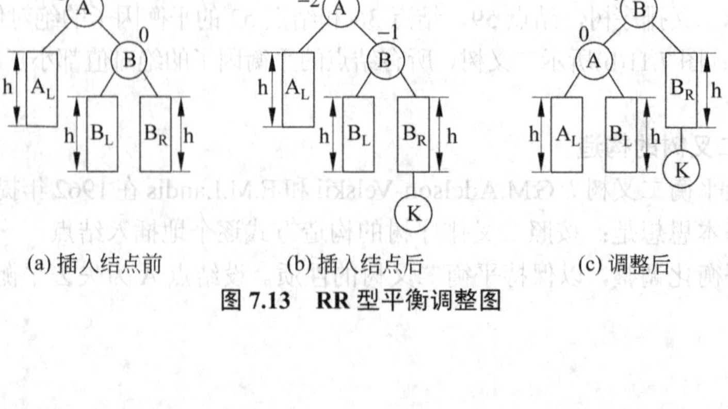

(a) 插入结点前　　(b) 插入结点后　　(c) 调整后

图 7.13　RR 型平衡调整图

（3）LR 型调整（先左后右旋转）。

由于在 A 的左孩子（L）的右子树（R）中插入新结点，A 的平衡因子由 1 增至 2，致使以 A 为根的子树失去平衡，则需要进行两次旋转（先左旋后右旋）操作。如图 7.14 所示，将 A 的左孩子的右孩子结点 C 提升为新的根结点，C 的右子树成为 A 的左子树，C 的左子树成为 B 的右子树，A 成为 C 的右孩子，B 成为 C 的左孩子。LR 型调整算法如算法 7.11 所示。

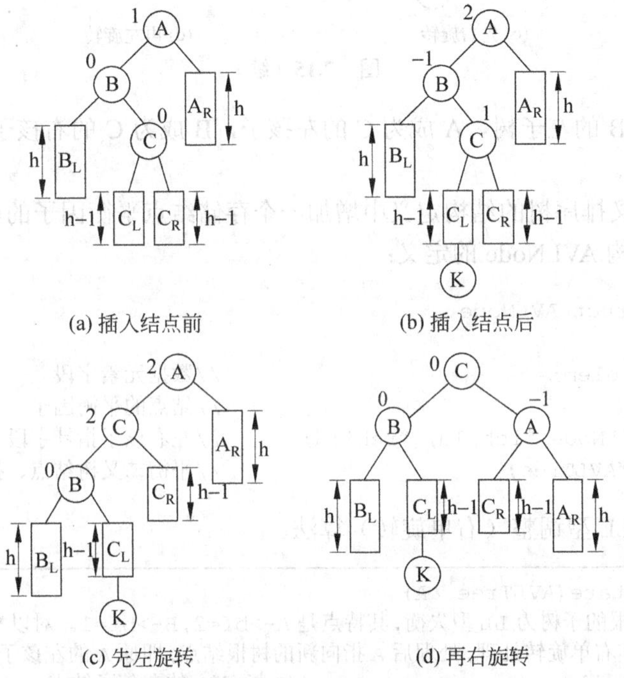

图 7.14　LR 型平衡调整图

（4）RL 型调整（先右后左旋转）。

由于在 A 的右孩子（R）的左子树（L）中插入新结点，A 的平衡因子由−1 变为−2，致使以 A 为根的子树失去平衡，则需要进行两次旋转（先右旋后左旋）操作。如图 7.15 所示，将 A 的右孩子的左孩子结点 C 提升为新的根结点，C 的左子树成为 A 的右子树，

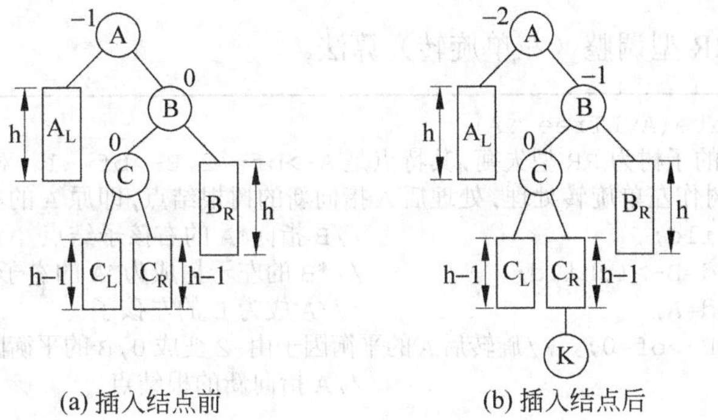

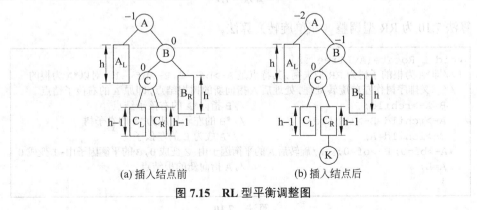

图 7.15　RL 型平衡调整图

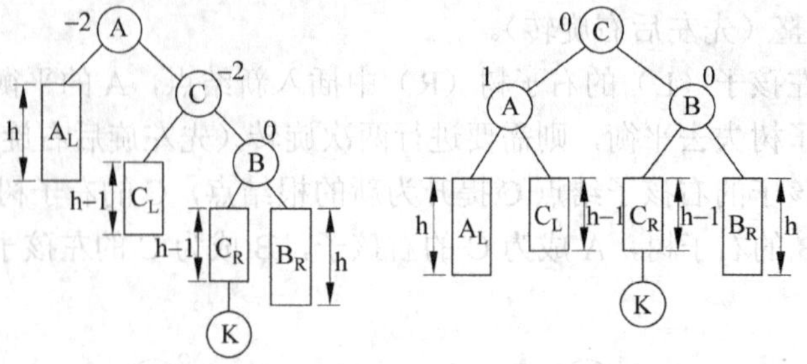

(c) 先右旋转　　(d) 再左旋转

图　7.15（续）

C 的右子树成为 B 的左子树，A 成为 C 的左孩子，B 成为 C 的右孩子。RL 型调整算法如算法 7.12 所示。

在 7.3.1 节二叉排序树的结构定义中增加一个存储结点平衡因子的成员 bf，便构成二叉排序树结点结构 AVLNode 的定义：

```
typedef struct AVLNode
{
  ElemType elem;                              //数据元素字段
  int bf;                                     //结点的平衡因子
  struct AVLNode *lchild, *rchild;            //左右孩子指针字段
}AVLNode, *AVLTree;                           //平衡二叉树结点、指针类型
```

算法 7.9 为 LL 型调整（右单旋转）算法。

```
void R_Rotate(AVLTree &A)
{//即*A 为根的子树为 LL 型失衡,其特点是 A->bf=2,B->bf=1。对以*A 为根的二叉
 //排序树作右单旋转处理,处理后 A 指向新的树根结点,即原 A 的左孩子结点
   B=A->lchild;                    //B 指向*A 的左孩子结点
   A->lchild=B->rchild;            //*B 的右子树成为*A 的左子树
   B->rchild=A;                    //*A 成为 B 的右孩子
   A->bf=0; B->bf=0;  //旋转后 A 的平衡因子由 2 变成 0,B 的平衡因子由 1 变成 0
   A=B;                            //A 指向新的根结点
 }
```

算法　7.9

算法 7.10 为 RR 型调整（左单旋转）算法。

```
void L_Rotate(AVLTree &A)
{//即*A 为根的子树为 RR 型失衡,其特点是 A->bf=-2,B->bf=-1。对以*A 为根的
 //二叉排序树作左单旋转处理,处理后 A 指向新的树根结点,即原 A 的右孩子结点
   B=A->rchild;                    //B 指向*A 的右孩子结点
   A->rchild=B->lchild;            //*B 的左子树成为*A 的右子树
   B->lchild=A;                    //*A 成为 B 的左孩子
   A->bf=0; B->bf=0;  //旋转后 A 的平衡因子由-2 变成 0,B 的平衡因子由-1 变成 0
   A=B;                            //A 指向新的根结点
 }
```

算法　7.10

算法 7.11 为 LR 型调整（先左后右旋转）算法。

```
void LR_Rotate(AVLTree &A)
{//即*A 为根的子树为 LR 型失衡,其特点是 A->bf=2,B->bf=-1。对以*A 为根的二叉
 //排序树进行先左转再右转处理,处理后 A 指向新的树根结点,即原 A 左孩子的右孩子结点
  B=A->lchild; C=B->rchild  //B 指向*A 的左孩子结点,C 指向*B 的右孩子结点
  B->rchild=C->lchild;      //*C 的左子树成为*B 的右子树
  A->lchild=C->rchild;      //*C 的右子树成为*A 的左子树
  C->lchild=B;C->rchild=A;  //*B 和*A 分别成为*C 的左右孩子
  if(C->bf==1)              //以*C 为根的子树,其左子树比右子树高 1
  {B->bf=0;A->bf=-1;}       //更新*A, *B 的平衡因子
  else if(C->bf==-1) {B->bf=1;A->bf=0;}
  else          //*C 的平衡因子为 0,即由于*C 的插入才导致不平衡
  {A->bf=0;B->bf=0;}
  C->bf=0;                  //旋转后 C 的平衡因子由 1 或-1 变成 0
  A=C;                      //A 指向新的根结点
}
```

算法　7.11

算法 7.12 为 RL 型调整（先右后左旋转）算法。

```
void RL_Rotate(AVLTree &A)
{//即*A 为根的子树为 RL 型失衡,其特点是 A->bf=-2,B->bf=1。对以*A 为根的二叉
 //排序树进行先右转再转左处理,处理后 A 指向新的树根结点,即原 A 右孩子的左孩子结点
  B=A->rchild; C=B->lchild  //B 指向*A 的右孩子结点,C 指向*B 的左孩子结点
  B->lchild=C->rchild;      //*C 的右子树成为*B 的左子树
  A->rchild=C->lchild;      //*C 的左子树成为*A 的右子树
  C->lchild=A;C->rchild=B;  //*A 和*B 分别成为*C 的左右孩子
  if(C->bf==1)              //以*C 为根的子树,其左子树比右子树高 1
  {A->bf=0;B->bf=-1;}       //更新*A, *B 的平衡因子
  else if(C->bf==-1) {A->bf=1; B->bf=0;}
  else             //*C 的平衡因子为 0,即由于*C 的插入才导致不平衡
  {A->bf=0;B->bf=0;}
  C->bf=0;                  //旋转后 C 的平衡因子由 1 或-1 变成 0
  A=C;                      //A 指向新的根结点
}
```

算法　7.12

在平衡二叉树上插入一个新的数据元素 e 的递归算法如算法 7.13 所示。

```
int AVLInsert(AVLTree &T,ElemType e,Boolean &taller)
{//在平衡二叉树 T 中插入数据元素 e,若 T 中不存在和 e 关键字相同的结点,则插入
 //一个数据元素为 e 的结点,并返回 1,否则返回 0。若因插入而使 T 失去平衡,则作
 //相应的平衡处理,taller 标记 T 长高与否
```

算法　7.13

```
  if(!T)
  { //T空则直接插入新结点,树长高,置taller为1
   T=(AVLTree) malloc(sizeof(AVLTree));
   T->elem=e;
   T->lchild=T->rchild=NULL; T->bf=0;
   taller=1;
  }
else
{ //T非空,则需要进行关键字的比较,以决定插入与否,以及插入位置
 if(e.key==T->elem.key)
               //树中存在和e关键字相同的结点,则不执行插入操作,返回0
  {taller=0; return 0;}
 else if(e.key<T->elem.key)                    //应在T的左子树中插入
   {
    if(!AVLInsert(T->lchild,e,taller)) return 0;     //未插入
    else if(taller)               //已插入到T的左子树中,且左子树长高
     switch(T->bf)
     {//根据T的平衡因子决定是否需要平衡调整
      case 1:  //需要进一步判断是LL型,LR型还是仍然是一棵平衡二叉树
       if(T->lchild->bf==1) { T->bf=2; R_Rotate(T); }
                                       //LL型,需要右单旋转
       else if(T->lchild->bf==-1){T->bf=2; LR_Rotate(T);}//LR型
       taller=0; break;
      case 0:T->bf=1;taller=1;break; //原本bf为0,现在变成1,树长高
      case -1:T->bf=0;taller=0;break;  //原本bf为-1,现在变成0
     }//switch
   }
else                                       //应在T的右子树中插入
{
  if(!AVLInsert(T->rchild,e,taller)) return 0;    //未插入
  else if(taller)               //已插入到T的右子树中,且右子树长高
     switch(T->bf)
    {//根据T的平衡因子决定是否需要平衡调整
     case 1:T->bf=0;taller=0;break; //原本bf为1,现在变成0
     case 0:T->bf=-1;taller=1;break; //原本bf为0,现在变成-1,树长高
     case -1: //需进一步判断是RR型,RL型还是仍然是一棵平衡二叉树
       if(T->rchild->bf==-1) {T->bf=-2;L_Rotate(T);}
                                        //RR型,需要左单旋转
       else if(T->rchild->bf==1){T->bf=-2;RL_Rotate(T);} //RL型
       taller=0; break;
    }//switch
  }//在T的右子树中插入
 }//T非空
 return 1;
}//AVLInsert
```

算法 7.13（续）

在平衡二叉树上进行查找的过程和二叉排序树相同，因此，在查找过程中和给定值进行比较的关键字个数不超过树的深度。平衡二叉树的深度接近 $\log_2 n$ 的数量级，由其定义知平衡二叉树结点分布相对均匀，不会出现单支树等极端情况，从而保证了在二叉排序树上插入、删除和查找等基本操作的时间复杂度为 $O(\log_2 n)$。

7.3.3 B-树

到目前为止，所讨论的查找对象都是全部可以保存在内存中的数据结构，如二叉排序树、平衡二叉树等。当查找的数据量达到一定的程度后，全部驻留在内存中是不可能的，一般是以文件的形式存储在外存（如硬盘）上。这样，执行查找操作时，必须多次访问硬盘。与内存相比，硬盘的存取速度是极低的，为了提高查找效率，应减少查找过程中对磁盘的存取次数。1972 年 R.Bayer 和 E.McCreight 提出了一种称为 B-树的多路平衡查找树，适合在磁盘等直接存取设备上组织动态的查找表。

1. B-树的定义

一棵 m（m≥3）阶的 B-树，或为空树，或为满足如下性质的 m 叉树：

（1）树中每个结点至多有 m 棵子树；

（2）若根结点不是叶结点，则至少有两棵子树；

（3）除根外的所有非终端结点至少有 $\lceil m/2 \rceil$ 棵子树；

（4）每个非终端结点至少包含下列数据域：

$$(n,\ P_0,\ K_1,\ P_1,\ K_2,\ \cdots,\ K_n,\ P_n)$$

其中，n 为关键字数，除根结点和叶结点外，其他所有结点的关键字个数 n 满足：

$$\lceil m/2 \rceil - 1 \leqslant n \leqslant m-1;\ K_i\ (1 \leqslant i \leqslant n)\ \text{为关键字}$$

且关键字序列递增有序：

$$K_1 < K_2 < \cdots < K_n;\ P_i\quad (0 \leqslant i \leqslant n)$$

为指向子树根结点的指针，在每个内部结点中，假设用 $Max_Keys(P_i)$来表示子树 P_i 中的最大的关键字，则有：

$$Max\_Keys(P_0) < K_1 < Max\_Keys(P_1) < K_2 < \cdots < K_n < Max\_Keys(P_n)$$

即关键字是分界点，任一关键字 K_i 左边子树中的所有关键字均小于 K_i，右边子树中的所有关键字均大于 K_i。

（5）所有的叶结点都出现在同一层上，并且不带信息（可以看作是查找失败的结点，为方便理解，用 F 表示叶结点；实际上这些结点不存在，算法实现时，把指向叶结点的指针置空）。即 B-树是所有结点的平衡因子均为 0 的多叉查找树。

如图 7.16 所示为一棵 4 阶的 B-树，深度为 4，所有叶结点均在第 4 层上。

2. B-树查找

由 B-树的定义可知，在 B-树上进行查找的过程与二叉排序树的查找类似。所不同的是 B-树每个结点上是多关键字的有序表。根据给定的关键字 key，先在根结点中关键字的有序表中采用顺序（当 m 较小时）或折半（当 m 较大时）查找方法进行查找。若有 $key=k_i$，则查找成功，根据相应的指针即可取得记录；否则，到按照对应的指针信息指向的结点，重复这个查找过程，直到在某结点中查找成功为止，或到达叶结点（某结点处出现 p_i 为空，即查找失败）。

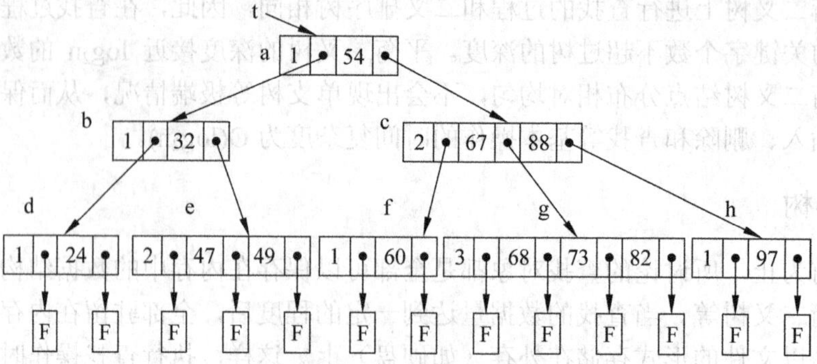

图 7.16　一棵 4 阶的 B-树

由此可见，在B-树上的查找过程是一个查找结点和在结点中查找关键字交叉进行的过程。例如，在图 7.16 所示的 B-树上查找关键字 key=73。首先，从 t 指向的根结点（即结点 a）开始，结点 a 中只有一个关键字 54，且 73 大于 54，因此按结点 a 的指针域 P_1 到结点 c 去查找，结点 c 有两个关键字，且 67<73<88，因此，按结点 c 的指针域 P_1 到结点 g 去查找，在该结点中顺序比较关键字，找到关键字 K_2=73，查找成功。

B-树上查找关键字 key 的算法如算法 7.14 所示。

```
#define m 3                                 //B-树的阶，暂定为 3
typedef struct BTNode
{
   int keynum;                              //结点中关键字个数，keynum≤m-1
   struct BTNode *parent;                   //指向父结点
   KeyType key[m];                          //关键字向量，0 号单元不用
   struct BTNode *child[m];                 //子树指针向量
}BTNode, *BTree;                            //B-树结点和 B-树类型
typedef struct
{
  BTNode *pt;                               //指向找到的结点
  int i;                                    //1…m，在结点中的关键字序号
  int tag;                                  //1：查找成功，0：查找失败
}Result;                                    //B-树查找结果类型
Result BTreeSearch(BTree T,KeyType key)
{//在 m 阶 B-树 t 上查找关键字 key，返回 Result 类型结果。若查找成功，则特征值
tag=1，指针 pt 所指结点中第 i 个关键字等于 key；否则，特征值 tag=0，等于 key 的
关键字记录应插入到指针 pt 所指结点中第 i 个和第 i+1 个关键码之间
p=T; q=NULL; found=0;i=0;        //初始化，p 指向待查结点，q 指向 p 的父结点
Result r;
while(p&&!found)
{
  //在 p->key[1…keynum]中查找 i，使得 p->key[i]≤ key<p->key[i+1]
```

算法　7.14

```
  i=Search(p,key);
  if(i>0&&p->key[i]==key) found=1;  //找到待查关键字
  else
   {q=p;  p=p->child[i];
   DiskRead(p);                     //从磁盘读入下一查找结点到内存中
   }
}
r.i=i;
r.tag=found;
if(found)  r.pt=p;                  //查找成功
else  r.pt=q; r.                    //查找失败,返回 key 的插入位置信息
return r;
}
//其中,Search 算法设计如下:
int Search(BTNode *p,KeyType k)
{//在指针 p 所指结点中查找关键字 k
 //在 p->key[1…keynum]中查找 i，使得 p->key[i]≤key<p->key[i+1]
 p->key[0]=k;                      //设置哨兵,下面顺序查找 key[1…keynum]
 for(int i=p->;k<p->key[i];i--);  //从后向前找第一个小于等于 k 的关键字
 return i;
}
```

算法 7.14（续）

3. B-树的深度及性能分析

从算法 7.14 可知，在 B-树上进行查找包含两种基本操作：（1）在 B-树上找结点；（2）在结点中找关键字。由于 B-树通常存储在磁盘上，操作（1）是通过指针在磁盘上进行定位的，将结点信息读入内存，然后在内存中通过顺序查找或折半查找执行操作（2）。因为在磁盘上读取结点信息比在内存中进行查找耗费时间多很多，所以，在磁盘上读取结点信息的次数，即待查关键字所在结点在 B-树上的层次数，是决定 B-树查找效率的首要因素。关键字总数相同的情况下，B-树的深度越小，读取磁盘所花的时间越少。

那么，对含有 N 个关键字的 m 阶 B-树，最坏情况下深度为多少呢？可按平衡二叉树进行类似分析。首先，讨论 m 阶 B-树各层上的最少结点数。

由 B-树定义知，第 1 层至少有 1 个结点，第 2 层至少有 2 个结点，由于除根结点外的每个非终端结点至少有$\lceil m/2 \rceil$棵子树，则第 3 层至少有 $2(\lceil m/2 \rceil)$个结点，……，依此类推，第 h+1 层至少有 $2(\lceil m/2 \rceil)^{h-1}$ 个结点。深度为 h+1 的 B-树，第 h+1 层的结点为叶结点。若 m 阶 B-树有 N 个关键字，则叶结点即查找不成功的结点为 N+1，由此有：

$$N+1 \geq 2\left(\left\lceil \frac{m}{2} \right\rceil\right)^{h-1}$$

即

$$h \leqslant \log_{\lceil \frac{m}{2} \rceil}\left(\frac{N+1}{2}\right)+1$$

这就是说，在含有 N 个关键字的 m 阶 B-树上进行查找时，从根结点到关键字所在结点的路径上所及的结点总数至多为 $\log_{\lceil \frac{m}{2} \rceil}\left(\frac{N+1}{2}\right)+1$，即查找的时间复杂度为 $O\left(\log_{\lceil \frac{m}{2} \rceil}\left(\frac{N+1}{2}\right)+1\right)$。在 B-树上进行查找以及后面要介绍的插入和删除操作，读写盘的次数最多均为 $\log_{\lceil \frac{m}{2} \rceil}\left(\frac{N+1}{2}\right)+1$。

4. B-树的插入与生成

B-树的生成是从空树开始，逐个插入关键字而得。与二叉排序树上插入结点不同，关键字的插入个是在叶结点上进行的，而是在最底层的某个非终端结点中添加一个关键字。对于 m 阶 B-树，若添加后该结点的关键字个数不超过 m–1 个，则插入完成；否则，该结点上关键字个数达到 m 个，则要进行调整，即结点“分裂”。方法为：关键字加入结点后，以中间位置上的关键字 key($\lceil m/2 \rceil$)为划分点，将结点中的关键字分成左右两部分，分别成为两个结点，将中间的关键字 key($\lceil m/2 \rceil$)添加到其父结点中，若父结点的关键字个数达到 m，则重复调整，直到根结点为止。可见，B-树是从底向上生成的。

例 7-2 请为关键字序列{5,19,21,56,38,13,52}建立 4 阶 B-树。

在此略去 F 结点（即叶结点），构造过程如下：

（1）向空树中插入 5，如图 7.17(a)所示；

（2）依次插入 19 和 21，如图 7.17(b)所示；

（3）插入 56 后，结点中关键字个数等于 4，如图 7.17(c)所示；此时，需将此结点分裂成两个结点，同时把中间关键字 19 放到新的根结点中，如图 7.17(d)所示；

（4）依次插入 38 和 13，如图 7.17(e)所示；

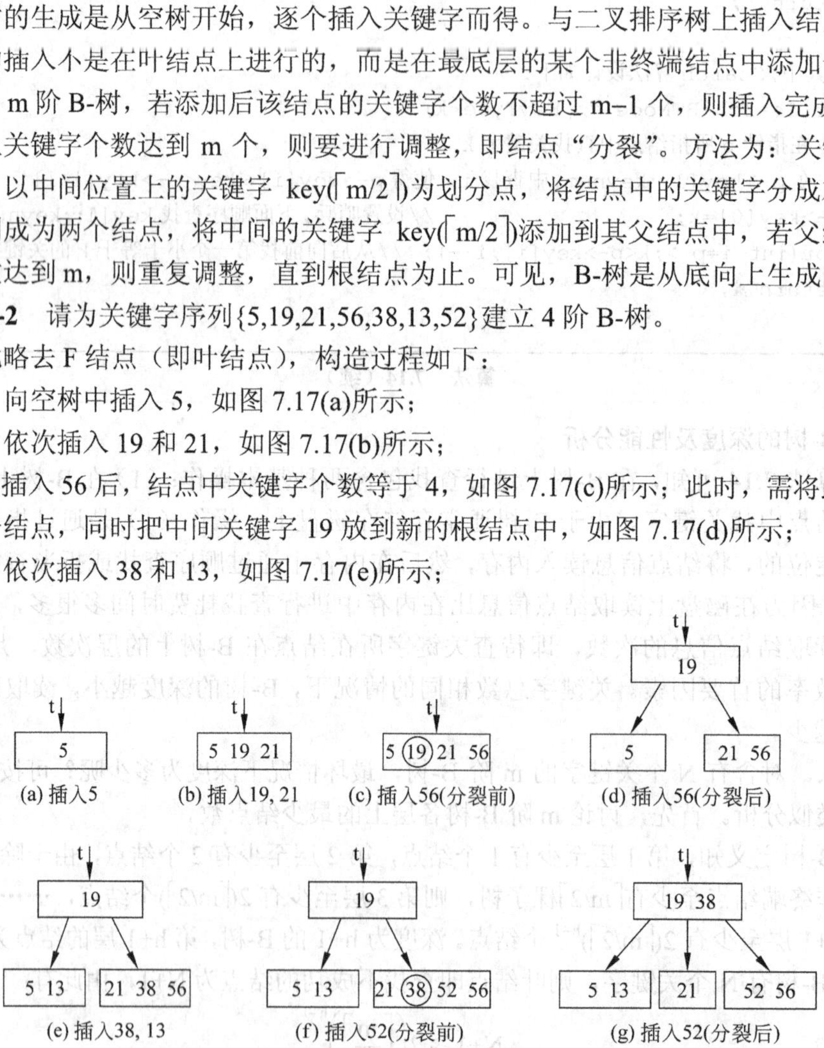

图 7.17 B-树构造过程

（5）插入 52 后，结点中关键字个数等于 4，如图 7.17(f)所示；此时，需将此结点分裂成两个结点，同时把中间关键字 38 插入到其父结点中，如图 7.17(d)所示，B-树建立完成。

B-树上插入结点的算法如算法 7.15 所示。

```
void BTreeInsert(BTree & BT,KeyType key,BTree q, int i)
{//在m阶B-树BT上结点*q的key[i]与key[i+1]之间插入关键字key,若引起
 //结点关键字个数达到m,则进行分裂调整,使BT仍为m阶B-树
  k=key; kp=NULL; finished=0;
  while(q&&!finished)
  {
    Insert(q,i,k,kp); //将k和kp分别插入到q->key[i+1]和q->child[i+1]中
    if(q->keynum<m) finished=1;        //插入完成
    else
     {//分裂结点*q
      //将q->key[s+1…m],q->child[s+1,m]移入新结点*kp
      s=⌈m/2⌉;split(q,s,kp); k=p->key[s];
      q=q->parent;
      if(q) i=Search(q,k);           //在父结点中查找k的插入位置
     }//else
   }//while
  if(!finished)
           //BT是空树(调用时参数q值为NULL)或者根结点已分裂为结点*q和*kp
  NewRoot(BT,q,k,kp);
                  //生成含信息(BT,k,kp)的新的根结点*BT,原BT和kp为孩子指针
}
```

算法 7.15

5. B-树中关键字的删除

B-树中关键字的删除过程与插入过程类似，只是稍微复杂一些。要保证删除后结点中的关键字个数大于等于$\lceil m/2\rceil-1$。首先，查找待删除关键字 key 所在结点，然后分两种情况进行删除。

（1）待删除关键字 key 所在结点为最底层非终端结点。

在最底层非终端结点中删除关键字又分为三种情况：

① 待删除关键字所在结点中的关键字个数大于等于$\lceil m/2\rceil$，则直接删除该关键字和相应的指针，树的其他部分不变。例如从图 7.17(g)所示 B-树中删除关键字 5，删除后如图 7.18(a)所示。

② 待删除关键字所在结点中的关键字个数为最小值$\lceil m/2\rceil-1$，说明删去关键字后该结点将不满足 B-树的定义，若此时该结点左（或右）兄弟结点中的关键字个数大于$\lceil m/2\rceil-1$，则把其左（或右）兄弟结点中最大（或最小）的关键字上移至父结点中，同时把父结点中大于（或小于）且紧靠该上移关键字的关键字下移至被删除关键字所在结点中。这样，删除关键字 key 后，其所在结点及其左（或右）兄弟结点仍然满足 B-树的定

义。例如，从图 7.18(a)中删除关键字 21，将其右兄弟结点中的 52 上移至父结点中，然后将父结点中的 38 移至 21 所在结点，如图 7.18(b)所示。

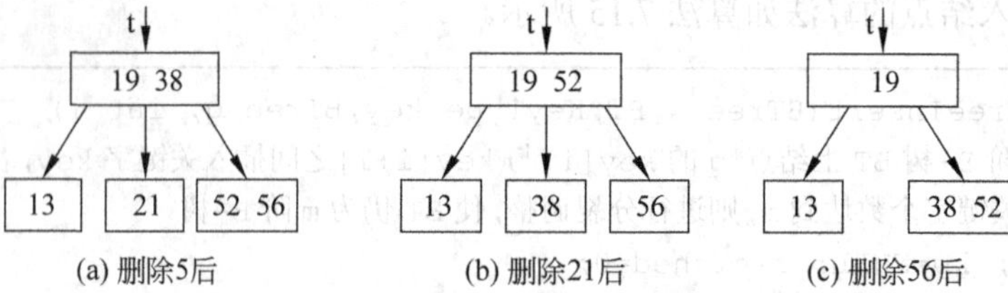

图 7.18 在 B-树中删除关键字

③ 待删除关键字所在结点和其左右兄弟结点中关键字个数均为最小值⌈m/2⌉−1，这时，把关键字 key 删除，然后将其所在结点与父结点中分割此结点和其左（或右）兄弟结点的关键字合并到左（或右）兄弟结点中。如果使父结点中关键字个数小于⌈m/2⌉−1，则对此父结点作同样的处理，以致可能直至对根结点作此处理而使整个树减少一层。例如，从图 7.18(b)中删除关键字 56，将删除 56 后的结点和双亲结点中的 52 合并至其左兄弟结点中，如图 7.18(c)所示。

（2）待删除关键字 key 所在结点为其他非终端结点。

若待删除关键字 key 不是最底层非终端结点中的关键字，则用 key 的中序遍历的前驱（或后继）k 来取代 key，然后从相应结点（此时为最底层）中删除 k，方法如情况（1）。

7.3.4 B^+树

1. B^+树的定义

B^+树是应文件系统所产生的 B-树的变体，一棵 m 阶 B^+树是一棵 m 路平衡索引树，其定义如下。一棵 m（m≥3）阶的 B^+树，或为空树，或为满足如下性质的 m 叉树：

（1）树中每个结点至多有 m 棵子树；

（2）若根结点不是叶结点，则至少有两棵子树；

（3）除根外的所有非终端结点至少有⌈m/2⌉棵子树；

（4）有 n 棵子树的结点则有 n 个关键字，每个结点至少包含下列数据域：

$$(n, P_1, K_1, P_2, K_2, \cdots, P_n, K_n)$$

其中：n 为关键字数，除根结点外，其他所有结点的关键字个数 n 满足：

$$\lceil m/2 \rceil \leqslant n \leqslant m;\ K_i\ (1 \leqslant i \leqslant n) \text{ 为关键字}$$

且关键字序列递增有序：$K_1 < K_2 < \cdots < K_n$；P_i（$1 \leqslant i \leqslant n$）为指向子树根结点的指针，在每个内部结点中，假设用 $Max_Keys(P_i)$来表示子树 P_i 中的最大的关键字，则有：

$$Max\_Keys(P_1) \leqslant K_1 < Max\_Keys(P_2) \leqslant K_2 < \cdots < Max\_Keys(P_n) \leqslant K_n$$

即每个内部结点中的关键字 K_i，为其相应指针 P_i 所指子树中关键字的最大值。

（5）所有的叶结点包含全部（数据文件中记录）关键字及指向相应记录的指针，而且叶结点本身按关键字由小到大顺序链接。因此，叶结点除了包含普通结点的数据（n，P_1，K_1，P_2，K_2，…，P_n，K_n）外，还增加一个指针域，用来指向下一个叶结点。可以把每个叶结点看成一个基本索引块，它的指针不再指向另一级索引块，而是指向数据文件中的记录，且所有叶结点都出现在同一层上。

由定义可知，一棵 m 阶 B^+ 树和 m 阶 B-树的不同点主要体现在以下 3 个方面：

（1）有 n 个子树的结点中含有 n 个关键字；

（2）所有的叶结点中包含了全部关键字的信息，及指向含有这些关键字记录的指针，且叶结点本身按关键字的大小顺序链接；

（3）所有的非终端结点可以看成是索引部分，结点中仅含有其子树根结点中最大（或最小）关键字。

如图 7.19 所示为一棵 4 阶的 B^+ 树，深度为 3，所有叶结点均在第 3 层上。B^+ 树上有两个头指针，一个指向根结点，另一个指向关键字最小的叶结点，并且所有的叶结点链接成一个有序链表。

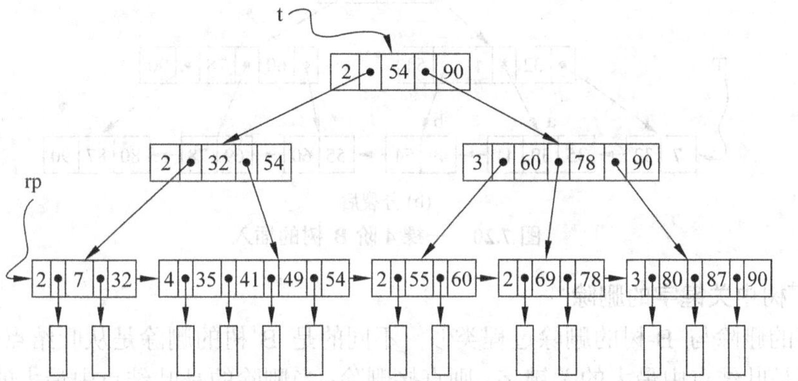

图 7.19　一棵 4 阶的 B^+ 树

2. B^+ 树的查找

在 B^+ 树中可以采用两种查找方式：一种方式是直接从最小关键字（*rp）开始，进行顺序查找；另一种方式是从根结点（*t）开始，进行随机查找。

第二种方式与 B-树的查找方法相似，只是在非终端结点中的关键字与查找值相等时，查找并不结束，而是继续向下直至叶结点。若查找成功，则按相应指针取出对应记录。因此，在 B^+ 树中进行随机查找时，不过成功与否，每次查找都是经过了一条从根结点到叶结点的路径。

3. B^+ 树的插入

B^+ 树的插入与 B-树的插入过程类似。不同的是 B^+ 树的插入是在叶结点上进行的，当插入后结点的关键字个数大于 m 时，就必须分裂成两个结点，它们所含关键字个数分别为 $\lceil (m+1)/2 \rceil$ 和 $\lfloor (m+1)/2 \rfloor$，分裂后的两个叶结点仍然按序链接。同时要使得它们的双亲结点中包含这两个结点中的最大关键字和指向它们的指针。若因此导致双亲结点的关键字个数大于 m，则应继续分裂，直到根结点为止。特殊的是，当插入的关键字比最大关键字都大，需要更新插入关键字所在结点的祖先结点中相应的关键字。

图 7.20（图中略去结点中关键字个数和叶结点指向记录的指针）为在图 7.19 所示的 4 阶 B^+ 树中插入关键字 39 的示意图。插入 39 后，对应结点的关键字个数大于 4，如图 7.20(a)所示，则分裂成 a，b 两个结点，并把 a 结点中的最大关键字 41 和相应的指针

添加至其双亲结点中，同时让 a 结点中的指针指向 b 结点。

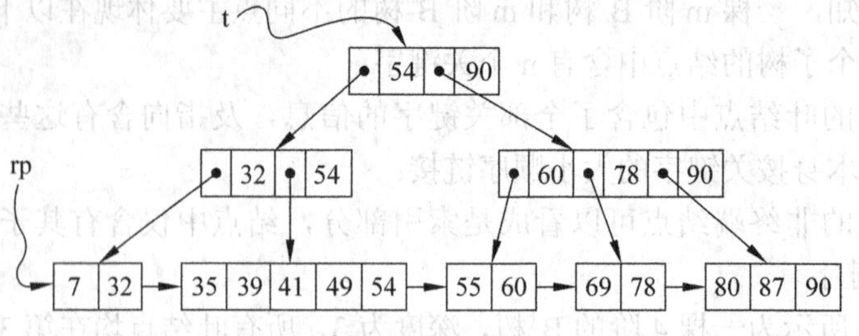

(a) 插入39后(分裂前)

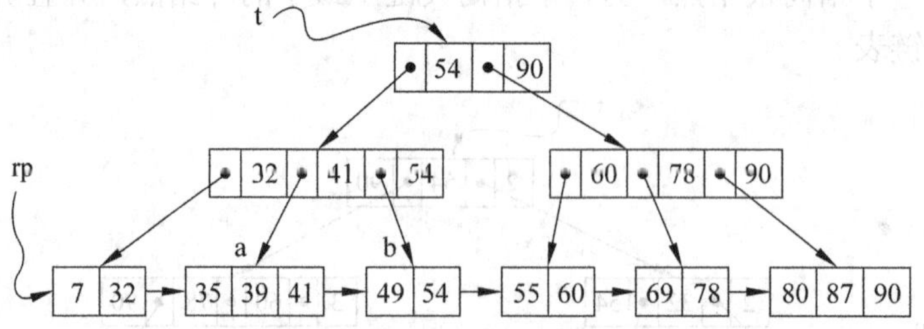

(b) 分裂后

图 7.20　一棵 4 阶 B^+树的插入

4. B^+树中关键字的删除

B^+树的删除与 B-树的删除过程类似。不同的是 B^+树的删除是从叶结点开始的，当删除的不是叶结点中最大的关键字，则直接删除；当删除的是叶结点中最大的关键字时，其在非终端结点中的值可以作为“分界关键字”存在。若因删除操作而使结点中关键字个数小于$\lceil m/2\rceil$时，则从其兄弟结点中调剂关键字或和兄弟结点合并（和B-树类似）。

较之于 B-树，B^+树的非终端结点通常可以容纳更多的条目，所以 B^+树比相应 B-树的层数更少，或者能容纳更多的条目。不同于 B-树只适合随机查找，B^+树同时支持随机查找和顺序查找，更适合文件索引系统。

5. B^+树的性能分析

综上所述，在 B^+树中进行查找可采用顺序查找和随机查找两种方法。具有 N 个关键字的 B^+树，若采用顺序查找，则其平均查找长度为$(N+1)/2$。若采用随机查找，其查找性能同B-树，如深度为 h 的 m 阶 B^+树，第 1 层至少有 2 个关键字，第 2 层至少有 $2(\lceil m/2\rceil)$ 个关键字，……，依此类推，第 h 层至少有 $2(\lceil m/2\rceil)^{h-1}$ 个关键字，第 h 层全为叶结点，故有 $N\geqslant 2(\lceil m/2\rceil)^{h-1}$，即 $h\leqslant \log_{\lceil m/2\rceil}(N/2)+1$，即在含有 N 个关键字的 B^+树中进行随机查找时，查找路径上涉及的结点数不超过 $\log_{\lceil m/2\rceil}(N/2)+1$。

7.4　散列（Hash）表的查找

以上讨论的查找方法，由于数据元素的存储位置与关键字之间不存在确定的关系，均是基于比较运算来实现的。查找效率由比较一次缩小的查找范围决定。理想的情况是不经过任何比较，依据关键字直接得到其对应的数据元素位置，即要求关键字与数据元素之间是一一对应的关系，通过关键字可以很快地找到对应数据元素的位置。这就是本节要介绍的散列表查找。

7.4.1 散列表的基本概念

使用函数 H 计算关键字的地址，从而把关键字映射到对应的存储位置上，查找时，同样由函数 H 对给定值 key 进行映射，将 key 与计算出的存储位置上的元素关键字进行比较，确定查找是否成功，这就是散列法或 Hash（哈希）法。此时，称函数 H 为散列函数，关键字 key 的映射值 H(key)为散列地址，按照散列法构造的查找表称为散列表。

例如，在表 7-1 所示的学生信息表中，学号为关键字，则对给定关键字 201013001，可以映射到其最后两位“01”号地址进行散列。

表 7-1 学生信息表

映射地址	学 号	姓名	籍贯	年龄	—	宿舍
01	201013001	蔡清	河北	18	—	2-103
02	201013002	程宇	陕西	19	—	2-103
03	201013003	李梅	四川	18	—	2-107
⋮	⋮	⋮	⋮	⋮	⋮	⋮
80	201013080	赵飞	湖南	20	—	2-116

对于 n 个数据元素的集合，总能找到关键字与存储位置一一对应的函数，如 H(key)=key，若最大关键字为 m，可以分配 m 个数据元素的存储空间。但这样会造成存储空间的极大浪费，甚至不可能分配这么大的存储空间。通常，由于关键字有某种随机性，难以构造一一对应的散列函数，因此可能会出现不同的关键字映射到同一个散列地址上，即 key1≠key2，但 H(key1)=H(key2)，这种现象称为冲突（Collision），key1 和 key2 对该散列函数来说互为同义词。

冲突会影响散列表的构造及查找，而通常冲突不可能避免，只能尽可能减少。因为，散列函数 H 是从关键字集合到地址集合的映射。通常，关键字集合的数值比较大，而地址集合的元素仅为散列表中的地址值，假设表长为 n，则地址值为 0 到 n–1，因此，一般情况下，H 是一个压缩映射，不可能完全避免冲突。因此，在构造散列函数时需解决以下两个问题：

（1）构造好的散列函数。所选函数对关键字的散列地址，应在散列表中集中、大致均匀地分布，以减少冲突和空间浪费；所选函数应尽量简单，以提高计算速度。

（2）制定处理冲突的方法。构造散列表时，若出现冲突，则应当依据处理冲突的方法，有规律地重新计算散列地址。

7.4.2 散列函数构造方法

构造散列函数的方法很多。上文讨论过，作为一个好的散列函数，应当均匀、简单，即应具有较好的随机性，使一组关键字的散列地址均匀地分布在整个散列表中，减少冲突。常用的构造散列函数的方法有以下 7 种。

1. 直接定址法

取关键字的某个线性函数值为散列地址。即

$$H(key)=a*key+b$$

其中，a 和 b 为常数。这类函数较为简单，而且是一一对应的函数，不会产生冲突。对于关键字相差很大，对应的散列地址相差也较大的情况不适用。实际中能使用这种散列函数的情况也很少。

例 7-3 关键字序列为{2000,2001,2002,2004,2007,2009}，选取散列函数 H(key)=key–2000，则构造出的散列表如表 7-2 所示。

表 7-2 直接定址散列表

地址	0	1	2	3	4	5	6	7	8	9
关键字	2000	2001	2002		2004			2007		2009

2. 除留余数法

取关键字被某个不大于散列表表长 m 的数 p 除后所得余数作为散列地址。即

$$H(key)=key \% p \quad (p\leqslant m)$$

该方法的关键是选取合适的 p，若选不好，则容易产生同义词。一般来说，p 取质数（最好为小于等于 m 的最大质数）或不包含小于 20 质因子的合数。除留余数法是一种简单、常用的构造散列函数的方法。

3. 平方取中法

对关键字平方后，按散列表的大小取中间若干位作为散列地址。一个数平方后的中间几位数和数的每一位都相关，由此使随机分布的关键字得到的散列地址也是随机的，从而减少冲突。

4. 数字分析法

假设事先知道关键字集合，且每个关键字均由 m 位组成，每位上可能有 r 种不同的取值，则可根据 r 种不同的取值在各位上的分布情况，选取某几位，组合成散列地址。所选的位应满足各种取值在该位上出现的频率大致相同。

例 7-4 有一组关键字如下：

1	0	1	0	5	2	4
1	0	2	9	3	4	6
1	0	1	3	7	5	2
1	0	3	1	4	8	3
1	0	3	8	6	1	9
1	0	2	4	2	7	1
1	0	1	5	1	3	7
1	0	1	6	9	0	5
d1	d2	d3	d4	d5	d6	d7

关键字为 7 位十进制整数 d1d2d3d4d5d6d7，如散列表表长为 100，则地址空间为 0~99。则可取关键字中某两位组合成散列地址。经分析可知：d1d2 位均是“10”，d3 位

只可能取 1、2 和 3，因此，d1d2d3 位都不可取。余下四位分布较均匀，可取其中任意两位组合成散列地址，或取其中两位与另外两位叠加求和后，取低两位作散列地址。若取散列函数为 H(key)=H(d1d2d3…d7)=d4d7，则有 H(1010524)=04，H(1029346)=96。

5. 折叠法

将关键字分割成位数相等的几部分，最后一部分位数可以少些，然后将这几部分叠加求和，并依据散列表表长，取低几位作为散列地址，这种方法称为折叠法。叠加方式有两种：

（1）移位叠加：将分隔后的各部分的最低位对齐相加；

（2）间界叠加：从关键字一端向另一端各部分分界来回折叠，然后低位对齐相加。

例 7-5 设有关键字 key=20112247603123，散列表表长为 1000，即地址空间为 0～999，则可对关键字每三位一部分来分隔。

关键字可按如下方式分隔：<u>20</u>　<u>112</u>　<u>247</u>　<u>603</u>　<u>123</u>。

则通过移位叠加和间界叠加求得的散列地址分别如图 7.21(a)和图 7.21(b)所示。

```
   123          123
   603          306
   247          247
   112          211
+   20       +   20
  1105          907
```

(a) 移位叠加　　(b) 间界叠加

图 7.21　折叠法计算散列地址

当关键字位数较多（如身份证号码），且每一位上数值分布较均匀时，常采用折叠法作为散列函数。

6. 乘余取整法

把关键字 key 和小数 A 相乘，取小数部分再和整数 B 相乘，然后取结果的整数部分作为散列地址。即

$$H(key)=\lfloor B*(key*A-\lfloor key*A\rfloor)\rfloor$$

其中，A、B 为常数，且 0<A<1，B 为整数。该方法中，B 取什么值并不关键，但 A 的选择却很重要，最佳的选择依赖于关键字集合的特征。一般取 $A=(\sqrt{5}-1)/2=0.61803398\cdots$较为理想。

7. 随机数法

选择一个随机函数，取关键字的随机函数值为散列地址，即

$$H(key)=random(key)$$

其中，random( )为伪随机函数，通常，当关键字长度不等时采用此法构造散列函数较为恰当，且当散列表表长为 m 时，要确保函数值在 0～m−1 之间。

在实际应用中，应根据具体情况，灵活采用不同的散列函数。并用实际数据测试其性能，以便做出正确判断。通常应考虑以下 5 个因素：

（1）计算散列函数所需要的时间（包括硬件指令因素）；

（2）关键字的长度；

（3）散列表的表长；

（4）关键字的分布情况；

（5）记录查找的频率。

7.4.3 处理冲突的方法

如 7.4.1 节中所述，冲突不可能完全避免，因此，如何处理冲突是构造散列表必须解决的问题。

假设散列表的地址范围为 0~m–1，对于关键字 key，由 H(key)计算出的位置上已有元素时，则出现冲突，“处理冲突”就是另外找一个空的散列地址来存放关键字为 key 的数据元素。常用的处理冲突的方法有以下 4 种。

1. 开放定址法

所谓开放定址法，即冲突发生时，使用某种探测技术在散列表中形成一个探测序列。沿此序列寻找下一个空的散列地址，只要散列表足够大，总能找到空的散列地址，并将数据元素存入。

开放定址法的一般形式为

$$H_i(key)=(H(key)+d_i+m)\%m \qquad (1\leqslant i\leqslant m-1)$$

其中，H(key)为散列函数；m 为散列表表长；d_i 为增量序列。H(key)为初始的散列地址，后续的探测位置依次是 $H_1,H_2,\cdots,H_{m-1}$，即 $H(key),H_1(key),H_2(key),\cdots H_{m-1}(key)$为探测序列。按照形成探测序列的方法不同，可以将开放定址法分为线性探测法、二次探测法、双重散列探测法和伪随机探测法。

（1）线性探测法。

$d_i=i$，即 d_i 依次取 $1,2,3,\cdots,m-1$。因此 $H_i(key)=(H(key)+i)\%m$。

这种方法的特点是：冲突发生时，顺序查看散列表中下一存储位置，直到找出一个空位置或查遍全表回到 H(key)为止。

例 7-6 已知散列表的地址区间为 0~11（即表长 m=12），散列函数为 H(key)=key%11，采用线性探测法处理冲突，将关键字序列{13,3,32,27,15,24,54,18,20,10}依次存储到散列表中的过程如下。

为构造散列表，需要依次计算每个元素的散列地址：

H(13)=13%11=2；直接存储到 2 号位置；

H(3)=3%11=3；直接存储到 3 号位置；

H(32)=32%11=10；直接存储到 10 号位置；

H(27)=27%11=5；直接存储到 5 号位置；

H(15)=15%11=4；直接存储到 4 号位置；

H(24)=24%11=2；发生冲突，依次向后探测，而 3、4、5 号均被占用，接着探测到 6 号位置并存入；

H(54)=54%11=10；发生冲突，向后探测到 11 号位置并存入；

H(18)=18%11=7；直接存储到 7 号位置；

H(20)=20%11=9；直接存储到 9 号位置；

H(10)=10%11=10；发生冲突，向后探测 11 号，仍然冲突，接着探测到 0 号位置并存入。

最后得到的散列表如图 7.22 所示，同时在表下方标注了探测次数。

	0	1	2	3	4	5	6	7	8	9	10	11
	10		13	3	15	27	24	18		20	32	54
探测次数	③		①	①	①	①	⑤	①		①	①	②

图 7.22　线性探测法处理冲突时的散列表

线性探测法处理冲突时，只要散列表未满，总能找到一个空位置来存放相应的数据元素。但也有可能使第 i 个散列地址的同义词存入第 i+1 个散列地址，这样，本应存入第 i+1 个散列地址的元素变成了第 i+2 个散列地址的同义词，……，因此，可能出现很多元素在相邻的散列地址上“聚集”起来，即在处理同义词的冲突过程中又引来非同义词的冲突，大大降低了查找效率。为此，可采用二次探测法，双重散列探测法或伪随机探测法，以改善聚集现象。

（2）二次探测法。

$d_i=1^2，-1^2，2^2，-2^2，\cdots，k^2，-k^2 \quad (k\leqslant m/2)$

即　$H_i(key)=(H(key)\pm i^2+m)\%m \quad (1\leqslant i\leqslant m/2)$

这种方法的特点是：比较灵活，冲突发生时，在原散列地址的左右进行跳跃式探测，其偏移位置是 i 的二次方，故称为二次探测法。其缺陷是不易探测到整个散列空间。

如例 7-6 中使用二次探测法处理冲突，则构造散列表如图 7.23 所示。

	0	1	2	3	4	5	6	7	8	9	10	11
		24	13	3	15	27	10	18		20	32	54
探测次数		③	①	①	①	①	⑤	①		①	①	②

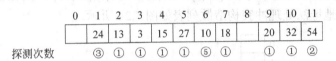

图 7.23　二次探测法处理冲突时的散列表

对关键字探测空的散列地址时，只有“24”和“10”这两个关键字与上例不同，$H(24)=24\%11=2$，发生冲突；计算 $H_1(key)=(H(24)+1^2+12)\%12=3$，仍然冲突；再计算 $H_2(key)=(H(24)-1^2+12)\ \%12=1$，找到空位置，存入。$H(10)=10$，发生冲突；计算 $H_1(key)=(H(10)+1^2+12)\%12=11$，仍然冲突；再计算 $H_2(key)=(H(10)-1^2+12)\%12=9$，仍然冲突；再计算 $H_3(key)=(H(10)+2^2+12)\%12=2$，仍然冲突；接着计算 $H_4(key)=(H(10)-2^2+12)\%12=6$，找到空位置，存入。

（3）双重散列探测法。

使用两个散列函数 H(key)和 RH(key)，故称双散列函数探测法。其形式为

$$H_i(key)=(H(key)+i\cdot RH(key)+m)\%m \quad (1\leqslant i\leqslant m-1)$$

即 $d_i=i\cdot RH(key)$，探测序列为 H(key)，(H(key)+RH(key) +m)%m，H(key)+2 •RH(key) +m)%m，…，(H(key)+(m−1) • RH(key) +m)%m。

双重散列探测法，先用第一个散列函数 H(key)计算散列地址，发生冲突时再用第二个散列函数 RH(key)确定探测的步长因子，然后通过探测函数使用步长因子寻找空位置。例如，给定关键字 key，H(key)=a，若发生冲突，则计算 RH(key)=b，得其后续的探测地址分别为 $H_1(key)=(a+b+m)\%m$，$H_2(key)=(a+2b+m)\%m$，…，$H_{m-1}(key)=(a+(m-1)b+m)\%m$。

注意：定义 RH(key)的方法很多，但无论采用什么方法，都必须使 RH(key)的值和 m 互素，才能使发生冲突的同义词均匀地分布在整个表中，否则可能造成同义词地址的循

环计算。该法不易产生聚集。

（4）伪随机探测法。

d_i 为伪随机数序列，具体实现时，应建立一个伪随机数发生器（如 i=(i+p)% m），并给定一个随机数作为起点。

2. 再散列法

$$H_i(key)=RH_i(key) \quad (i=1,2,\cdots,k)$$

RH_i 为不同的散列函数，当计算 key 的散列地址发生冲突时，通过另一个散列函数重新计算，直到冲突不再发生为止。这种方法不容易产生聚集，但增加了计算的时间。

3. 链地址法（拉链法）

该方法是将所有关键字为同义词（冲突）的记录存储在一个线性链表中，并将这些链表的表头指针放在数组中。

设散列函数得到的散列地址在区间[0，m–1]上，则定义一个指针数组

ElemType *eptr[m];

数组 eptr 中的 m 个指针初始值均为 NULL，凡散列地址为 i 的记录都插入到头指针为 eptr[i]的链表中，插入位置不限。

例 7-7 已知关键字序列{13,3,32,27,15,24,54,18,20,10}，则按散列函数 H(key)= key%11 和链地址法处理冲突构造散列表如图 7.24 所示。

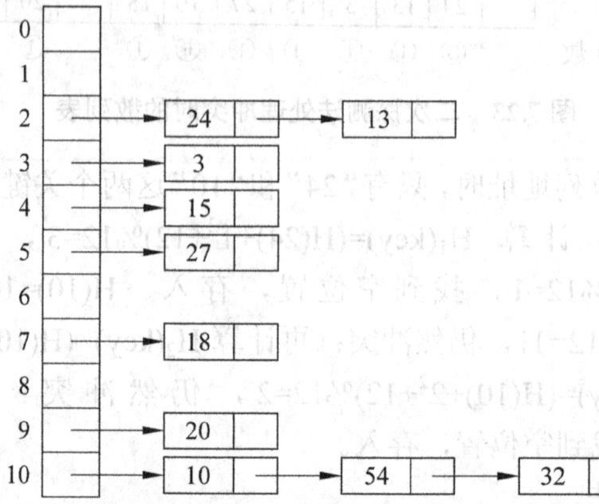

图 7.24 链地址法处理冲突时的散列表（链表的插入在表头进行）

由于 H(key)=key%11，所以散列地址为 0~10，即指针数组的长度 m=11。

链地址法比较简单，且无聚集现象，即非同义词绝不会发生冲突，因此平均查找长度最短，但需要额外的空间来存放指针。

4. 建立一个公共溢出区

设散列函数得到的散列地址在区间[0，m–1]上，则分配两个表：一个基本表 BaseTable[m]，每个单元只能存放一个记录；一个溢出表 OverTable[k]，所有关键字和基本表中关键字互为同义词的记录，一律存入该表。

7.4.4 散列表的查找及其分析

1. 散列表的查找

在散列表中查找元素的过程和构造表的过程基本一致。对给定关键字 key，由构造表所用的散列函数 H 计算出散列地址，若表中该位置为空，则查找失败；否则，比较关键字，若相等，则查找成功；否则根据构造表时采用的处理冲突的方法找下一个地址，再进行比较，直到找到关键字等于 key 的元素（查找成功）或找到空位置（查找失败）。

设例 7-6 中散列表为 HTable[12]（下标从 0 到 11），查找 key=54 的过程为：首先计算 H(54)=10，因 HTable[10]不空且 HTable[10]≠54，则按线性探测法计算 $H_1(54)=(H(54)+1)\%12=11$，HTable[11]不空且 HTable[11]=54，则查找成功，返回记录在表中的位置为 11。

查找 key=9 的过程为：首先计算 H(9)=9，因 HTable[9]不空且 HTable[9]≠9，则计算 $H_1(9)=(H(9)+1)\%12=10$，因 HTable[10]不空且 HTable[10]≠9，则计算 $H_2(9)=(H(9)+2)\%12=11$，因 HTable[11]不空且 HTable[11]≠9，则计算 $H_3(9)=(H(9)+3)\%12=0$，因 HTable[0]不空且 HTable[0]≠9，则计算 $H_4(9)=(H(9)+4)\%12=1$，因 HTable[1]为空，则表明散列表中不存在关键字为 9 的记录，查找失败。

2. 散列表的插入和删除

在散列表中插入记录时，首先进行查找操作，若查找成功则停止；若查找失败，表明散列表中没有该记录，对于链地址法处理冲突构造的散列表，则直接插入记录结点；而非链地址法处理冲突时则需进一步判断散列表是否已满，若已满，则插入失败，否则进行插入。

在散列表中进行删除时，也是先进行查找，若没找到则不作任何操作；若找到，对于链地址法处理冲突构造的散列表，则直接删除记录对应的结点；而非链地址法处理冲突时，则需在记录的位置上填入特定标记，以免查找不到在其之后插入的同义词记录。

3. 性能分析

插入和删除操作的时间均取决于记录的查找时间，在此只分析查找操作的时间性能。

从散列表的查找过程可知，不管采用何种方法处理冲突，产生冲突后的查找仍然是给定值与关键字进行比较的过程。因此，散列表的查找效率依然使用平均查找长度 ASL 来衡量。查找过程中，关键字的比较次数取决于发生冲突的多少。冲突少，查找效率则高；冲突多，查找效率则低。因此，影响冲突多少的因素，也就是影响查找效率的因素。影响冲突多少的因素有 3 个，即散列函数、处理冲突的方法以及散列表的装填因子。

分析这三个因素，尽管散列函数的“好坏”首先影响冲突产生的频度，但一般情况下，可认为所选的散列函数是均匀的，因此可以不考虑散列函数对平均查找长度的影响。由于散列表在查找失败时所用的比较次数也和给定值有关，可类似地定义散列表在查找失败时的平均查找长度：查找失败时，与给定值进行比较的关键字个数的期望值，记作 ASL_{unsucc}。

$$ASL_{unsucc}=\frac{1}{\text{散列函数取值个数r}}\sum_{i=1}^{r}C_i$$

其中，C_i 为函数取第 i 个值时，确定查找失败所需的关键字和给定值进行比较的次数。

对于相同的关键字序列，使用相同的散列函数，不同的处理冲突的方法得到的散列表不同，平均查找长度也不同。下面以线性探测法和二次探测法处理冲突为例进行分析。

如例 7-6 中的散列表，使用线性探测法处理冲突，记录个数 n=10，每个记录的查找长度 C_i 已在散列表下方标明，故其查找成功时的平均查找长度为

$$ASL_{succ}=\sum_{i=1}^{n}P_iC_i=\frac{1}{10}(3+1+1+1+1+5+1+1+1+2)=1.7$$

散列函数 H(key)=key%11 的取值个数 r=11（从 0～10），查找关键字为 key 的记录时，查找失败时的 C_i 是从 H(key)地址开始依次对探测序列直至遇到空位置进行比较的次数。如查找 key=2 的记录时，首先从 H(2)=2 号位置进行比较，HTable[2]非空且 HTable[2]≠2；接着在下一个位置进行比较……，直至 HTable[8]位置为空，方知查找失败，共比较 7 次。故查找失败时的平均查找长度为

$$ASL_{unsucc}=\frac{1}{11}(7+6+5+4+3+2+1+5+4+2+1)=\frac{40}{11}$$

在例 7-7 中，关键字序列和散列函数与例 7-6 中相同，但使用的处理冲突的方法却为链地址法。各链表中第一个结点对应的记录查找长度均为 1，第二个结点对应的记录查找长度均为 2，第 i 个结点对应的记录查找长度为 i。如 key=13 的记录，其查找长度为 2。故其查找成功时的平均查找长度为

$$ASL_{succ}=\sum_{i=1}^{n}P_iC_i=\frac{1}{10}(1\times 7+2\times 2+3)=1.4$$

查找关键字为 key 的记录时，查找失败时 C_i 的值等于第 i 个链表中的结点个数 $\left(\sum_{i=1}^{r}C_i=n\right)$。故查找失败时的平均查找长度为

$$ASL_{unsucc}=\frac{1}{11}(2+1+1+1+1+1+3)=\frac{10}{11}$$

4. 平均查找长度的理论估计

通常，散列函数相同、处理冲突方法也相同的散列表，其平均查找长度依赖于散列表的装填因子。散列表的装填因子定义为 $\alpha=\dfrac{\text{表中记录的个数}}{\text{散列表表长}}$。

可见，α是散列表装满程度的标志因子。表长确定时，α与表中记录的个数成正比。因此，α越大，表中记录越多，产生冲突的可能性就越大；α越小，表中记录越少，产生冲突的可能性就越小。

实验结果证明，散列表的平均查找长度是α的函数，只是不同处理冲突的方法对应的函数也不同。表 7-3 中列出了几种常见的处理冲突方法构造散列表的平均查找长度的理论估计值。

可见，散列表的平均查找长度是α的函数，而不是表中记录个数 n 的函数。因此，

不管n多大，总可以选择一个合适的α以使平均查找长度限定在一定范围内。如有关键字序列{CHA,CAI,LAN,WEN,JI,CAO,WU,LIU,CEN,LI,PAN,ZUO,YUN,AI,REN}，设计散列表，采用线性探测法处理冲突，要求所设计的表在查找成功时的平均查找长度不超过2.0，并验证所构造散列表的实际平均查找长度是否满足要求。

表 7-3 常见处理冲突方法构造散列表的平均查找长度的理论估计值

处理冲突的方法	平均查找长度	
	查找成功时	查找失败时
线性探测法	$Snl \approx \frac{1}{2}\left(1+\frac{1}{1-\alpha}\right)$	$Unl \approx \frac{1}{2}\left(1+\frac{1}{(1-\alpha)^2}\right)$
二次探测法 双重散列探测法 伪随机探测法 再散列法	$Snr \approx -\frac{1}{\alpha}\ln(1-\alpha)$	$Unr \approx \frac{1}{1-\alpha}$
链地址法	$Snc \approx 1+\frac{\alpha}{2}$	$Unc \approx \alpha + e^{-\alpha}$

由表7-3可知，$Snl \approx (1+1/(1-\alpha))/2 \leqslant 2.0$，可得装填因子$\alpha \leqslant 2/3$；由所给关键字序列知元素个数为15，得$\alpha=15/m$，故表长$m \geqslant 22.5$，在此取m=23（m为整数）。设散列函数H(key)=(关键字首尾字母在字母表中序号之和)%23，构造散列表如图7.25所示。得其查找成功时的平均查找长度为$ASL_{succ}=(1\times12+2\times2+3)/15<2.0$，满足要求。

	0	1	2	3	4	5	6	7	8	9	10	11	12	13	14	15	16	17	18	19	20	21	22
				LAN	CHA			PAN		REN	LIU	AI	CAI		WEN		YUN	CEN	CAO	JI	ZUO	WU	LI
探测次数				①	①			①		①	①	②	①		①		①	①	①	①	③	①	②

图 7.25 根据平均查找长度构造的散列表

散列方法存取速度快，也比较节省空间，静态查找和动态查找均适用。

习 题 7

一、填空题

1. 顺序查找n个数据元素的顺序表，若查找成功，则比较关键字的次数最多为________；当使用监视哨时，若查找失败，则比较关键字的次数为________。

2. 在有序表A[1..12]中，采用折半查找算法查等于A[12]的元素，所比较的元素下标依次为________________________；查找长度为4的元素个数为________。

3. 有一个3000项的表，欲采用等分区间索引顺序查找方法进行查找，则每块的理想长度是________，分成________块最为理想，平均查找长度是________；若顺序查找索引表每块长度为40，则分块查找的平均查找长度是________。

4. 高度为4的3阶B-树中，最多有________个关键字。

5. 二叉排序树的查找效率与二叉树的________有关，在________时其查找效率最低。

6. 在一棵 m 阶 B-树中，若在某结点中插入一个新关键字而引起该结点分裂，则此结点中原有的关键字的个数是________；若在某结点中删除一个关键字而导致结点合并，则该结点中原有的关键字的个数是________。

7. m 阶 B^+树是一棵________；其结点中关键字最多为________个，最少为________个。

8. 一棵含有 n 个关键字的 m 阶 B-树的查找路径长度不会大于________；查找时至多读盘________次。

9. 假定有 k 个关键字互为同义词，若用线性探测法把这 k 个关键字存入散列表中，至少要进行________次探测。

10. 高度为 5（除叶子层之外）的 3 阶 B-树至少有________个结点。

11. B^+树不仅支持________查询而且支持________查询。

12. 散列表是通过将记录的关键字按选定的________和________，把记录按关键字转换为地址进行存储的线性表。散列方法的关键是________和________。一个好的散列函数其转换地址应尽可能________，而且函数运算应尽可能________。

13. 在散列函数 H(key)=key%p 中，p 值最好取________或者________。

14. 已知二叉排序树的左右子树均不为空，则________上所有结点的值均小于它的根结点值，________上所有结点的值均大于它的根结点的值。

15. 动态查找表和静态查找表的重要区别在于前者包含________和________运算，而后者不包含这两种运算。

16. 平衡因子的定义是________________________________。

二、解答题

1. 试述顺序查找、折半查找和分块查找法对查找表的要求，对于长度为 n 的表来说，三种查找法在查找成功时的平均查找长度各是多少？

2. 顺序查找、折半查找和散列（哈希）查找的时间分别为 O(n)、$O(\log_2 n)$和 O(1)。既然有了高效的查找方法，为什么低效的方法还不放弃？

3. 在查找和排序算法中，监视哨的作用是什么？

4. 假定对有序表(3,4,5,7,24,30,42,54,63,72,87,95)进行折半查找，试回答下列问题：

（1）画出描述折半查找过程的判定树；

（2）若查找元素 54，需依次与哪些元素比较？

（3）若查找元素 90，需依次与哪些元素比较？

（4）假定每个元素的查找概率相等，求查找成功时的平均查找长度。

5. 求解高度为 7 的平衡二叉树至少有多少个结点。

6. 给定关键字序列{3,8,12,19,25,30,34,47}，做如下操作。

（1）按表中顺序依次将关键字插入一棵空二叉树中，画出插入完成后的二叉排序树，并求其在等概率情况下查找成功的平均查找长度；

（2）按表中关键字的顺序构造一棵平衡二叉树，并求其在等概率情况下查找成功的平均查找长度，与（1）比较，可得出什么结论？

7. 对下面的关键字序列{30,15,21,40,25,26,36,37}若查找表的装填因子为0.8，采用线性探测方法处理冲突，请完成以下要求：

（1）设计散列函数；（2）画出散列表；（3）计算查找成功和查找失败的平均查找长度。

8. 设有关键字序列{35,67,42,21,29,86,95,47,50,36,91}，散列函数为H(K)=K%11，用线性探测法处理冲突，试将关键字依次插入到散列表中（画出散列表的示意图），并计算平均查找长度ASL。

9. 在B-树和B+树中查找关键字时，有什么不同？

10. 对下面的3阶B-树，依次执行下列操作，画出各步操作的结果。

（1）插入90；（2）插入25；（3）插入45；（4）删除60；（5）删除80

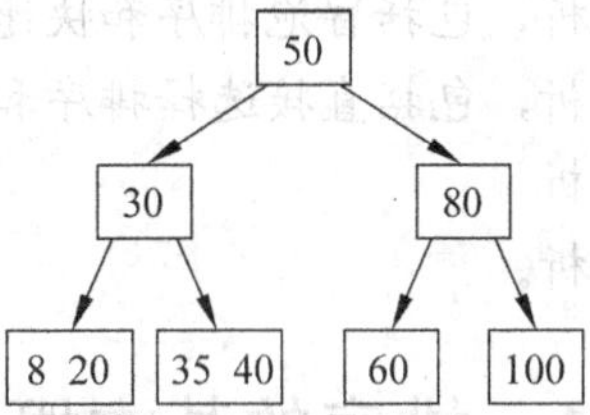

11. 直接在二叉排序树中查找关键字K与在中序遍历输出的有序序列中查找关键字K，其效率是否相同？输入关键字有序序列来构造一棵二叉排序树，然后对此树进行查找，其效率如何？为什么？

12. 为关键字序列{13,3,32,27,15,24,54,18,20,10}设计散列表，采用链地址法处理冲突，要求所设计的表在查找成功时的平均查找长度不超过1.3，并验证实际的平均查找长度是否满足要求。

三、算法设计题

1. 将二叉排序树中插入结点的算法改写成递归算法。

2. 利用折半查找算法在一个有序表中插入一个元素，并保持表的有序性。

3. 编写算法判别给定二叉树是否为二叉排序树。

4. 假设一棵平衡二叉树的每个结点都标明了平衡因子bf，试设计一个算法，求平衡二叉树的高度。

5. 已知某散列表HT的装填因子小于1，散列函数H(key)为关键字的第一个字母在字母表中的序号。处理冲突的方法为线性探测开放地址法。编写一个按第一个字母的顺序输出散列表中所有关键字的程序。

6. 在用除余法作为散列函数、线性探测处理冲突的散列表中，写一删除关键字的算法，要求将所有可以前移的元素前移去填充被删除的空位，以保证探测序列不致断裂。

第8章 内部排序

本章知识要点：

- 排序的基本概念。
- 插入排序算法及性能分析，包括直接插入排序、折半插入排序和希尔排序。
- 交换排序算法及性能分析，包括冒泡排序和快速排序。
- 选择排序算法及性能分析，包括直接选择排序和堆排序。
- 归并排序算法及性能分析。
- 基数排序算法及性能分析。

8.1 排序的基本概念

所谓排序，就是要重新排列一个数据元素（或记录）序列，使之按数据元素（或记录）的某个数据项值有序排列。“数据元素”或“记录”是进行排序的基本单位，把所有这些待排元素或记录称为“序列”。

由于待排序的记录数量不同，使得排序过程中涉及的存储器不同，可将排序方法分为两大类：内部排序和外部排序。**内部排序**是指待排序记录存放在计算机随机存储器中进行的排序过程；**外部排序**指的是待排序记录的数量很大，以致内存一次不能容纳全部记录，在排序过程中尚需对外存进行访问的排序过程。本章讨论的是内部排序，设定待排序序列均采用顺序存储，即使用一维数组存放记录。

每一个数据元素或记录内部都有一个作为排序依据的数据项，即关键码。若关键码是主关键码（关键码值不重复），则对于任意序列，无论采用何种排序方法，排序结果都是唯一的；若关键码（关键码可以重复），则排序结果可能不唯一，即相同关键码值的数据在排序前后的相对位置发生了变化。为了简单讨论，本章假设关键码为整型，并且讨论的都是按关键码由小到大的排列。

因此，待排序的数据元素类型定义如下：

```
typedef struct
{ int key;
  … ;                                    //其他数据项
}Rectype;
```

对于任意的数据元素序列，若在排序前后关键码值相同的数据元素之间的相对位置保持不变，这样的排序方法称为稳定的排序方法。若存在一组数据序列，在排序前后相同关键码值数据的相对位置发生了变化，那么这样的排序方法称为不稳定的排序方法。

在众多排序算法中，简单地说一种算法一定优于其他算法是不贴切的。评价一种排序算法的好坏主要还是通过空间代价和时间代价来衡量。空间代价一般是指执行时所需要的辅助空间。若排序算法所需要的辅助空间并不依赖于问题的规模 n，即辅助空间是 O(1)，则称为**就地排序**。非就地排序一般要求的辅助空间为 O(n)。在时间代价上，排序作为经常使用的一种运算，往往属于软件系统的核心部分，它的时间耗费可能会直接影响整个系统的执行时间。因此，排序算法所需时间是衡量排序算法好坏的重要标志。

排序算法的时间代价一般由执行过程中数据元素的总比较次数和总移动次数来决定，一次移动就是一次元素赋值，一次交换为三次移动。待排序的数据元素（或记录）个数，关键码和数据元素（或记录）的大小以及序列输入的原始有序程度都会影响到排序算法的相对运行时间。一般而言，所需时间越短算法越好。但是，估算排序算法时间代价时，需要分别考虑三种情况下的代价：最小时间代价（最好情况）、最大时间代价（最坏情况）和平均时间代价（平均情况）。本章中所讨论的各种排序算法都将给出这三种情况下的时间复杂度，但通常只给出结果或简单分析，不再进行深入分析。

8.2 插 入 排 序

插入排序的基本思想是：每次将一个待排序的数据元素（或记录），按关键码大小插入到前面已经排好序的子序列中，并使子序列保持有序，直到全部记录插入完成为止。

8.2.1 直接插入排序

直接插入排序是一种最简单的排序方法。它的基本操作是将一个数据元素插入到一个长度为 m（假设）的有序序列中，使之仍保持有序，从而得到一个新的长度为 m+1 的有序序列。

1. 基本思路

将待排序列分成两部分，一部分已排序；另一部分未排序。初始时，已排序部分只有这个序列第一个元素，依次取未排序部分中的每一个元素，插入到已排序部分中的恰当位置，直到最后完全排好序为止。

假设待排序列中有 n 个记录，存放在数组 r[1..n]中，则直接插入排序按照以下步骤进行：

① 初始情况下，序列中的有序部分只包含有一个元素 r[1]。

② 将无序部分的首元素 r[i] (1<i<n+1)插入到有序部分 r[1]~r[i−1]中。首先将 r[i]的值保存起来，以腾出该记录所占数组元素位置；从后往前依次将 r[i]与有序部分中的记录的关键码进行比较，比 r[i]大的记录需后移一位；直到出现 r[i].key≥r[j].key，则找到了正确的位置，将 r[i]插入在 j+1 位置上。

③ 重复执行第②步，直到序列中有序部分包含 n 个元素为止。

2. 直接插入排序算法

根据上述算法思想，可写出直接插入排序算法，如算法 8.1 所示。

```
void stInsertSort(Rectype r[],int n)
{int i,j;
 for (i=2;i<=n;i++)              //共进行 n-1 趟插入
  { r[0]=r[i];                   //r[0]为监视哨
    j=i-1;
    while (r[j].key>r[0].key) { r[j+1]=r[j]; j--;}
    r[j+1]=r[0];                 //将r[0]即原r[i]记录内容插到r[j]后一位置
  }
}
```

算法 8.1

图 8.1 所示为一个直接插入算法的例子。图中括号内表示有序部分，括号外表示无序部分。r[0]为监视哨，保存当前要插入的元素 r[i]，而每一行的数据表示 r[i]插入到有序部分后的序列。

直接插入排序算法也可以在链式存储结构基础上实现。

3. 性能分析

（1）时间性能分析

对于具有 n 个记录的序列，要进行 n–1 趟排序。每趟排序的操作分为比较关键码和移动记录，而这两种操作的执行次数取决于待排序列的初始排列。下面从最好、最坏、平均三种情况进行讨论。

- 最好情况：初始按正序排列,每趟排序过程只需一次比较，当前记录保存在监视哨中移动一次，回填到合适位置移动一次，共两次移动记录。总共有 n–1 趟，因此

	监视哨 r[0]	r[1]	r[2]	r[3]	r[4]	r[5]	r[6]	r[7]	r[8]
		(49)	38	65	97	76	13	27	65’
i=2	38	(38	49)	65	97	76	13	27	65’
i=3	65	(38	49	65)	97	76	13	27	65’
i=4	97	(38	49	65	97)	76	13	27	65’
i=5	76	(38	49	65	76	97)	13	27	65’
i=6	13	(13	38	49	65	76	97)	27	65’
i=7	27	(13	27	38	49	65	76	97)	65’
i=8	65	(13	27	38	49	65	65’	76	97)

图 8.1　直接插入排序

比较次数：$\sum_{i=2}^{n} 1 = n-1$

移动次数：$\sum_{i=2}^{n} 2 = 2(n-1)$

- 最坏情况：初始按逆序排列，在每趟排序过程中，需要最多的比较次数和最多的

数据移动次数。对于第 i 趟，需要将元素插入到有序部分的最前面位置，需要同前面的 i 个记录（包括监视哨）进行 i 次关键码比较；当前记录保存在监视哨中发生一次移动，回填时移动一次，前面序列 r[1]~r[i–1]依次后移共 i–1 次，总共移动了 i+1 次数据移动。总共 n–1 趟，因此

比较次数：$\sum_{i=2}^{n} i = \frac{1}{2}(n+2)(n-1)$

移动次数：$\sum_{i=2}^{n} (i+1) = \frac{1}{2}(n+4)(n-1)$

- 平均情况：第 i 趟排序操作需要和前面有序部分中大约一半的记录进行比较，即大约比较 i/2 次，需要移动记录也大约比较 i/2 次。因此，直接插入排序的时间复杂度在平均情况和最坏情况下都为 $O(n^2)$。

（2）空间性能分析

从空间性能上来看，直接插入排序算法在排序过程中仅用了一个辅助单元 r[0]。因此，它的空间复杂度 S(n)=O(1)。

（3）稳定性

直接插入排序是一个稳定的排序算法。在排序过程中，每次插入的记录只与临近记录逐个比较，直到找到第一个不大于该记录的值为止。图 8.1 中 i=8 的那一行，直接插入排序算法不会改变两个 65（为加以区分，记为 65 和 65’）的原始顺序。

8.2.2 折半插入排序

直接插入排序算法中向有序部分插入一个记录时，插入位置的确定是通过对有序部分中记录按关键码从后往前逐个比较得到的，这种方法实际就是顺序查找法。由于是在有序部分确定插入位置，所以可以采用顺序查找的改进方法折半查找（二分查找）法来定位。

1. 基本思路

折半插入排序与直接插入排序算法类似，其基本操作仍是向有序部分插入一个记录，不同之处在于采用折半法确定插入位置，并在位置确定后将该位置之后的元素依次后移。

2. 折半插入排序算法

具体实现如算法 8.2 所示。

```
void binInsertSort(Rectype r[],int n)
{ int i,j,low,mid,high;
  for (i=2; i<=n; i++)
    { r[0]=r[i];                      //保存待插入元素 r[i]
      low=1; high=i-1;
      while (low<=high)               //确定插入位置
        { mid=(low+high)/2;
          if (r[0].key>r[mid].key)  low=mid+1;
```

算法 8.2

```
        else   high=mid-1;
      }
    for (j=i-1; j>=high+1; j--)
        r[j+1]=r[j];                              //后移元素,空出插入位置
    r[high+1]=r[0];                               //将元素插入合适位置
  }
}
```

算法 8.2（续）

折半插入排序只适用于顺序存储的序列。

3. 性能分析

对于具有 n 个记录的序列，要进行 n–1 趟排序。

（1）时间性能分析

已知使用折半查找算法进行定位需要比较的次数至多是$\lceil \log_2(n+1) \rceil$，在每一趟排序中都要为待插入元素查找合适位置，共需要进行 n–1 趟，因此，整个排序过程需要比较次数为 $O(n\log_2 n)$。而数据的移动次数跟直接插入排序算法相同，为 $O(n^2)$。

（2）空间性能分析

折半查找排序与直接插入排序算法一样，在排序过程中仅用了一个辅助单元 r[0]。因此，它的空间复杂度为 S(n)=O(1)。

（3）稳定性

折半插入排序是一个稳定的排序算法。

8.2.3 希尔排序

从直接插入排序算法的性能分析中可以看出：当待排序列中元素个数 n 较小时，排序的效率较高；当元素个数 n 较大时，若序列已基本有序，排序的效率也是较高的。希尔排序就有效利用了这两个性质，提高了排序效率。

1. 基本思路

希尔排序在 1959 年由 D.L.Shell 提出。它通过分组进行排序：先将待排序列中的元素分属若干子序列，而且要保证同一子序列中的记录在原始序列中不相邻，且位置间距相同，分别对这些较小的子序列进行插入排序；然后，减少记录间的间距，减少子序列个数，将刚刚得到的序列再分为若干更大、更有序的子序列，分别进行插入排序；重复将分组-排序过程进行下去，直到最后记录间的间距为 1（整个序列趋于有序）为止，即整个序列为一组时，对其进行插入排序。假设序列中有 n 个记录，则希尔排序的基本步骤为：

① 按选定的距离分组，假设相邻两个元素的距离为 1，按选定距离分组就是：彼此相距指定距离的元素划为一组。初始时选定一个适当的距离 $d_1(d_1<n)$；

② 在每组内进行插入排序；

③ 修改距离，选一个小于 d_1 的距离 d_2；

④ 重复步骤①②③的分组和排序操作，直到取 $d_i=1(i\geqslant 1)$ ，即所有记录成为一个

组为止。

由于希尔排序按照不断缩小的增量将原始序列分成若干个子序列，因此它又被称为缩小增量排序。希尔排序中对增量值 d_i 的选取并无严格规定，但一般遵循两个原则：

- 尽量避免增量序列中的值（尤其是相邻的值）互为倍数。
- 增量序列中最后一个增量必须为 1。

设有的关键码序列为{49, 38, 65, 97, 76, 13, 27, 49',55,4}，增量 d_i 取为{5, 3, 2,1}，则排序过程如图 8.2 所示。

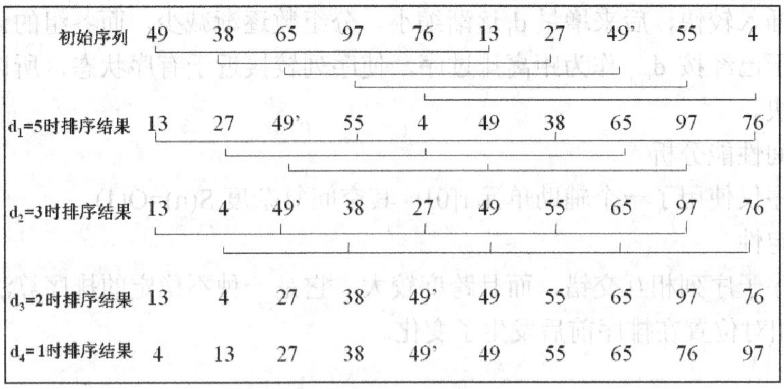

图 8.2 希尔排序

2. 希尔排序算法

具体实现如算法 8.3 和算法 8.4 所示。

```
void ShellInsert(Rectype r[],int dk)
//对 r[1..n]进行一趟插入排序,dk 为当前增量
{int i,j;
   for(i=dk+1;i<=n;i++)
     if(r[i].key<r[i-dk].key)
      { r[0]=r[i];
       for(j=i-dk;j>0&&r[0].key<r[j].key;j-=dk)
          r[j+dk]=r[j];
       r[j+dk]=r[0];
      }
}
```

算法 8.3

```
void ShellSort(Rectype r[],int d[],int t)
//按增量序列 d[1..t]对序列 r[1..n]进行希尔排序
{   int k;
  for (k=1;k<=t;++t)
    ShellInsert(r,d[k]);        //进行一趟增量为 d[k]的插入排序
}
```

算法 8.4

3. 性能分析

（1）时间性能分析

希尔排序时间性能分析很困难，关键码的比较次数与记录移动次数依赖于增量序列的选取，而如何选择增量序列才能产生最好的排序效果，至今没有得到解决。但可以确定的是，希尔排序的时间性能要优于直接插入排序，其主要原因是：分组后待排序列长度 n 值减小，n^2 更小，即不论序列初态怎样，插入排序的最好时间复杂度 O(n)和最坏时间复杂 $O(n^2)$差别不大。在希尔排序开始时增量较大，分组较多，每组的记录数目少，故各组内直接插入较快，后来增量 d_i 逐渐缩小，分组数逐渐减少，而各组的记录数目逐渐增多，但由于已经按 d_{i-1} 作为距离排过序，使序列较接近于有序状态，所以新的一趟排序过程也较快。

（2）空间性能分析

希尔排序仅使用了一个辅助单元 r[0]，其空间复杂度 S(n)=O(1)。

（3）稳定性

希尔排序子序列相互交错，而且跨度较大，它是一种不稳定的排序算法。图 8.2 中 49 和 49’的相对位置在排序前后发生了变化。

8.3 交 换 排 序

交换排序主要通过两两比较待排序列中记录的关键码，发现记录逆置则进行交换，直到没有逆置对为止。交换排序的特点是：将关键码值较大的记录向序列的后部移动，关键码较小的记录向前移动。常用的两种交换排序方法是冒泡排序和快速排序。

8.3.1 冒泡排序

冒泡排序是最基本的交换排序方法，它的基本操作就是比较和交换，且这些操作都是在相邻两个记录之间进行的。

1. 基本思路

冒泡排序的基本思想是基于相邻记录的两两比较，通过交换让关键码小的记录向上浮（前移），关键码大的记录向下沉（后移）。对于长度为 n 的待排序列保存在数组 r[1..n]中，冒泡排序按照下述步骤进行排序：

① 将第一个记录的关键字与第二个记录的关键字进行比较，若为逆序 r[1].key> r[2].key，则交换；然后比较第二个记录与第三个记录；依此类推，直到第 n–1 个记录和第 n 个记录比较为止。此为第 1 趟冒泡排序，其排序结果是关键码最大的记录被安置在最后一个记录 r[n]；

② 对前 n–1 个记录进行第 2 趟冒泡排序，使关键码次大的记录被安置在 r[n–1]；

③ 重复上述过程，直到“在某趟排序过程中没有进行过交换记录的操作”为止。

冒泡排序算法还可以按照不断找出第 i 小的记录来进行：即从序列尾端开始两两比较，将较小的交换上移。第 1 趟冒泡找出最小的记录放到最前端，第 2 趟找出次小，……，如此重复，也可得到排序效果。

图 8.3 所示为一个冒泡排序的例子。图中详细给出了第 1 趟排序的过程，当前进行两两比较的关键码值带下划线表示。第一次 49 与 38 进行比较，不满足排序规则，交换；继续比较 49 和 65，65 和 97，均满足排序规则，不发生交换；当进行到 97 和 76 比较时，不满足排序规则，发生交换。这样一直进行下去，最终得到第 1 趟的排序结果。按照冒泡排序的算法步骤进行每一趟排序，在第 6 趟排序过程中，没有发生数据交换，这时，整个序列已经按升序有序，不需再进行冒泡，排序结束。

第1趟开始	49	38	65	97	76	13	27	65’
	38	49	65	97	76	13	27	65’
	38	49	65	97	76	13	27	65’
	38	49	65	97	76	13	27	65’
	38	49	65	76	97	13	27	65’
	38	49	65	76	13	97	27	65’
	38	49	65	76	13	27	97	65’
第1趟结果	38	49	65	76	13	27	65’	**97**
第2趟结果	38	49	65	13	27	65’	**76**	**97**
第3趟结果	38	49	13	27	65	**65’**	**76**	**97**
第4趟结果	38	13	27	49	**65**	**65’**	**76**	**97**
第5趟结果	13	27	38	**49**	**65**	**65’**	**76**	**97**
第6趟结果	**13**	**27**	**38**	**49**	**65**	**65’**	**76**	**97**

图 8.3　冒泡排序

2. 冒泡排序算法

冒泡排序算法如算法 8.5 所示。

```
void BubbleSort(Rectype r[],int n)
//长度为 n 的序列 r 按升序进行冒泡排序,降序类似
{  for(i=1;i<n;i++)
   {  swap=0;                              //交换标志
      for(j=1;j<=n-i;j++)
         if(r[j].key>r[j+1].key)           //不满足排序规则,交换
           { r[0]=r[j+1];r[j+1]=r[j];r[j]=r[0];
             swap=1;
           }
      if(swap==0) break;                   //此趟没有发生交换,排序结束
   }
}
```

算法　8.5

3. 性能分析

（1）时间性能分析。

- 最好情况：初始序列为正序。此时在第 1 趟冒泡排序过程中一次交换都未发生，排序就可结束。因此，排序过程需要比较的次数为 n–1 次，需要交换的次数为 0。

- 最坏情况：初始序列为逆序。此时，每一趟冒泡都是必需的，共需要进行 n–1 趟。每一趟冒泡过程中需要的比较次数和交换次数都最多，第 i 趟冒泡过程中需要比较的次数为 n–i，数据交换的次数为 n–i。因此，

  比较次数：$\sum_{i=2}^{n-1}(n-i)=\frac{1}{2}n(n-1)$

  交换次数：$\sum_{i=2}^{n-1}(n-i)=\frac{1}{2}n(n-1)$

- 平均情况：每趟冒泡过程中比较次数和交换次数都是最多次数的一半，

$$\sum_{i=2}^{n-1}(n-i)/2=\frac{1}{4}n(n-1)$$

因此，冒泡排序的最坏、平均情况的时间复杂度均为 $O(n^2)$。

（2）空间性能分析。

冒泡排序仅使用了一个辅助单元 r[0]，其空间复杂度为 S(n)=O(1)。

（3）稳定性。

冒泡排序是一种稳定的排序算法。图 8.3 中，冒泡排序算法没有改变两个 65 的原始顺序。

8.3.2 快速排序

一趟冒泡排序后，可以确定一个关键字的最后位置，但它却是经过了很多次的重复比较才完成的。快速排序中不存在重复比较的问题，它具有“一趟排序中确定一个关键字的最终位置”的特点。快速排序方法在 1962 年由 Tony Hoare 发明，它几乎是最快的排序算法，被评选为 20 世纪十大算法之一。

1. 基本思路

快速排序的核心操作是划分，它对序列的划分不是随意进行而是尽量将原序列划分为两半。基本思想主要是：

① 从待排序序列 D 中任意选择一个记录 p 作为基准值（轴值）。

② 将剩余的记录划分成左子序列 L 和右子序列 R。L 中所有记录的关键码值都小于 p 的关键码值；R 中所有记录的关键码值都大于或等于 p 的关键码值。因此，此次划分后记录 p 正好位于最终的正确位置。

③ 对子序列 L 和子序列 R 进行快速排序，直到子序列中只含有一个元素。

可以看出，快速排序是一个递归的过程，每一趟依照当前基准值对序列划分后都会确定一个记录（轴值）的最终位置。因此，快速排序的过程就是一个不断对序列进行划分的过程，划分操作是实现快速排序的关键。

每一趟划分后应尽量使得序列成为均匀的两半，而这主要依赖于轴值的选取。最简单的办法就是选取当前序列的首记录作为轴值。但这样的弊端在于：当待排序列的原始输入顺序是有序时，每次划分都会将剩余记录全都分到一个序列中，另一个序列却为空。从而使快速排序的“分而治之”无法实现，快速排序变得不快。可以选取中间位置

的记录作为轴值，这种轴值在输入数据为有序时可以平分序列。

本章采用序列首元素作为轴值来讨论快速排序的划分过程。对于长度为 n 的待排序列保存在数组 r[1..n]中，快速排序的过程具体如下：

① 设置两个工作指针（下标值）i 和 j 分别指向待排序序列的首元素和末元素。令轴值为首元素 r[i]，可以将其保存在 r[0]中，假设其关键码值为 pivotkey。

② 交替重复执行下述操作，直到 i=j，完成一趟划分。

- 从 j 开始进行左侧扫描，凡关键码≥pivotkey，将 j−−，直到遇到关键码＜pivotkey；如果 i＜j，则将该记录存入 i 所指处，并 i++；
- 从 i 开始进行右侧扫描，凡关键字≤pivotkey，将 i++，直到遇到关键字＞pivotkey；如果 i＜j，则将该记录存入 j 所指处，并 j−−。

③ i（或 j）指明了轴值所在的最终位置，将轴值存入。

图 8.4 所示为快速排序的一趟划分过程。

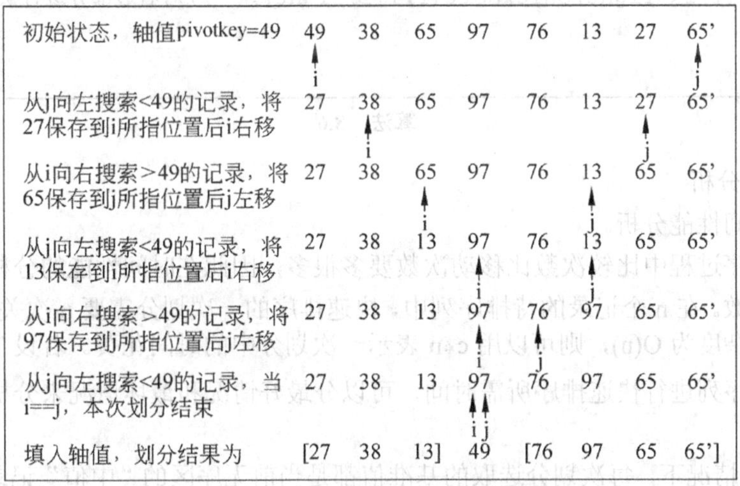
初始状态，轴值pivotkey=49　49　38　65　97　76　13　27　65'
i　j
从j向左搜索<49的记录，将27保存到i所指位置后i右移　27　38　65　97　76　13　27　65'
i　j
从i向右搜索>49的记录，将65保存到j所指位置后j左移　27　38　65　97　76　13　65　65'
i　j
从j向左搜索<49的记录，将13保存到i所指位置后i右移　27　38　13　97　76　13　65　65'
i　j
从i向右搜索>49的记录，将97保存到j所指位置后j左移　27　38　13　97　76　97　65　65'
i　j
从j向左搜索<49的记录，当i==j，本次划分结束　27　38　13　97　76　97　65　65'
i j
填入轴值，划分结果为　[27　38　13]　49　[76　97　65　65']

图 8.4　快速排序的一趟划分过程

经过划分后，轴值到了最终排好序的位置，再分别对轴值前后的两个子序列进行划分，直到每组只有一个记录为止，此时就是最后的有序序列。图 8.5 给出了快速排序过程中每趟划分的结果。

以49为轴时	[27	38	13]	49	[76	97	65	65']
分别以27，76为轴时	13	27	38	49	[65'	65]	76	97
以65'为轴时	13	27	38	49	65'	65	76	97
最终排序结果	13	27	38	49	65'	65	76	97

图 8.5　快速排序

2. 快速排序算法

快速排序算法如算法 8.6 所示。

```
void QuickSort(Rectype r[],int left,int right)
//对待排序列 r[1..n]的进行快速排序,首尾元素的位置分别为 left 和 right
{int i,j;
 i=left; j=right;
r[0]=r[left];                          //轴值为首元素
while(i<j)
{ while(j>i&&r[j].key>=r[0].key) j--;
  if(i<j){ r[i]=r[j];i++;}             //比轴值关键码小的到左边
   while(j>i&&r[i].key<=r[0].key) i++;
  if(i<j){ r[j]=r[i];j--;}             //比轴值关键码大或相等的到右边
 }
 r[i]=r[0];                            //将轴值置入正确位置为 i
 if(left<right)
   {if(left<=i-1)QuickSort(r,left,i-1);   //对左边部分进行快速排序
    if(i+1<=right)QuickSort(r,i+1,right);  //对右边部分进行快速排序
   }
}
```

算法　8.6

3. 性能分析

（1）时间性能分析。

快速排序过程中比较次数比移动次数要多很多，因此在时间性能的分析上可以主要考虑比较次数。在 n 个记录的待排序列中，快速排序的一次划分需要 n 次关键码的比较，因此时间复杂度为 O(n)，则可以用 c∗n 表示一次划分中的时间花费。若设 T(n)为对 n 个记录的待排序列进行快速排序所需时间，可以分最好情况和最坏情况来分析快速排序的时间性能。

- 最好情况下，每次划分选取的基准值都是当前无序区的“中值”记录，每次划分后都得到两个长度减半的子序列。

$T(n)=cn+2T(n/2)$，由此可以很容易得到$\dfrac{T(n)}{n}=\dfrac{T(n/2)}{n/2}+c$，依此类推，可得：

$$\frac{T(n/2)}{n/2}=\frac{T(n/4)}{n/4}+c，\quad \frac{T(n/4)}{n/4}=\frac{T(n/8)}{n/8}+c，\quad \cdots，\quad \frac{T(2)}{2}=\frac{T(1)}{1}+c$$

此时，快速排序共需要进行 $\log_2 n$ 次的划分，所以

$\dfrac{T(n)}{n}=\dfrac{T(1)}{1}+c\log_2 n$，则最后得：

$T(n)=nT(1)+cn\log_2 n$，其中 T(1)是一个常数。因此，快速排序的最小时间代价为 $O(n\log_2 n)$。

- 最坏情况下，每次划分选取的基准值都是当前无序区中关键字最小（或最大）的记录，每次划分都会将所有记录全部分到一个子序列中，而另一个子序列为空。这种情况下，下一次处理的子序列长度只比当前的减少 1 个。

$$T(n)=cn+T(n-1)$$
$$T(n-1)=c(n-1)+T(n-2)$$
$$T(n-2)=c(n-2)+T(n-3)$$
$$\vdots$$
$$T(2)=c(2)+T(1)$$

因此，总的时间代价为

$$T(n)=T(1)+c\sum_{i=2}^{n}i$$

可以看出，快速排序的最大的时间代价为 $O(n^2)$。

- 平均情况下，需要考虑所有可能的情况，对各种情况的时间耗费进行求和后，除以总情况数。假设每次划分时，轴值处于序列中各位置的概率是相同的。也就是说，轴值将序列分成长度 0 和 n–1，1 和 n–2，2 和 n–3，…的子序列概率相同，都为 1/n。

若划分后两个子序列的长度分别是 i 和 n–i–1，对它们进行快速排序所需时间分别为 T(i)和 T(n–i–1)。因此有

$$T(n)=T(i)+T(n-i-1)+cn$$

在等概率的假设下，T(i)和 T(n–i–1)相同，即 $T(i)=T(n-i-1)=\frac{1}{n}\sum_{k=0}^{n-1}T(k)$，则

$$T(n)=cn+\frac{2}{n}\sum_{k=0}^{n-1}T(k) \tag{1}$$

两边同乘以 n，得到 $nT(n)=cn^2+2\sum_{k=0}^{n-1}T(k)$，将 n–1 代入，得到

$$(n-1)T(n-1)=c(n-1)^2+2\sum_{k=0}^{n-2}T(k) \tag{2}$$

由式（1）和式（2）相减得

$nT(n)-(n-1)T(n-1)=c(2n-1)+2T(n-1)$，即

$nT(n)=(n+1)T(n-1)+2nc-c$，忽略常数–c，有 $nT(n)=(n+1)T(n-1)+2nc$，两边同乘以 $\frac{1}{n(n+1)}$，可以得到

$$\frac{T(n)}{n+1}=\frac{T(n-1)}{n}+\frac{2c}{n+1}$$

依此类推，得到

$$\frac{T(n-1)}{n}=\frac{T(n-2)}{n-1}+\frac{2c}{n}$$
$$\cdots$$
$$\frac{T(2)}{3}=\frac{T(1)}{2}+\frac{2c}{3}$$

所以可以得到 $\frac{T(n)}{n+1}=\frac{T(1)}{2}+2c\sum_{i=3}^{n+1}\frac{1}{i}$。

因此，快速排序平均情况下的时间代价为 $O(n\log_2 n)$ 。

（2）空间性能分析。

快速排序是递归的，每层递归调用时的指针和参数均需要用栈来存放，递归调用层次数与待排序列的划分次数一致。快速排序最好情况和平均情况下需要划分 $\lfloor\log_2 n\rfloor+1$ 次，最坏情况下需要划分 n 次，所以快速排序的空间性能为：

- 最坏情况：$S(n)=O(n^2)$。
- 最好情况，一般情况：$S(n)=O(\log_2 n)$。

因此，可以看出快速算法的优势并不是绝对的。当原序列初始有序或基本有序时，快速排序时间复杂度是 $O(n^2)$，这种情况下快速排序不快，反而退化为冒泡排序。通常快速排序被认为在同数量级 $O(n\log_2 n)$的排序方法中是平均性能最好的。

（3）稳定性。

快速排序是一种不稳定的排序算法。图 8.4 中 65 和 65'的相对位置在排序前后发生了变化。

8.4 选择排序

选择排序的算法思想是逐个选出待排序列中关键码第 i 小（大）的记录，并按从左到右将其放入到第 i 个位置。这样，由选取记录的顺序，就得到关键码有序的序列。本节将介绍直接选择排序和堆排序两种选择排序方法。

8.4.1 直接选择排序

直接选择排序是一种最简单的选择排序方法。该方法中，一个记录最多只需进行一次交换就可以直接到达它的排序位置。

1. 基本思路

简单选择排序的基本思想是：每一趟在 n−i+1(i=1,2,3,…,n−1)个记录中选取关键字最小(大)的记录作为有序序列中的第 i 个记录。对于长度为 n 的待排序列保存在数组 r[1..n]中，将其按照从小到大的顺序排列，则具体实现过程如下：

① 将整个待排序列划分为有序区域和无序区域，有序区域位于最左端，无序区域位于右端，初始状态有序区域为空，无序区域含有待排序的所有 n 个记录。进行第 i(i=1,2,3,…,n−1)趟排序时，有序区域为 r[1]~r[i−1]，无序区域为 r[i]~r[n]。

② 设置一个整型变量 min，用于记录在一趟的比较过程中，当前关键码值最小记录的位置。开始 min 设定为当前无序区域的第一个位置，假设这个位置的关键码最小，即有 min=i；然后用该记录与无序区域中其他记录进行比较，若发现有比它的关键字还小的记录，就将 min(改为这个新的最小记录位置，随后再用 r[min].key 与后面的记录进行比较，并根据比较结果，随时修改 min 的值。一趟比较结束后，min 中保留的就是本趟选择的关键码最小的记录的位置。

③ 将 r[min]交换到无序区域的第一个位置，即 r[min]与 r[i]互换。此时，有序区域扩展了一个记录，而无序区域减少了一个记录。

④ 不断重复②、③，直到无序区域剩下一个记录为止。此时所有的记录已经按关键字从小到大的顺序排列就位。

图 8.6 所示为一个直接选择排序的例子。图中每行表示经过第 i 趟选择之后的序列，用中括号表示无序区域。

	r[1]	r[2]	r[3]	r[4]	r[5]	r[6]	r[7]	r[8]
初始序列	[49	38	65	97	65'	13	27	76]
第1趟结果	**13**	[38	65	97	65'	49	27	76]
第2趟结果	**13**	**27**	[65	97	65'	49	38	76]
第3趟结果	**13**	**27**	**38**	[97	65'	49	65	76]
第4趟结果	**13**	**27**	**38**	**49**	[65'	97	65	76]
第5趟结果	**13**	**27**	**38**	**49**	**65'**	[97	65	76]
第6趟结果	**13**	**27**	**38**	**49**	**65'**	**65**	[97	76]
第7趟结果	**13**	**27**	**38**	**49**	**65'**	**65**	**76**	[97]

图 8.6 直接选择排序

2. 直接选择排序算法

直接选择排序算法如算法 8.7 所示。

```
void SelectSort(Rectype r[],int n)
 { int i,j,min;                       //min 为每次选择的最小值元素下标
   for (i=1; i<=n-1; i++)             //每次选择范围的起点为 i
    { min=i;
      for (j=i+1; j<=n; j++)          //依次与起点之后的元素比较
        if (r[j].key<r[min].key) min=j;  //记录每次比较中较小的元素下标
      if (min!=i)                     //若最小元素下标不为起点
       {r[0]=r[i]; r[i]=r[min]; r[min]=r[0];} //与起点元素交换位置
    }
 }
```

算法 8.7

3. 性能分析

（1）时间性能分析。

从算法中可以看出，直接选择排序外层循环控制趟数，可以进行 n–1 趟的选择。内存循环控制比较次数，进行第 i 趟的选择需要比较 n–i 次的比较。因此，无论什么情况，总的比较次数都为：

$$\sum_{i=1}^{n-1}(n-i)=n(n-1)/2$$

直接选择排序中总的移动的次数在最好时是 0 次，最坏情况时是 3(n–1)次。因此，直接选择排序总的时间代价不论是最好、最坏和平均情况下都为 $O(n^2)$。

（2）空间性能分析。

直接选择排序仅在交换记录时使用了一个临时单元 r[0]，其空间复杂度为 S(n)=O(1)。

（3）稳定性。

直接选择排序中，记录交换的跨度是比较大的，相同关键码值的记录在交换时很有可能改变相对位置。因此，直接选择排序是一种不稳定的排序算法。图 8.6 中，算法的执行改变 65 和 65'的原始顺序。

8.4.2 堆排序

设有 n 个元素的序列$\{k_1, k_2, \cdots, k_n\}$，当且仅当满足下述关系之一时，称为堆。

$$\begin{cases} k_i \leqslant k_{2i} \\ k_i \leqslant k_{2i+1} \end{cases} \quad 或 \quad \begin{cases} k_i \geqslant k_{2i} \\ k_i \geqslant k_{2i+1} \end{cases} \quad 其中 i=1,2,\cdots,n/2$$

前者称为小顶堆，后者称为大顶堆。如序列{97,65,76,27,38,49,65',13}是一个大顶堆，序列{13,38,27,65,76,49,65',97}是一个小顶堆。

用一个顺序空间存储序列$\{k_1, k_2, \cdots, k_n\}$，则该序列可以看作一棵顺序存储的完全二叉树，那么 k_i、k_{2i} 和 k_{2i+1} 的关系就是双亲与其左、右孩子之间的关系。因此，通常用完全二叉树的形式直观的描述一个堆。从堆的定义中可以看出，该完全二叉树中所有非终端结点的值均不大于（或不小于）其左右孩子的值。如图 8.7 所示是上述两个堆的完全二叉树表示形式和它们的顺序存储结构。

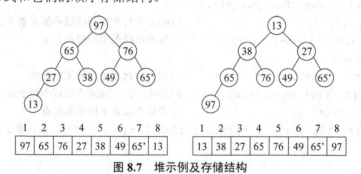

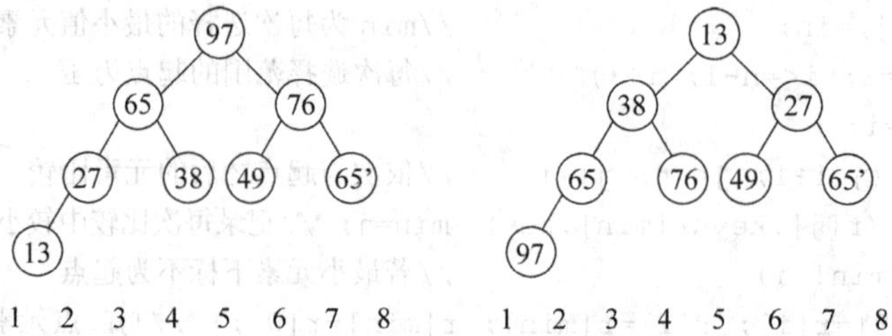

1	2	3	4	5	6	7	8
97	65	76	27	38	49	65'	13

1	2	3	4	5	6	7	8
13	38	27	65	76	49	65'	97

图 8.7 堆示例及存储结构

1. 基本思路

由堆的特点可知，若序列$\{k_1, k_2, \cdots, k_n\}$是堆，虽然序列中的记录无序，但堆顶记录的关键码一定是最大（或最小）的。因此首先将 n 个记录按关键码建成堆（称为初始堆），将堆顶元素输出后，将剩余的 n−1 个记录重新调整成堆，得到堆顶元素为次大（或次小）的。如此重复，便得到一个关键码有序的序列。这个过程称为堆排序。

实现堆排序，需要解决两个问题：

① 如何将 n 个记录组成的待排序列按关键码建成堆。

② 将堆顶元素输出后，如何将剩余的元素按关键码再调整成一个新堆。

解决第②个问题的过程常常被称为“筛选”，只有在当堆顶元素与其左右孩子可能不满足堆的特性，而其他子树均满足堆特性的前提下才进行。其方法如下：

输出堆顶元素之后，以当前堆中的最后一个元素替代之；然后将根结点值与左、右子树的根结点值进行比较，并与其中小者（或大者）进行交换；重复上述操作，直到叶子结点或得到新的堆。

对于一个小顶堆，如图 8.8(a)所示，输出堆顶元素后，以堆中最后一个元素代替堆顶，如图 8.8(b)所示。此时，根结点的左右子树都是堆，只需自上而下进行调整。首先将堆顶元素与其左右孩子进行比较，97 大于 38 和 27，将其与较小者交换，即 97 与 27 交换；但由于 97 代替 27 之后破坏了右子树的堆，需要对右子树继续调整直到叶子或没有发生交换，即 97 继续与 49 交换，调整后的结果如图 8.8(c)得到一个新堆。再次输出 27，将堆顶元素与当前堆的最后一个元素 65’交换并调整，得到如图 8.9(a)所示的新堆。

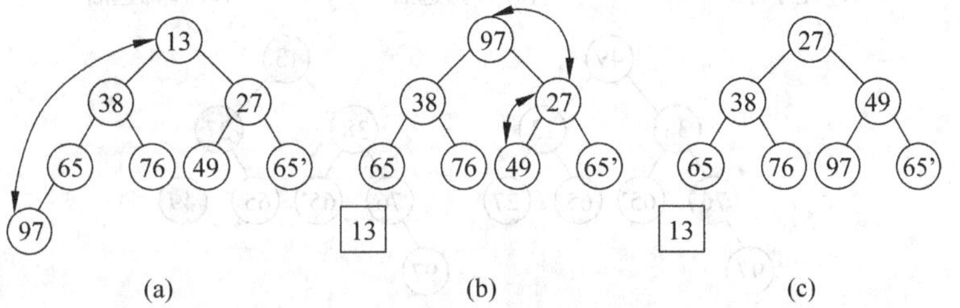

图 8.8　自堆顶到叶子的调整过程

图 8.9 给出了后续的筛选过程。由此可以看出，反复进行“筛选”，直到所有元素都输出，就可以得到一个有序序列。

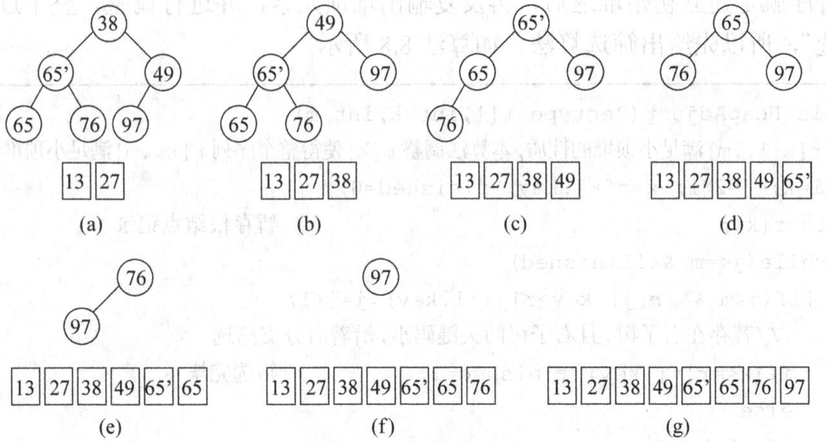

图 8.9　堆排序

对于对 n 个记录初始建堆的过程，仍然是一个反复进行筛选的过程。对于长度为 n 的待排序列保存在数组 r[1..n]中，并将其看成是一棵完全二叉树的顺序存储，则建堆的过程为：将每个叶子为根的子树视为堆，然后对最后一个非终端结点 r[n/2]为根的子树进行调整，再对 r[n/2–1]的子树进行调整，……，直到对 r[1]为根的树进行调整，从而得到一个堆。例如，图 8.10 是一个建初始小堆的过程。图 8.10(a)中的完全二叉树表示一个有 8 个元素的无序序列，筛选从第 4 个元素开始，97 大于 38，二者交换，交换后的序列形成的完全二叉树如图 8.9(b)所示；同理，对元素 65 进行筛选，筛选后如图 8.10(c)

所示；继续对 76 筛选，结果如图 8.10(d)所示；最后对根结点 49 筛选，初始小堆如图 8.10(e)所示。

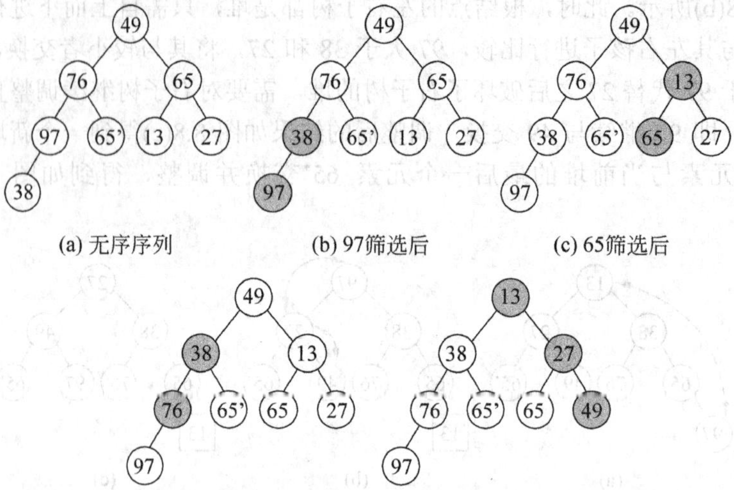

(a) 无序序列　　(b) 97筛选后　　(c) 65筛选后

(d) 76筛选后　　(e) 49筛选后建成堆

图 8.10　初始建堆的过程

2. 堆排序算法

堆排序就是建立初始堆之后，再反复输出堆顶元素，并进行调整。整个过程频繁进行“筛选”，所以先给出筛选算法，如算法 8.8 所示。

```
void HeapAdjust(Rectype r[],int k,int m)
//r[k+1..m]满足小顶堆的性质,本算法调整r[k]使得整个序列r[k..m]满足小顶堆性质
{ i=k; j=2*i; x=r[k].key; finished=0;
  rc=r[k];                                    //暂存根结点记录
  while(j<=m &&!finished)
   {if(j<m && r[j].key>r[j+1].key) j=j+1;
     //若存在右子树,且右子树的关键码小,沿着右分支筛选
    if(x<=r[j].key) finished=1;               //筛选完毕
    else
     { r[i]=r[j];
       i=j; j=2*i;                            //准备继续向下调整
     }
   }
  r[i]=rc;                                    //插入
}
```

算法　8.8

堆排序算法如算法 8.9 所示。

```
void HeapSort(Rectype r[])
//对 r[1..n]进行堆排序
{ for(i=n/2;i>=1;i--)
    HeapAdjust(r,i,n);                    //建初始堆
  for(i=n;i>=2;i--)
   {r[0]=r[1];r[1]=r[i];r[i]=r[0]; //堆顶元素 r[1]与堆底元素 r[i]交换
    HeapAdjust(r,1,i-1);               //将 r[1..i-1]重新调整成堆
   }
}
```

算法 8.9

3. 性能分析

（1）时间性能分析。

堆排序的主要时间耗费在建初始堆和调整堆上。对 n 个记录的待排序列建立深度为 k 的堆，已知 $k=\lfloor \log_2 n \rfloor+1$，则

建初始堆，总共进行的关键字比较不超过 4n 次，所以建堆的时间复杂度为 O(n)。

在筛选算法中，从根到叶子的筛选，关键码比较次数至多为 2(k–1)次，交换记录至多 k 次。调整、建新堆时调用 heapadjust 过程 n–1 次，因此，总的比较次数不超过：

$$2\sum_{k=1}^{n-2}\lfloor \log_2(n-k) \rfloor < 2n\lfloor \log_2 n \rfloor$$

所以，堆排序的总时间代价为 $O(n)+O(n\log_2 n)=O(n\log_2 n)$。理论上，堆排序最好、最坏、平均情况下的时间复杂度为 $O(n\log_2 n)$。

（2）空间性能分析。

堆排序仅在交换堆顶元素和堆底元素时使用了一个临时单元 r[0]，其空间复杂度为 S(n)=O(1)。

（3）稳定性。

在调整过程中，完全二叉树的父子结点之间的移动不能保证两个关键码相同的记录一定保持原始输入顺序。例如图 8.9 中，算法的执行改变 65 和 65’的原始顺序。

8.5 归 并 排 序

归并排序是利用“归并”技术来进行排序，所谓“归并”是指将若干个已排序的子序列合并成一个有序序列。归并排序通常分为 2-路归并和多路归并，2-路归并一般用于内部排序，多路归并一般用在外部磁盘数据排序中。本节主要介绍 2-路归并排序。

1. 基本思路

2-路归并排序的过程很简单，首先是将原始序列划分成两个子序列，再分别对这两个子序列进行归并排序。因此，2-路归并排序是一个递归的过程，它主要包含两个操作：划分序列和将两个有序表合并为一个有序表。

如图 8.11 所示的归并排序的递归过程。序列中共有 8 个记录，首先不断向下将原始序列划分为越来越多的子序列，直到子序列长度为 1，停止划分，此时共有 8 个长度为 1 的子序列。然后进行第 1 轮归并，将 4 对长度为 1 的子序列归并为 4 个长度为 2 的子序列，再归并出两个长度为 4 的子序列，最后归并成一个长度为 8 的序列，得到最终结果。

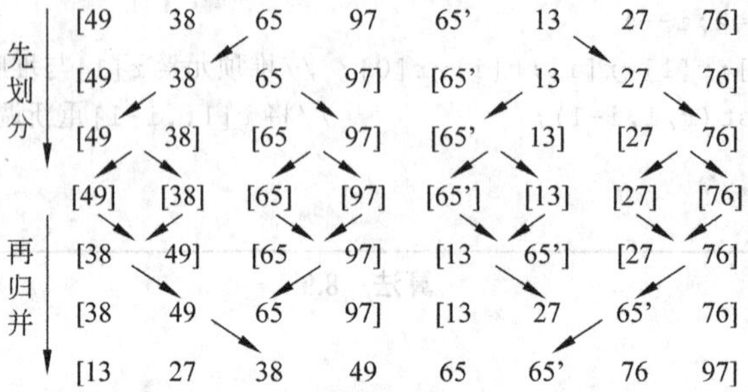

图 8.11　2-路归并递归排序过程

2-路归并排序除了递归描述外，还可以采用迭代的描述方式，基本思路如下：首先将初始序列中的 n 个记录看成 n 个有序的子序列，每个子序列长度为 1；两两合并，得到 $\lfloor n/2 \rfloor$ 个长度为 2 或 1 的有序子序列；再两两合并，……，如此重复，直到得到一个长度为 n 的有序序列。

如图 8.12 所示的归并排序的迭代过程。首先将整个序列的每一个记录看成是一个长度为 1 的有序表，然后从头开始，相邻两组进行归并得到长度为 2 的有序序列，在对长度为 2 的有序子序列进行归并得到长度为 4 的有序序列，最后，将长度为 4 的两个有序序列归并为长度为 8 的有序序列。

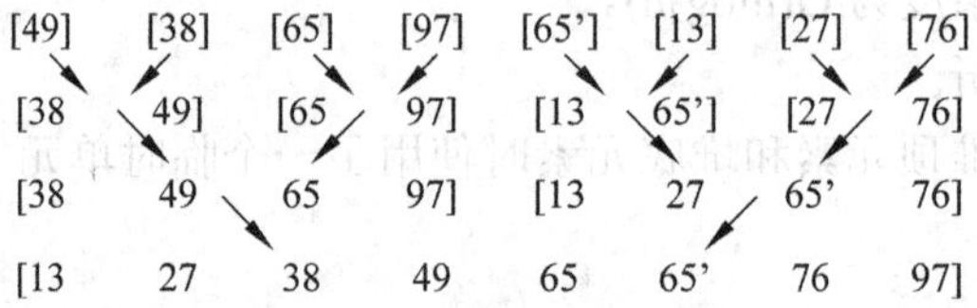

图 8.12　2-路归并迭代排序过程

2. 归并排序算法

2-路归并排序不论采用递归方式还是迭代方式实现，排序中的基本操作都是将两个有序表合并成一个有序表。

设 r[s..t]由两个有序子表 r[s..m] 和 r[m+1..t]组成，两个有序子表合并成一个有序表 r1[s..t]。该算法在第 2 章中详细介绍，具体实现如算法 8.10 所示。

```
void Merge(Rectype r[],Rectype r1[],int s,int m,int t)
{  i=s;j=m+1;k=s;
  while(i<=m&&j<=t)
   if(r[i].key<r[j].key)
      r1[k++]=r[i++];
```

算法　8.10

```
else
    r1[k++]=r[j++];
 while(i<=m) r1[k++]=r[i++];
 while(j<=t) r1[k++]=r[j++];
}
```

算法 8.10（续）

（1）2-路归并排序递归算法。

具体实现如算法 8.11 和算法 8.12 所示。

```
void Msort(Rectype r[],Rectype r1[],int s,int t)
//将r[s..t]归并排序为r1[s..t]
{  int m;
   if(s==t)
     r1[s]=r[s];
   else
     { m=(s+t)/2;           //将r分成两部分
       Msort(r,r1,s,m);     //递归地将r[s..m]归并为有序的r1[s..m]
       Msort(r,r1,m+1,t);  //递归地将r[m+1..t]归并为有序的r1[m+1..t]
       Merge(r1,r,s,m,t);  //将r1[s..m]和r1[m+1..t]合并为r1[s..t]
     }
}
```

算法 8.11

```
void BinaryMergesort(Rectype r[],Rectype r1[],int n)
//对序列r[1..n]归并排序为r1[1..n]
{ Msort(r,r1,1,n);
}
```

算法 8.12

（2）2-路归并排序迭代算法。

假设本趟排序从 r[1]开始，且当前长度为 len 的子序列有序。因为原始序列中记录个数 n 未必是 2 的整数幂，这样最后一组就不能保证恰好是表长为 len 的有序子序列，也不能保证每趟排序归并时都有偶数个有序子表，这些分组问题在一趟排序中都要考虑到。一趟归并排序的算法如算法 8.13 和算法 8.14 所示。

```
void MergePass(Rectype r[],Rectype r1[],int len, int n)
//将r[1..n]归并到r1[1..n],len是本趟归并中子序列的长度
{ int i;
 for(i=1;i+2*len-1<=n;i=i+2*len)
```

算法 8.13

```
    Merge(r,r1,i,i+len-1,i+2*len-1) //对两个长度为 len 的有序子序列合并
  if(i+len-1<n)
    Merge(r,r1,i,i+len-1,n);           //一组半的情况
  else
    if(i<=n)
      while(i<=n)                      //最后一组没有合并者
        r1[i++]=r[i++];
}
```

算法 8.13（续）

```
void MergeSort(Rectype r[],int n)
{ int len=1;
  while(len<=n)
  { MergePass(r,r1,len);
    len=2*len;
    MergePass(r1,r,len);
  }
}
```

算法 8.14

3. 性能分析

（1）时间性能分析。

对于一个具有 n 个记录的待排序列，将这 n 个记录看作叶结点，若将两两归并生成的有序子序列看作是它们的父结点，则归并过程对应由叶向根生成一棵二叉树的过程。所以归并趟数约等于二叉树的高度减 1，即$\lceil \log_2 n \rceil$，每趟归并需移动记录 n 次，故时间总代价为 $O(n\log_2 n)$。

（2）空间性能分析。

归并过程中需要一个与原序列等长的辅助数组来保存原记录，因此归并排序的空间代价为 $S(n)=O(n)$。

（3）稳定性。

归并排序是稳定的排序方法。

8.6 基数排序

前面介绍的排序方法都是基于记录关键码之间的大小比较，通过调整记录的位置来实现排序。基数排序则不然，它利用多关键码的排序思想，将单关键码按基数分成“多关键码”，通过“分配”和“收集”的方法来实现排序。

8.6.1 多关键码排序

对于长度为 n 的序列$\{R_1, R_2, \cdots, R_n\}$，记录的关键码 K 包含 d 个子关键码$(k^1, k^2, \cdots,$

k^d)，称序列 R 对排序码 K 有序就是对任意的两个记录 R_i，$R_j(1 \le i \le j \le n)$都满足

$$(k_i^1, k_i^2, \cdots, k_i^d) \le (k_j^1, k_j^2, \cdots, k_j^d)$$

其中，k^1 为最主位关键码，k^d 为最次位关键码。

多关键码排序通常包括高位优先法和低位优先法两种。

1. 高位优先多关键码排序（Most Significant Digit First，MSD 法）

首先对最高位 k^1 排序，将序列分成若干子序列后，同一子序列中记录关键码 k^1 相等；再对各子序列按 k^2 排序分组；依此重复，直到按最低关键码 k^d 对各子序列排序。最后将所有子序列连接起来成为一个有序序列。

2. 低位优先多关键码排序（Least Significant Digit First，LSD 法）

先从最低位 k^d 开始排序，对于排好的序列再用次低位 k^{d-1} 进行排序，依次重复，直到对最高位 k^1 排序后得到一个有序序列。

例如，按照桥牌规则，扑克牌的关键码就是（花色，面值）的组合值。花色按照♠>♥>♣>♦的顺序，面值按 A>K>Q>J>10>9>…>3>2 的顺序。对扑克牌♠3，♥J，♦8，♥9，♠9，♣3，♦A，♣7 进行排序可以有两种方法。

- MSD 方法：先按花色分 4 堆，各堆再按牌点分，最后 4 堆合并。
  先按花色：♦8　♦A　♣3　♣7　♥J　♥9　♠3　♠9
  再按面值：♦8　♦A　♣3　♣7　♥9　♥J　♠3　♠9
- LSD 方法：先按牌点分成顺序的 13 堆，再依次从这 13 堆中顺序取出 4 中花色。
  先按面值：♠3　♣3　♣7　♦8　♥9　♠9　♥J　♦A
  再按花色：♦8　♦A　♣3　♣7　♥9　♥J　♠3　♠9

利用多关键码排序的思路，可以将记录的关键码拆分为若干项，每一项作为一个子关键码，则对单关键码的排序就可按多关键码排序方法进行。例如，关键码为 4 位的整数，可以每位对应一项，拆分成 4 项；关键码由 5 个字符组成的字符串，可以每个字符作为一个“关键码”。由于这样拆分后，每个关键码都在相同的范围内，称这样的关键码可能出现的符号个数为“基数”。上述取数字为关键码的“基数”为 10，取字符为关键码的“基数”就为 26。

图 8.13 给出了关键码为两位整数数的基数排序过程，此时将每个关键码拆分为 2 个子关键码，并且基数为 10。图 8.13(a)按照高位优先来排序，先按十位数将数据分到 10 个桶中，每个格为一个桶，可以看到十位为 0 和 1 的桶中为空，十位为 2 的桶中有两个记录，……，十位为 9 中的桶中有一个记录。然后分别对每个桶中的数据按个位进行分配，例如对十位为 2 的桶进一步分为 10 个小桶，其中个位为 3 和个位为 7 的桶中各有一个记录，其余桶中都为空。最后，共有 100 个子桶，分别对应 0~99 之间的所有数据，然后再将每个子桶中的记录按顺序收集起来，即可得到一个有序序列。

图 8.13(b)按低位优先来排序。先按照个位将数据分到 10 个桶中，每格为一个桶，可以看到个位为 0、1 和 2 的桶中都为空，个位为 3 的桶中有一个记录，……，个位为 9 的桶中有一个记录。然后将这些桶中的记录都依次收集起来。第二次再按照十位进行分

配，分为 10 个桶，例如对于十位为 6 的桶中有两个记录。然后再将每个桶中的记录依次收集起来，得到一个有序序列。

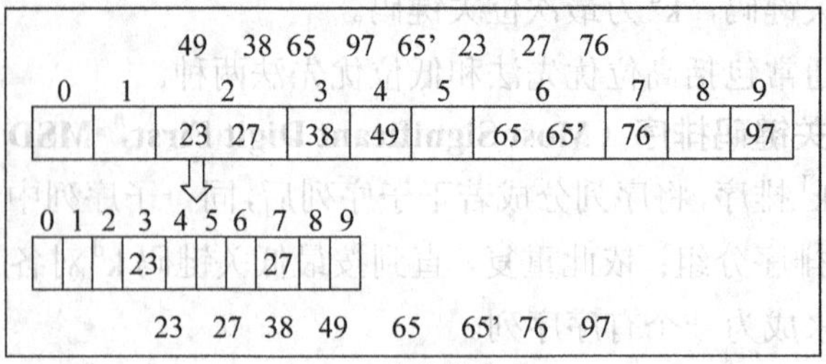

(a) 高位优先

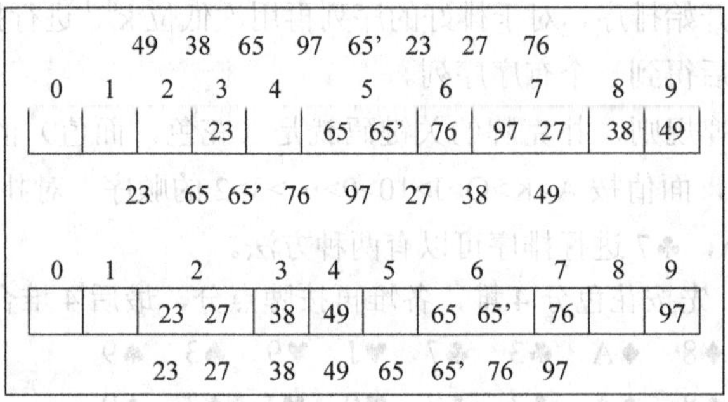

(b) 低位优先

图 8.13 基数排序

从上述例子中可以看出，MSD 算法比较直观，序列逐层分配后成为若干子序列，然后对各子序列分别排序，这通常是一个递归的过程，处理比较复杂；而利用 LSD 算法排序，不必分成子序列，对每个关键码都是整个序列参加排序，并且可不通过关键码比较，而通过若干次分配与收集实现排序。本节的算法都讨论的是 LSD 方法。

8.6.2 链式基数排序

1. 基本思路

假设原始序列的长度为 n，基数为 r，记录的关键码可拆分为 d 个子关键码，则基数排序的基本思路是：从最低位的子关键码开始，按其不同值将序列中的记录“分配”到 r 个队列中，然后再“收集”，称为一趟排序，此时，序列中的记录按最低位有序；再对次低位子关键码进行一趟“分配”和“收集”，如此重复，直到对最高位子关键码进行“分配”和“收集”，则序列中记录有序。

对于基数排序最简单的实现方式就是：用队列数组来表示桶，每次把序列中的所有记录分配到 r 个队列（桶）中；然后进行收集，将 r 个队列（桶）中的记录收回到序列中。这样的分配和收集需要进行 d 趟。但是，这种实现方法的空间代价很大，主要因为每个桶中的记录个数未定，如果都按最大记录数 n 来分配空间，就需要 $r*n$ 个记录空间，而事实上只利用到其中的 n 个记录空间，造成了空间浪费；另一方面，每一次分配和收集时都需要移动所有的 n 个记录，d 趟分配和收集共需 2dn 次移动，时间代价也很高。

为改进基数排序的时空性能，可以采用静态链表存储序列，即为链式（静态链）基数排序。该算法中给每个记录设置整型的 next 域，该域存放的是同一个队列（桶）中下一个元素的下标，此时 r 个队列（桶）就成了 r 个静态链队列。在按第 i 位子关键码进行分配时，将某记录分配到相应队列实际上就只需要修改该记录的 next 域；收集时，只需要利用 next 域依次将各队列（桶）首尾相连。

序列中记录的关键码为{179，208，306，93，859，984，55，9，271}。其链式基数排序的过程如图 8.14(a)~(c)所示。e[0]~e[9]为每个队列的队头，f[0]~f[9]为每个队列的队尾。依次考查序列中的每个关键码，根据相应的子关键码（位数）值分配到相应的队列（桶）中，收集时，按桶号从小到大的顺序将各队列链接起来，形成静态链表。

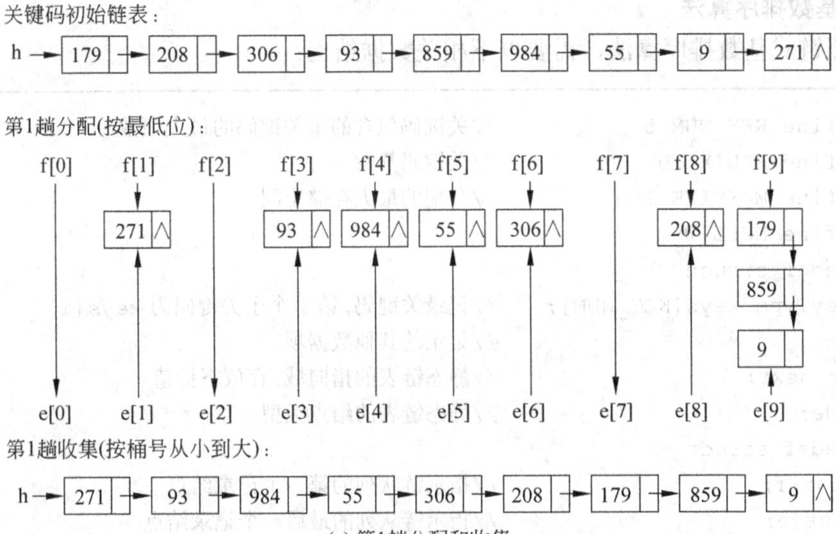

(a) 第1趟分配和收集

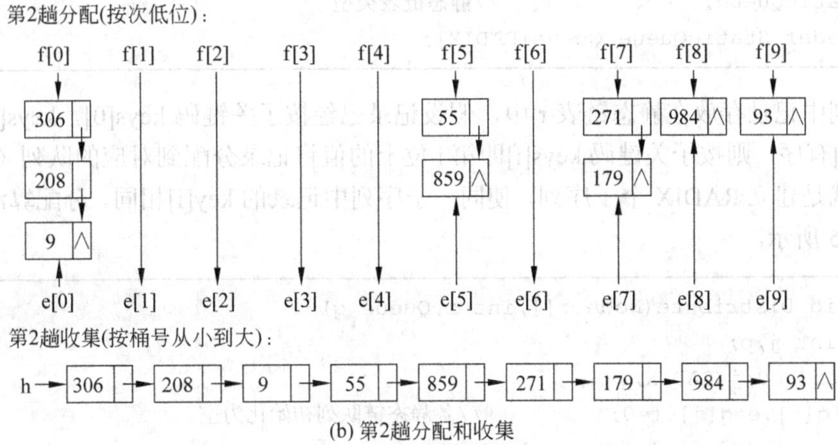

(b) 第2趟分配和收集

图 8.14 链式基数排序

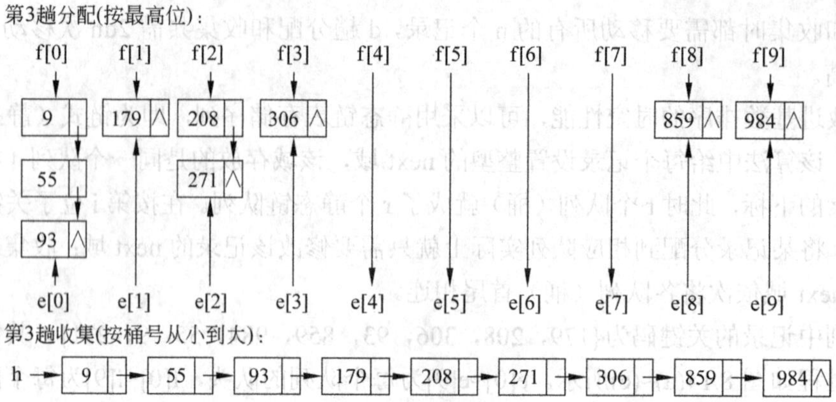

(c) 第3趟分配和收集

图 8.14（续）

2. 基数排序算法

依照链式基数排序算法，需要以下相关数据结构：

```
#define KEY_NUM 5                //关键码包含的子关键码的最大项数
#define RADIX 10                 //关键码基数
#define MAXSIZE 100              //分配的最大存储空间
#define NULL 0
typedef struct
{ KeyType keys[KEY_NUM];         //记录关键码,第 i 个子关键码为 keys[i]
   …                             //记录的其他数据项
 int next;                       //静态链表的指向域,存放下标值
}Node;                           //静态链表的结点类型
typedef struct
{  int f;                        //指示链队列的第一个记录结点
   int e;                        //指示链队列的最后一个记录结点
}StaticQueue;                    //静态链表类型
typedef StaticQueue Queue[RADIX];
```

序列中记录存放在静态链表 r 中，假设记录已经按子关键码 keys[0]，keys[1]，…，keys[i–1]有序，则按子关键码 keys[i]即第 i 位上的值将记录分配到对应的队列（桶）中，其实质就是建立 RADIX 个子序列，使同一子序列中记录的 key[i]相同。分配算法实现如算法 8.15 所示。

```
void Distribute(Node r[],int i,Queue q)
{ int j,p;
 for(j=0;j<RADIX;j++)
   q[j].e=q[j].f=0;              //各静态链队列初始化为空
 for(p=r[0].next;p;p=r[p].next)
```

算法 8.15

```
//依次考查态链表 r 中的记录，将其分配到相应队列中
  { j=ord(r[p].keys[i]);       //取出当前记录的关键码的第 i 个子关键码
    if(!q[j].f) q[j].f=p;      //若队列为空,作为队尾结点插入
    else r[q[j].e].next=p;     //若队列非空,作为队头结点插入
    q[j].e=p;
  }
}
```

算法 8.15（续）

收集时，按照队列（桶）q[0]…q[RADIX−1]将分配后的各队列（桶）依次链成一个静态链表。收集算法实现如算法 8.16 所示。

```
void Collect(Node r[],int i,Queue q)
{ int j;
   for(j=0;!q[j].f;j++);                //寻找第一个非空队列
   r[0].next=q[j].f; t=q[j].e;          //将第一个非空队列链入静态链表中
   while(j<RADIX-1)
   { for(++j;j<RADIX-1&&!q[j].f;j++); //寻找下一个非空队列
     if(q[j].f)                          //继续链接到静态链表中
     {  r[t].next=q[j].f;
        t=q[j].e;
     }
   }
  r[t].next=0;                          //t 指示最后一个非空队列中的最后一个结点
}
```

算法 8.16

待排序列中的 n 个记录存放静态链表 r 中，其中 r[0]为静态链表的头结点。对 r 进行基数排序就是按最低位优先依次对记录的各子关键码进行分配和收集的过程，具体算法如算法 8.17 所示。

```
void RadixSort(Node r[], int n)
{ int i; Queue q;
  for(i=0;i<n;i++)            //对静态链表 r 中各结点的 next 域进行初始化
   r[i].next=i+1;
  r[n].next=0;
  for(i=0;i<KEY_NUM;i++)      //依次对各子关键码进行分配和收集
   { Distribute(r,i,q);        //第 i 趟分配
     Collect(r,i,q);           //第 i 趟收集
   }
}
```

算法 8.17

3. 性能分析

（1）时间性能分析。

设分配与收集趟数为 d，分配时队列（桶）数为 r，收集时建立的链表共有 n 个结点。因此，在链式基数排序过程中，一趟分配需要的时间代价为 O(n)，一趟收集 r 个箱子中的关键字，需要的时间为时间代价为 O(r)，所以综合起来需要的时间为 O(n+r)。经过 d 趟分配与收集，所以使用的时间为 O(d(n+r))。

（2）空间性能分析。

n 个待排记录都需要 next 域，r 个队列（桶）需要各需要头尾指针，共计需要 2r+n 个辅助空间，因此基数排序的空间代价为(n)=O(n+r)。

（3）稳定性。

基数排序是稳定的排序方法。

8.7　各种内部排序算法的比较

通过对各种内部排序算法的总结比较，可以对算法思想和性能有更为深刻的认识，并且在实际应用中根据不同要求选择合适的排序算法，得到最佳的排序效果。

8.7.1　内部排序算法的性能比较

本章在介绍每种算法时，大都对算法的最好、最坏平均情况进行了性能分析，这里再分别对各个算法的性能进行总结。

- 冒泡排序：简单的交换排序，在最好情况下（已正序）只需要经过 n–1 次比较即可得出结果，但在最坏情况下，即倒序（或一个较小值在最后），下沉算法将需要 n(n–1)/2 次比较。所以一般情况下，特别是在逆序时，它很不理想，它是对数据有序性非常敏感的排序算法。
- 直接插入排序：简单的插入排序，每次比较后最多消除一个逆序，因此与冒泡排序的效率相同。但它在速度上还是要高点，这是因为在冒泡排序下是进行值交换，而在插入排序下是值移动，所以直接插入排序将要优于冒泡排序。直接插入法也是一种对数据的有序性非常敏感的一种算法。在有序情况下只需要经过 n–1 次比较，在最坏情况下，将需要 n(n–1)/2 次比较。
- 直接选择排序：简单的选择排序，它的比较次数一定，为 n(n–1)/2，因此无论在序列何种情况下，它的效率相差不多，可见对数据的有序性不敏感。它虽然比较次数多，但它的数据交换量却很少，所以它在一般情况下将快于冒泡排序。
- 希尔排序：它是对插入排序的改进，增量的选择将影响希尔排序的效率。但是无论怎样选择增量，最后一定要使增量为 1，进行一次直接插入排序。但它相对于直接插入排序，由于在子表中每进行一次比较，就可能消除整个序列中的多个逆序，从而改善了整个排序性能。希尔排序算是一种基于插入排序的算法，所以对数据有序敏感。
- 快速排序：它是冒泡排序的改进，通过一次交换能消除多个逆序，这样可以减少逆序时所消耗的比较和数据交换次数。在最好情况下，它的排序时间复杂度为 $O(nlog_2n)$，即每次划分序列时，能均匀分成两个子序列。但最坏情况下它的时间复杂度将是 $O(n^2)$，即每次划分子序列时，一边为空，另一边为 m–1（m 为上次划分的子序列长度），此时它从效率上退化到了"冒泡排序"，甚至还要慢一些。在理论上来讲，如果每次能均匀划分序列，它将是最快的排序算法，因此称作快速排序。虽然很难均匀划分序列，但就平均性能而言，它仍是基于关键字比较的内部排序算法中速度最快者。

- 堆排序：由于它在直接选择排序的基础上利用了前期的比较结果，所以效率有很大提高，完成排序的总比较次数为 $O(nlog_2n)$。堆排序是对数据的有序性不敏感的一种算法，但它必需有两个步骤：一是建堆，二是排序（调整堆），所以一般在小规模的序列中不合适，但对于较大的序列，将表现出优越的性能。
- 归并排序：归并排序是一种非就地排序，需要与待排序序列一样多的辅助空间，在对两个已有序的序列归并时，它的优势很明显。其时间复杂度无论是在最好情况下还是在最坏情况下均是 $O(nlog_2n)$，而且对数据的有序性不敏感。但如果记录结点较大，归并排序将不再适用，但将其改造成索引操作，效果将非常出色。
- 基数排序：基数排序需要较多的辅助空间，它的时间性能是线性的（即 $O(n)$）。但由于它不是就地排序，当记录结点较大时空间耗费会很大，因此需改进为索引排序。此外，基数排序还要有个前提，即关键码要像整型、字符串一样可以分解成独立的子关键码。

为使各种内部排序算法的性能比较更加直观，表 8-1 给出了待排记录为 n 个时各个算法的时空代价和稳定性。

表 8-1 各种内部排序算法的性能比较

算 法	最好情况下时间复杂度	最坏情况下时间复杂度	平均时间复杂度	辅助空间	稳定性	备 注
冒泡排序	$O(n)$	$O(n^2)$	$O(n^2)$	$O(1)$	不稳定	
直接插入排序	$O(n)$	$O(n^2)$	$O(n^2)$	$O(1)$	稳定	
直接选择排序	$O(n^2)$	$O(n^2)$	$O(n^2)$	$O(1)$	稳定	
希尔排序				$O(1)$	不稳定	时间性能高低依赖增量的选择
快速排序	$O(nlog_2n)$	$O(n^2)$	$O(nlog_2n)$	$O(log_2n)$	不稳定	
堆排序	$O(nlog_2n)$	$O(nlog_2n)$	$O(nlog_2n)$	$O(1)$	不稳定	
归并排序	$O(nlog_2n)$	$O(nlog_2n)$	$O(nlog_2n)$	$O(n)$	稳定	
基数排序	$O(d(n+r))$	$O(d(n+r))$	$O(d(n+r))$	$O(n+r)$	稳定	d 为子关键码个数，r 为基数

仔细观察表 8-1，可以得出以下结论：

（1）从平均时间性能而言，快速排序最佳，其所需时间最省，但快速排序在最坏情况下的时间性能不如堆排序和归并排序。而后者相比较的结果是，在 n 较大时，归并排序所需时间较堆排序省，但它所需的辅助空间最大。

（2）冒泡排序、直接插入排序和直接选择排序都属于“简单排序”。其中以直接插入排序为最简单，当序列中的记录“基本有序”或n值较小时，它是最佳的排序方法，因此常将它和其他的排序方法，诸如快速排序，归并排序等结合在一起使用。

（3）基数排序的时间复杂度也可写成O(d*n)，它适合n值很大而关键字较小的序列。

（4）对方法的稳定性来说，一般情况下，排序过程中的“比较”是在“相邻的两个记录关键码”间进行的排序是稳定的。因此，时间复杂度为$O(n^2)$的简单排序方法都是稳定的，而快速排序，堆排序和希尔排序等时间性能较好的改进方法都是不稳定的。另外，归并排序和基数排序也是稳定的内部排序方法。

8.7.2 各种内部排序算法的选择

通过对各种内部排序算法的性能比较，无法确切地说某一种排序方法是最优的，每一种方法都有其适用的环境。在实际应用中，选择排序方法时一般从以下 5 个方面考虑：

- 稳定性的要求：大多数情况下，排序是要求稳定的。
- 待排序序列中的记录个数n：排序算法的性能高低跟待排序列中记录个数的多少密切相关。
- 空间复杂性：当环境能够提供的辅助空间有限时，要考虑占用辅助空间小的排序方法。
- 待排序序列的原始有序程度：某些排序算法对序列的初始有序程度非常敏感，序列中记录的有序或无序直接影响其性能的高低。
- 记录本身的大小：排序过程中需要进行移动操作，它的时间耗费和空间代价与记录结点本身的大小密切相关。

依据这些因素，在选择合适的排序算法时有如下一些规律：

（1）若n较小（如n值小于50），如果序列的初始状态已经是一个按关键码基本有序序列，则选择直接插入排序方法和冒泡排序方法比较合适，因为“基本”有序序列在排序时进行记录位置的移动次数比较少。但如果规模相同，且记录本身所包含的信息量比较多的情况下应首选简单选择排序方法，因为直接插入排序方法中记录位置的移动操作次数比直接选择排序多。

（2）如果n较大，则应采用时间复杂度为$O(n\log_2 n)$的排序方法，即快速排序、堆排序或归并排序方法。快速排序是目前公认的内部排序的最好方法，当待排序的关键字是随机分布时，快速排序所需的平均时间最少；堆排序所需的时间与快速排序相同，但辅助空间少于快速排序，并且不会出现最坏情况下时间复杂性达到$O(n^2)$的状况。但两种排序方法都是不稳定的，若对排序稳定性有则应选用归并排序为宜。

（3）基数排序最适用于n值很大而关键码位数较少的序列。

习 题 8

一、单选题

1. 将5个不同的数据进行直接选择排序，至多需要比较（　　）次。

A. 8　　B. 9　　C. 10　　D. 25

2. 排序方法中，从未排序序列中依次取出元素与已排序序列（初始时为空）中的元素进行比较，将其放入已排序序列的正确位置上的方法，称为（　　）。

A. 希尔排序　　B. 冒泡排序　　C. 插入排序　　D. 选择排序

3. 从未排序序列中挑选元素，并将其依次插入已排序序列（初始时为空）的一端的方法，称为（　　）。

A. 希尔排序　　B. 归并排序　　C. 插入排序　　D. 选择排序

4. 对n个不同的排序码进行冒泡排序，在下列（　　）情况下比较的次数最多。

A. 从小到大排列好的　　B. 从大到小排列好的

C. 元素无序　　D. 元素基本有序

5. 对n个不同的排序码进行冒泡排序，在元素无序的情况下比较次数最多为（　　）。

A. n+1　　B. n　　C. n−1　　D. n(n−1)/2

6. 快速排序在下列（　　）情况下最易发挥其长处。

A. 被排序的数据中含有多个相同排序码

B. 被排序的数据已基本有序

C. 被排序的数据完全无序

D. 被排序的数据中的最大值和最小值相差悬殊

7. 对有n个记录的表作快速排序，在最坏情况下，算法的时间复杂度是（　　）。

A. $O(n)$　　B. $O(n^2)$　　C. $O(n\log_2 n)$　　D. $O(n^3)$

8. 若一组记录的排序码为（46, 79, 56, 38, 40, 84），则利用快速排序的方法，以第一个记录为基准得到的一次划分结果为（　　）。

A. 38, 40, 46, 56, 79, 84　　B. 40, 38, 46, 79, 56, 84

C. 40, 38, 46, 56, 79, 84　　D. 40, 38, 46, 84, 56, 79

9. 用某种排序方法对线性表（25,84,21,47,15,27,68,35,20）进行排序时，元素序列的变化情况如下：

（1）25,84,21,47,15,27,68,35,20

（2）20,15,21,25,47,27,68,35,84

（3）15,20,21,25,35,27,47,68,84

（4）15,20,21,25,27,35,47,68,84

则所采用的排序方法是（　　）。

A. 选择排序　　B. 希尔排序　　C. 归并排序　　D. 快速排序

10. 下列关键字序列中，（　　）是堆。

A. 16, 72, 31, 23, 94, 53　　B. 94, 23, 31, 72, 16, 53
C. 16, 53, 23, 94, 31, 72　　D. 16, 23, 53, 31, 94, 72

11. 堆是一种（　　）排序。

A. 插入　B. 选择　C. 交换　D. 归并

12. 堆的形状是一棵（　　）。

A. 二叉排序树　B. 满二叉树　C. 完全二叉树　D. 平衡二叉树

13. 若一组记录的排序码为（46, 79, 56, 38, 40, 84），则利用堆排序的方法建立的初始堆为（　　）。

A. 79, 46, 56, 38, 40, 84　　B. 84, 79, 56, 38, 40, 46
C. 84, 79, 56, 46, 40, 38　　D. 84, 56, 79, 40, 46, 38

14. 下述 4 种排序方法中，平均查找长度最小的是（　　）。

A. 插入排序　B. 选择排序　C. 快速排序　D. 归并排序

15. 下述几种排序方法中，要求内存最大的是（　　）。

A. 插入排序　B.快速排序　C. 归并排序　D. 选择排序

二、填空题

1. 大多数排序算法都有两个基本的操作：________和________。

2. 在对一组记录（54, 38, 96, 23, 15, 72, 60, 45, 83）进行直接插入排序时，当把第 7 个记录 60 插入到有序表时，为寻找插入位置需比较________次。

3. 在利用快速排序方法对一组记录（54, 38, 96, 23, 15, 72, 60, 45, 83）进行快速排序时，递归调用而使用的栈所能达到的最大深度为________，共需递归调用的次数为________，其中第二次递归调用是对________一组记录进行快速排序。

4. 在插入和选择排序中，若初始数据基本正序，则选用________；若初始数据基本反序，则选用________。

5. 在堆排序和快速排序中，若初始记录接近正序或反序，则选用________；若初始记录基本无序，则最好选用________。

6. 对于 n 个记录的集合进行冒泡排序，在最坏的情况下所需要的时间是________。若对其进行快速排序，在最坏情况下所需要的时间是________。

7. 对于 n 个记录的集合进行归并排序，所需要的平均时间是________，所需要的附加空间是________。

8. 对于 n 个记录的表进行 2 路归并排序，整个归并排序需进行________趟（遍）。

9. 设要将序列（Q, H, C, Y, P, A, M, S, R, D, F, X）中的关键码按字母序的升序重新排列，则：

冒泡排序一趟扫描的结果是____；
初始步长为 4 的希尔（shell）排序一趟的结果是________________________；
二路归并排序一趟扫描的结果是____________________________________；
快速排序一趟扫描的结果是____；
堆排序初始建堆的结果是____。

10. 在堆排序，快速排序和归并排序中，若只从存储空间考虑，则应首先选取________方法，其次选取________方法，最后选________方法；若只从排序结果的稳定性考虑，则应选取________方法；若只从平均情况下排序最快考虑，则应选取________方法；若只从最坏情况下排序最快并且要节省内存考虑，则应选取________方法。

三、解答题

设待排序序列中记录的关键码为{12, 2, 16, 30, 28, 10, 16*, 20, 6, 18}，试分别写出使用以下排序方法每趟排序后的结果，并说明做了多少次关键码比较。

1. 直接插入排序
2. 希尔排序（增量为 5,2,1）
3. 冒泡排序
4. 快速排序
5. 直接选择排序
6. 堆排序
7. 二路归并排序
8. 链式基数排序

四、算法设计题

1. 试修改起泡排序算法，在正反两个方向交替进行扫描，即第 1 趟把关键码最大的对象放到序列的最后，第 2 趟把关键码最小的对象放到序列的最前面。如此反复进行。

2. 试以单链表为存储结构实现简单选择排序的算法。

3. 奇偶交换排序是另一种交换排序。它的第 1 趟对序列中的所有奇数项 i 扫描，第 2 趟对序列中的所有偶数项 i 扫描。若 A[i] > A[i+1]，则交换它们。第 3 趟有对所有的奇数项，第 4 趟对所有的偶数项，……，如此反复，直到整个序列全部排好序为止。

（1）这种排序方法结束的条件是什么？

（2）写出奇偶交换排序的算法。

（3）当待排序关键码序列的初始排列是从小到大有序，或从大到小有序时，在奇偶交换排序过程中的关键码比较次数是多少？

参 考 文 献

[1] 严蔚敏，吴伟民. 数据结构（C 语言版）[M]. 北京：清华大学出版社，2007.

[2] 李春葆，金晶编著. 数据结构教程（C 语言版）[M]. 北京：清华大学出版社，2006.

[3] 李春葆等编著. 数据结构教程（第 2 版）[M]. 北京：清华大学出版社，2007.

[4] 徐孝凯. 数据结构实用教程（第二版）[M]. 北京：清华大学出版社，2006.

[5] 谭浩强著. C 程序设计（第三版）[M]. 北京：清华大学出版社，2005.

[6] 胡学钢. 数据结构（C 语言版）（第 2 版）[M]. 北京：高等教育出版社，2008.

[7] 廖明宏，郭福顺，张岩，李秀坤. 数据结构与算法（第 4 版）[M]. 北京：高等教育出版社，2007.

[8] 蹇强，罗宇. 数据结构[M]. 北京：北京邮电大学出版社，2004.

[9] 杨勇. 数据结构与算法[M]. 天津：天津大学出版社，2011.

[10] 刘振鹏，罗文劼，石强. 数据结构[M]. 北京：中国铁道出版社，2010.

[11] 崔进平，王聪华， 郁正良等. 数据结构（C 语言版）[M]. 北京：中国铁道出版社，2008.

[12] 张巨俭. 数据库基础案例教程与实验指导[M]. 北京：机械工业出版社，2011.

[13] 奚小玲，敖广武. 数据结构理论与实践[M]. 沈阳：东北大学出版社，2010.

[14] 段隆振，胡学钢. 数据结构[M]. 武汉：武汉理工大学出版社，2005.

[15] 张永，李睿，年福忠编著. 算法与数据结构[M]. 北京：国防工业出版社，2008.

[16] 李云清，杨庆红，揭安全. 数据结构[M]. 北京：人民邮电出版社，2009.

[17] 张铭，王腾校，赵海燕. 数据结构与算法[M]. 北京：人民教育出版社，2009.